高等学校理工类课程学习辅导丛书

物理化学学习指导

（第二版）

天津大学物理化学教研室　孙　艳　朱荣娇　王玉新　编

高等教育出版社·北京

内容提要

　　本书是天津大学物理化学教研室编写的《物理化学(简明版)》(第二版)的配套学习参考书,共分为十章,各章安排与教材同步。全书注重基础,实用性强。各章内容均包括三部分:概念、主要公式及其适用条件,概念题和习题解答。本书可以帮助读者提炼重要知识点,辨析概念,熟悉公式及其适用条件。通过概念题和习题的演练,读者可以更好地掌握物理化学的概念和解题方法,巩固所学知识,拓展解题思路。

　　本书可供物理化学课程学时数较少的化学化工类和非化学化工类专业的学生学习使用,也可供相关专业研究生及工程技术人员参考,对教师教学也有一定的参考价值。

图书在版编目(CIP)数据

　　物理化学学习指导/孙艳,朱荣娇,王玉新编.--2版.--北京:高等教育出版社,2020.9(2021.11重印)
　　(高等学校理工类课程学习辅导丛书)
　　ISBN 978-7-04-054290-5

　　Ⅰ.①物…　Ⅱ.①孙…　②朱…　③王…　Ⅲ.①物理化学-高等学校-教学参考资料　Ⅳ.①O64

　　中国版本图书馆 CIP 数据核字(2020)第 105934 号

Wuli Huaxue Xuexi Zhidao

策划编辑	翟　怡	责任编辑	翟　怡	封面设计　张　志	版式设计　杜微言	
插图绘制	于　博	责任校对	马鑫蕊	责任印制　耿　轩		

出版发行	高等教育出版社	网　　址	http://www.hep.edu.cn
社　　址	北京市西城区德外大街 4 号		http://www.hep.com.cn
邮政编码	100120	网上订购	http://www.hepmall.com.cn
印　　刷	北京宏伟双华印刷有限公司		http://www.hepmall.com
开　　本	787mm×960mm　1/16		http://www.hepmall.cn
印　　张	17		
字　　数	310 千字	版　　次	2012 年 6 月第 1 版
			2020 年 9 月第 2 版
购书热线	010-58581118	印　　次	2021 年 11 月第 2 次印刷
咨询电话	400-810-0598	定　　价	32.00 元

本书如有缺页、倒页、脱页等质量问题,请到所购图书销售部门联系调换

第二版前言

本书是天津大学物理化学教研室编写的《物理化学（简明版）》（第二版，高等教育出版社）的配套学习参考书。编写本书旨在帮助读者归纳、总结和深入理解物理化学的基本概念和基本原理，培养严谨的科学思维，提高运用物理化学的基本原理分析和解决实际问题的能力。

本书内容与教材同步，共分为十章，各章均包括三部分内容。第一部分为概念、主要公式及其适用条件。该部分汇总了教材中各章的主要概念及公式，明确给出了各公式的适用条件，帮助读者理清知识脉络，把握学习的重点、难点，夯实基础。第二部分为概念题。该部分通过一些有代表性的填空和选择题，从多个角度辨析概念，对教材中重点和难点进行有针对性的训练。在前一版的基础上，本次修订对部分习题进行了调整，使知识点的覆盖更加全面。第三部分为习题解答。该部分对教材全部习题均进行了详细解答，部分习题还给出了多种解法，并提供了简明的解题思路、解题关键和结果分析讨论。对部分典型习题所涉及的知识点和解题过程录制了详细的讲解视频，读者可通过扫描相应位置二维码观看。

作为《物理化学（简明版）》（第二版）的配套学习参考书，本书的名词、术语、公式、符号等均与主教材保持一致，计算所涉及的基础数据，均取自主教材中相关数据表及附录。

全书共分十章，各章执笔人分别为孙艳（第一、二、三、十章）、朱荣娇（第五、六、七章）和王玉新（第四、八、九章）。全书由孙艳统稿。上一版编者对本书的修订提出了许多宝贵意见；编写过程中，各章执笔人还参考了近年出版的部分物理化学教材和习题集等（见本书参考书目），获益匪浅，在此一并表示衷心的感谢。

由于编者水平有限，书中难免存在疏漏甚至谬误之处，恳请广大读者和同行专家批评指正。

编　者
2020 年 4 月于天津大学

第一版前言

本书是天津大学物理化学教研室编写的《物理化学(简明版)》(高等教育出版社,2010 年)的配套学习参考书。编写本书旨在帮助读者归纳、总结和深入理解物理化学基本概念和基本原理,培养严谨的科学思维,提高运用物理化学基本原理分析和解决实际问题的能力。

本书共分十章,各章均包括三部分内容:

第一部分为概念、主要公式及其适用条件。该部分汇总了教材中各章的主要概念及公式,特别是明确给出了各公式的适用条件,以帮助读者理清知识脉络,把握重点难点,夯实基础。第二部分为概念题。该部分通过一些有代表性的填空和选择题,从多个角度辨析概念,对教材重点和难点知识进行有针对性的训练。第三部分为教材习题解答。该部分对教材全部习题均进行了详细解答,部分习题还给出了多种解法,并提供了简明的解题思路、解题关键和结果分析讨论。尽管如此,也希望读者不要过分依赖此部分题解,应该尽量独立思考或者互相讨论来完成习题,以更好地理解和掌握有关知识。

作为天津大学物理化学教研室编写的《物理化学(简明版)》的配套学习参考书,本书的名词、术语、公式、符号等均与原教材保持一致,计算所涉及的基础数据,均取自原教材中相关数据表及附录。

全书共分十章,各章执笔人分别为冯霞(第五、六、七、八、十章),陈丽(第一、四、九章),高正虹(第二、三章)。全书由冯霞统稿。原教材编者对本书的编写提出了许多宝贵意见;编写过程中,各章执笔人还参考了近年出版的部分其他物理化学教材和习题集等(见本书参考书目),获益匪浅,在此表示衷心的感谢。

由于编者水平有限,书中难免存在疏漏甚至谬误之处,恳请广大读者和同行专家批评指正。

编　者
2011 年 8 月于天津大学

目　　录

第一章 气体的 *pVT* 关系

第1节 概念、主要公式及其适用条件

1. 理想气体状态方程

$$pV = nRT = (m/M)RT$$

或

$$pV_m = p(V/n) = RT$$

式中，压力 p、体积 V、温度 T 及物质的量 n 的单位分别为 Pa，m^3，K 及 mol。气体的摩尔体积 V_m 的单位为 $m^3 \cdot mol^{-1}$。摩尔气体常数 $R = 8.314$ $J \cdot mol^{-1} \cdot K^{-1}$。

此式适用于理想气体，近似适用于低压下的真实气体。

2. 混合物

（1）混合物的组成

摩尔分数：

$$y_B(\text{或 } x_B) = n_B/n = n_B / \sum_B n_B$$

式中，$\sum_B n_B$ 为混合物的总物质的量 n。一般以 y 表示气体的摩尔分数，以 x 表示液体的摩尔分数。

质量分数：

$$w_B = m_B/m = m_B / \sum_B m_B$$

式中，$\sum_B m_B$ 为混合物的总质量 m。

体积分数：

$$\varphi_B = x_B V_{m,B}^* / \left(\sum_B x_B V_{m,B}^* \right) = V_B^* / \sum_B V_B^*$$

式中，$V_{m,B}^*$ 为一定 T,p 下纯物质 B 的摩尔体积。

（2）混合物的平均摩尔质量 $\overline{M}_{mix}$

定义式：

$$\overline{M}_{mix} = m/n = \sum_B m_B / \sum_B n_B$$

导出式：

$$\overline{M}_{mix} = \sum_B y_B M_B$$

定义式适用于任意混合物,导出式适用于任意的气体混合物。

（3）理想气体混合物状态方程

$$pV = nRT = \left(\sum_B n_B \right) RT \qquad \text{或} \qquad pV = \frac{m}{M_{mix}} RT$$

3. 分压、道尔顿定律

分压 p_B:　　　　　　　　$p_B = y_B p$

该式适用于混合气体中的任意一种气体。

道尔顿定律:　　　$p = \sum_B p_B , \qquad p_B = n_B RT/V$

即混合气体的总压 p 等于各组分单独存在于混合气体的温度 T 和体积 V 条件下产生的分压 p_B 之和。对理想气体混合物而言,p_B 为气体 B 在相同温度 T 下单独占有总体积 V 时所具有的压力。该式适用于理想气体混合物,对低压下的真实气体也近似适用。

对理想气体混合物有

$$y_B = n_B/n = p_B/p$$

4. 分体积、阿马加定律

分体积 V_B^*:气体 B 在与混合气体相同的温度 T、压力 p 下单独存在时所占有的体积。

阿马加定律:　　　$V = \sum_B V_B^* , \qquad V_B^* = n_B RT/p$

即混合气体的总体积 V 等于各纯组分在与混合气体相同的温度 T 和总压 p 条件下所占有的分体积 V_B^* 之和。该式适用于理想气体混合物,对低压下的真实气体也近似适用。

对理想气体混合物有

$$y_B = n_B/n = p_B/p = V_B^*/V$$

5. 液体的饱和蒸气压和沸点

一定温度下,达到气-液平衡时,液体上方的气相（饱和蒸气）的压力称为该液体在该温度下的饱和蒸气压,用 p^* 来表示,$p^* = f(T)$。

一定压力下,达到气-液平衡时的温度,称为该液体在该压力下的沸点。

压力为 101.325 kPa 时的沸点称为正常沸点。

　　液体的饱和蒸气压和沸点是一组对应的概念,提到饱和蒸气压时一定要指明相应的温度;提到物质的沸点时一定要指明相应的压力。

6. 波义耳温度 T_B

$$\lim_{p \to 0}\left[\frac{\partial(pV_m)}{\partial p}\right]_{T_B} = 0$$

　　在 T_B 下,当压力趋于零时,$pV_m - p$ 等温线的斜率为零。波义耳温度一般为气体临界温度的 2~2.5 倍。

7. 真实气体状态方程

　　(1) 范德华(van der Waals)方程

$$\left(p + \frac{a}{V_m^2}\right)(V_m - b) = RT \quad \text{或} \quad \left(p + \frac{n^2 a}{V^2}\right)(V - nb) = nRT$$

式中,范德华常数 a, b 均与温度、气体种类有关,其单位分别为 $Pa \cdot m^6 \cdot mol^{-2}$ 和 $m^3 \cdot mol^{-1}$。该方程适用于中等压力范围内真实气体的 pVT 计算。

　　(2) 位力方程

$$pV_m = RT(1 + Bp + Cp^2 + Dp^3 + \cdots)$$

或

$$pV_m = RT\left(1 + \frac{B'}{V_m} + \frac{C'}{V_m^2} + \frac{D'}{V_m^3} + \cdots\right)$$

式中,$B, C, D, \cdots$ 及 $B', C', D', \cdots$ 分别称为第二、第三、第四……位力系数,它们皆与温度、气体种类有关。其中第二、第三位力系数分别反映了两分子间、三分子间的相互作用对气体 pVT 关系的影响。

　　该方程适用的最高压力为 1~2 MPa,不适用于高压气体的 pVT 计算。

8. 压缩因子 Z

$$Z = \frac{pV}{nRT} = \frac{pV_m}{RT}$$

　　Z 的量纲为 1。计算精度要求不高时,真实气体的 Z 可通过普遍化压缩因子图获得,精确计算时需要通过实际测定的真实气体的 pVT 数据计算。

　　意义:$Z = \dfrac{V_m(真实)}{V_m(理想)}$,其大小反映了真实气体比理想气体压缩的难易程度。$Z>1$ 说明真实气体比理想气体难于压缩；$Z<1$ 说明真实气体比理想气体容易压缩。

9. 临界参数

临界参数是 T_c, p_c, $V_{m,c}$ 的统称。

临界温度 T_c：气体能够液化所允许的最高温度。

临界压力 p_c：T_c 时的饱和蒸气压，是 T_c 下使气体液化的最低压力。

临界摩尔体积 $V_{m,c}$：T_c, p_c 下的摩尔体积。

10. 对应状态原理

定义：$p_r = \dfrac{p}{p_c}$，$V_r = \dfrac{V_m}{V_{m,c}}$，$T_r = \dfrac{T}{T_c}$，称 p_r 为对比压力；V_r 为对比体积；T_r 为对比温度。三者统称为气体的对比参数。

对应状态：若几种不同气体具有相同的对比参数，则称它们处于相同的对应状态。

对应状态原理：当不同气体有任意两个对比参数相等时，则第三个对比参数也将（大致）相等。

第 2 节　概　念　题

1.2.1　填空题

1. 温度为 600 K，体积为 2 m³ 的容器中装有理想气体 A 和理想气体 B 共 10 mol，其中 B 的分压为 13.302 kPa，则该混合气体中 A 的物质的量 n_A =（　　）mol。

2. 在 0 ℃，101.325 kPa 下，某理想气体的摩尔质量为 2.9×10^{-2} kg·mol⁻¹，则该气体的密度 ρ =（　　）kg·m⁻³。

3. 设某干空气中氧气和氮气的体积分数分别为 21% 和 79%，现有压力为 101.325 kPa 的湿空气，其中水蒸气的分压为 13.325 kPa，则 $p(O_2)$ =（　　）kPa，$p(N_2)$ =（　　）kPa。

4. 恒温 100 ℃ 下，在一带有活塞的汽缸中装有 3.5 mol 的水蒸气 $H_2O(g)$，当缓慢地压缩到压力 p =（　　）kPa 时才可能有水滴 $H_2O(l)$ 出现。

5. 一定量的理想气体，恒容条件下其压力随温度的变化率 $(\partial p / \partial T)_V$ =

(　　)；一定量的范德华气体,恒容条件下其压力随温度的变化率 $(\partial p / \partial T)_V = ($　　$)$。

6. 理想气体的微观特征是(　　)。

7. 在临界状态下,任何真实气体的宏观特征为(　　)。

8. 在 n,T 一定的条件下,任何种类的气体当压力趋于零时均满足 $\lim\limits_{p \to 0}(pV) = ($　　$)$。

9. 实际气体的压缩因子定义为 $Z = ($　　$)$。当实际气体的 $Z>1$ 时,说明该气体比理想气体(　　)，Z 与处在临界点时的压缩因子 Z_c 的比值 $Z/Z_c = ($　　$)$。

10. 实际气体 A 的温度为 T,临界温度为 T_c。当 $T($　　$)T_c$ 时,该气体可通过加压被液化,该气体的对比温度 $T_r = ($　　$)$。

1.2.2　选择题

1. 在任意 T,p 下,理想气体的压缩因子 $Z($　　$)$。

(a) >1 ;　　　　　　　　　　(b) <1 ;

(c) $\equiv 1$;　　　　　　　　　　(d) 无一定变化规律。

2. 某刚性容器中有 0.5 mol 的理想气体 A 和 0.5 mol 的理想气体 B,恒温下向容器中充入 0.5 mol 的理想气体 C,则总压(　　),A 的分压(　　),B 的分体积(　　)。

试题分析

(a) 变大 ;　　　　　　　　　　(b) 变小 ;

(c) 不变 ;　　　　　　　　　　(d) 无法判断。

3. 真实气体液化的必要条件是(　　)。

(a) $T \leqslant T_c$;　　(b) $p \geqslant p_c$;　　(c) $V \leqslant V_c$;　　(d) $Z \leqslant 1$ 。

4. 在以下临界点的描述中,错误的是(　　)。

(a) $\left(\dfrac{\partial p}{\partial V_m}\right)_{T_c} = 0 ; \left(\dfrac{\partial^2 p}{\partial V_m^2}\right)_{T_c} = 0$;

(b) 临界参数是 $p_c, V_{m,c}, T_c$ 的统称 ;

(c) 在 $p_c, V_{m,c}, T_c$ 三个参数中,临界摩尔体积最容易测定 ;

(d) 在临界点处,液体与气体的密度相同、摩尔体积相同。

5. 高压下,某真实气体分子本身占有的体积对空间的影响用 b 表示 $(b>0)$, 则描述该气体合适的状态方程为(　　)。

试题分析

(a) $pV_m = RT - bp$;　　　　　(b) $pV_m = RT + bp$;

(c) $pV_m = bRT$;　　　　　　(d) $pV_m = RT + b$ 。

6. 在温度恒定为 100 ℃、体积为 2.0 dm³ 的容器中有 0.035 mol 的水蒸气 $H_2O(g)$。若向上述容器中再加入 0.025 mol 的液态水 $H_2O(l)$,则容器中的 H_2O 必然是(　　)。

（a）液态;　　　　　　　　　　（b）气态;

（c）气-液两相平衡;　　　　　（d）无法确定其相态。

7. 真实气体在(　　)的条件下,其行为与理想气体相近。

（a）高温高压;　　　　　　　　（b）低温低压;

（c）低温高压;　　　　　　　　（d）高温低压。

8. 当真实气体的 T 与其波义耳温度 T_B 为

（1）$T < T_B$ 时,$\lim\limits_{p \to 0}\left[\dfrac{\partial(pV_m)}{\partial p}\right]_T$（　　）;

（2）$T = T_B$ 时,$\lim\limits_{p \to 0}\left[\dfrac{\partial(pV_m)}{\partial p}\right]_T$（　　）;

（3）$T > T_B$ 时,$\lim\limits_{p \to 0}\left[\dfrac{\partial(pV_m)}{\partial p}\right]_T$（　　）。

（a）>0;　　　　　　　　　　　（b）<0;

（c）= 0;　　　　　　　　　　　（d）无法判断。

概念题答案

1.2.1　填空题

1. 4.667

$n_B = p_B V/(RT) = [13.302 \times 10^3 \times 2/(8.314 \times 600)]\ \text{mol} = 5.333\ \text{mol}$

$n_A = n - n_B = 4.667\ \text{mol}$

2. 1.294

$\rho = Mp/(RT) = [2.9 \times 10^{-2} \times 101.325 \times 10^3/(8.314 \times 273.15)]\ \text{kg·m}^{-3}$

　　$= 1.294\ \text{kg·m}^{-3}$

3. 18.48;69.52

干空气的分压 $p = (101.325 - 13.325)\,\text{kPa} = 88\ \text{kPa}$

所以 $p(O_2) = (88 \times 0.21)\,\text{kPa} = 18.48\ \text{kPa}$,$p(N_2) = (88 \times 0.79)\,\text{kPa} = 69.52\ \text{kPa}$。

4. 101.325

因为 100 ℃时水的饱和蒸气压为 101.325 kPa,故当压缩至 $p = 101.325$ kPa

时才会有水滴 $H_2O(l)$ 出现。

5. $\dfrac{nR}{V}$；$\dfrac{nR}{V-nb}$

理想气体状态方程可写为 $p=\dfrac{nRT}{V}$，所以 $\left(\dfrac{\partial p}{\partial T}\right)_V=\dfrac{nR}{V}$；

范德华方程可写为 $p=\dfrac{nRT}{V-nb}-\dfrac{an^2}{V^2}$，所以 $\left(\dfrac{\partial p}{\partial T}\right)_V=\dfrac{nR}{V-nb}$。

6. 理想气体的分子间无作用力；分子本身不占有体积

7. 气相、液相不分

8. nRT

9. $pV_m/(RT)$；难压缩；$p_r V_r/T_r$

10. $\leqslant$；T/T_c

1.2.2 选择题

1. （c）

因为理想气体在任意条件下均满足理想气体状态方程 $pV_m=RT$，由定义式 $Z=pV_m/(RT)$ 知，在任意温度、压力下 $Z\equiv1$。

2. （a）；（c）；（b）

根据理想气体混合物状态方程 $pV=\left(\sum\limits_B n_B\right)RT$，恒温下，$\sum\limits_B n_B$ 增加，体积不变时，总压变大。

根据道尔顿定律 $p_A=n_ART/V$，可知 p_A 不变。

根据阿马加定律 $V_B^*=n_BRT/p$，p 变大，则 V_B^* 变小。

3. （a）

临界温度是气体能够液化所允许的最高温度，在该温度以上无论压力多高都无法使气体液化。

4. （c）

三个临界参数中，临界摩尔体积比临界温度和临界压力难于测定。

5. （b）

考虑了分子本身占有的体积后，自由活动的空间体积应为 V_m-b，状态方程为 $p(V_m-b)=RT$。

6. （b）

容器内 H_2O 的物质的量：$n(H_2O)=(0.035+0.025)$ mol $=0.060$ mol

假定 H_2O 呈气态，此时系统压力

$$p = nRT/V$$
$$= (0.060 \times 8.314 \times 373.15/2.0)\ \text{kPa}$$
$$= 93.07\ \text{kPa} < 101.325\ \text{kPa}$$

故 H_2O 必为气态。

7.（d）

理想气体可看成真实气体在压力趋于零时的极限情况。一般情况下可将较高温度、较低压力下的气体视为理想气体处理。

8.（1）（b）;（2）（c）;（3）（a）

由教材图 1.4.2　$pV_m - p$ 示意图可知,当

$T < T_B$ 时 $,\lim\limits_{p \to 0}[\partial(pV_m)/\partial p]_T < 0; T = T_B$ 时 $,\lim\limits_{p \to 0}[\partial(pV_m)/\partial p]_T = 0;$

$T > T_B$ 时 $,\lim\limits_{p \to 0}[\partial(pV_m)/\partial p]_T > 0$。

第 3 节　习 题 解 答

1.1　物质的体膨胀系数 α_V 与等温压缩率 κ_T 的定义如下:

$$\alpha_V = \frac{1}{V}\left(\frac{\partial V}{\partial T}\right)_p \qquad \kappa_T = -\frac{1}{V}\left(\frac{\partial V}{\partial p}\right)_T$$

试导出理想气体的 α_V, κ_T 与压力、温度的关系。

解: 根据理想气体状态方程 $pV = nRT$ 知,$V = \dfrac{nRT}{p}$

上式分别在恒压下对 T 微分和在恒温下对 p 微分可得

$$\left(\frac{\partial V}{\partial T}\right)_p = \frac{nR}{p} = \frac{V}{T} \qquad \left(\frac{\partial V}{\partial p}\right)_T = -\frac{nRT}{p^2} = -\frac{V}{p}$$

所以
$$\alpha_V = \frac{1}{V}\left(\frac{\partial V}{\partial T}\right)_p = \frac{1}{T} \qquad \kappa_T = -\frac{1}{V}\left(\frac{\partial V}{\partial p}\right)_T = \frac{1}{p}$$

试题分析

1.2　0 ℃ ,101.325 kPa 的条件常称为气体的标准状况,试求甲烷在标准状况下的密度。

解: 将甲烷视为理想气体,其摩尔质量 $M = 16.042 \times 10^{-3}\ \text{kg} \cdot \text{mol}^{-1}$,则

$$p = \frac{nRT}{V} = \frac{m}{M}\frac{RT}{V} = \rho\frac{RT}{M}$$

$$\rho = \frac{pM}{RT} = \left(\frac{101.325 \times 10^3 \times 16.042 \times 10^{-3}}{8.314 \times 273.15}\right)\ \text{kg} \cdot \text{m}^{-3} = 0.716\ \text{kg} \cdot \text{m}^{-3}$$

1.3 一抽成真空的球形容器,质量为 25.000 0 g。充以 4 ℃ 的水之后,总质量为 125.000 0 g。若改充以 25 ℃,13.33 kPa 的某碳氢化合物气体,则总质量为 25.016 3 g。试估算该气体的摩尔质量。水的密度按 1 g·cm^{-3} 计算。

解: 球形容器的体积为

$$V = \frac{m(H_2O)}{\rho(H_2O)} = \left(\frac{125.000\ 0 - 25.000\ 0}{1}\right) cm^3 = 100\ cm^3 = 10^{-4}\ m^3$$

碳氢化合物气体的物质的量为

$$n = \frac{pV}{RT} = \left[\frac{13.33 \times 10^3 \times 10^{-4}}{8.314 \times (273.15 + 25)}\right] mol = 5.38 \times 10^{-4}\ mol$$

该气体的摩尔质量为

$$M = \frac{m}{n} = \left(\frac{25.016\ 3 - 25.000\ 0}{5.38 \times 10^{-4}}\right) g \cdot mol^{-1} = 30.30\ g \cdot mol^{-1}$$

1.4 两个容积均为 V 的玻璃球泡之间用细管连接,泡内密封着标准状况下的空气。若将其中的一个球加热到 100 ℃,另一个球维持 0 ℃,忽略连接细管中气体的体积,试求该容器内空气的压力。

解: 由题给条件知(1)系统物质总量恒定;(2)两球中压力相同。

标准状况: $p_1 = 101.325$ kPa, $T_1 = 273.15$ K

由质量守恒知: $n = \dfrac{2p_1 V}{RT_1} = n_1 + n_2 = \dfrac{p_2 V}{RT_2} + \dfrac{p_2 V}{RT_1}$

所以 $p_2 = 2p_1 \Big/ \left(1 + \dfrac{T_1}{T_2}\right) = 2 \times 101.325$ kPa $\Big/ \left(1 + \dfrac{273.15\ K}{373.15\ K}\right) = 117.0$ kPa

1.5 0 ℃ 时氯甲烷(CH_3Cl)气体的密度 ρ 随压力 p 的变化如下:

p/kPa	101.325	67.550	50.663	33.775	25.331
$\rho/(g \cdot dm^{-3})$	2.307 4	1.526 3	1.140 1	0.757 13	0.566 60

试作 $\dfrac{\rho}{p} - p$ 图,用外推法求 CH_3Cl 的相对分子质量。

解: 对于理想气体,有

$$p = \frac{nRT}{V} = \frac{m}{M}\frac{RT}{V} = \rho\,\frac{RT}{M}$$

所以 $$M = \frac{\rho RT}{p}$$

    对于真实气体,在一定温度下,压力越低其行为越接近理想气体。只有当压力趋于零时上述关系才成立,可表示为

$$\lim_{p\to 0}\left(\frac{\rho RT}{p}\right) = RT\lim_{p\to 0}\left(\frac{\rho}{p}\right) = M$$

0 ℃时不同压力下的 $\dfrac{\rho}{p}$ 列表如下:

p/kPa	101.325	67.550	50.663	33.775	25.331
$\dfrac{\rho}{p}/(10^{-3}\ \mathrm{g\cdot dm^{-3}\cdot kPa^{-1}})$	22.772	22.595	22.504	22.417	22.368

以 $\dfrac{\rho}{p}$ 对 p 作图可得一直线,如图 1.1 所示。

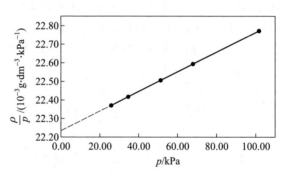

图 1.1　习题 1.5 附图

    由图 1.1 中直线外推至 $p=0$ 时可得

$$\lim_{p\to 0}\left[\left(\frac{\rho}{p}\right)/(10^{-3}\ \mathrm{g\cdot dm^{-3}\cdot kPa^{-1}})\right] = 截距 = 22.237$$

即当 p 趋于 0 时,$\dfrac{\rho}{p} = 22.237\times 10^{-3}\ \mathrm{g\cdot dm^{-3}\cdot kPa^{-1}} = 22.237\times 10^{-3}\ \mathrm{g\cdot m^{-3}\cdot Pa^{-1}}$

则 $$M = RT\,\frac{\rho}{p} = (8.314\times 273.15\times 22.237\times 10^{-3})\ \mathrm{g\cdot mol^{-1}}$$

$$= 50.50 \text{ g·mol}^{-1}$$

故 CH_3Cl 的相对分子质量：

$$M_r = M / (\text{g·mol}^{-1}) = 50.50$$

1.6　今有 20 ℃的乙烷-丁烷混合气体,充入一抽成真空的 200 cm³ 容器中,直至压力达到 101.325 kPa,测得容器中混合气体的质量为 0.389 7 g。试求该混合气体中两种组分的摩尔分数及分压。

解：设乙烷（A）和丁烷（B）均为理想气体,则两种气体的总物质的量：

$$n = \frac{pV}{RT} = \left[\frac{101.325 \times 10^3 \times 200 \times 10^{-6}}{8.314 \times (273.15 + 20)} \right] \text{ mol} = 8.315 \times 10^{-3} \text{ mol}$$

$$M_A = 30.07 \text{ g·mol}^{-1}, \qquad M_B = 58.12 \text{ g·mol}^{-1}$$

则
$$\begin{cases} n_A + n_B = n \\ n_A M_A + n_B M_B = m \end{cases}$$

即
$$\begin{cases} n_A + n_B = 8.315 \times 10^{-3} \text{ mol} \\ n_A \times 30.07 \text{ g·mol}^{-1} + n_B \times 58.12 \text{ g·mol}^{-1} = 0.389 7 \text{ g} \end{cases}$$

由上式解得　　　$n_A = 3.335 \times 10^{-3}$ mol,　　$n_B = 4.980 \times 10^{-3}$ mol

所以

$$y_A = \frac{n_A}{n_A + n_B} = \frac{3.335 \times 10^{-3}}{3.335 \times 10^{-3} + 4.980 \times 10^{-3}} = 0.401 1$$

$$y_B = 1 - y_A = 1 - 0.401 1 = 0.598 9$$

$$p_A = y_A p = (0.401 1 \times 101.325) \text{ kPa} = 40.64 \text{ kPa}$$

$$p_B = p - p_A = (101.325 - 40.64) \text{ kPa} = 60.685 \text{ kPa}$$

1.7　如图所示,一带隔板的容器中,两侧分别有同温度、不同压力的 H_2 与 N_2,$p(H_2) = 20$ kPa,$p(N_2) = 10$ kPa,二者均可视为理想气体。

H_2　　3dm³	N_2　　1 dm³
$p(H_2)$　　T	$p(N_2)$　　T

（1）保持容器内温度恒定,抽去隔板,且隔板本身的体积可忽略不计,试计算两种气体混合后的压力；

（2）计算混合气体中 H_2 和 N_2 的分压；

（3）计算混合气体中 H_2 和 N_2 的分体积。

解：（1）等温混合前

$$n(H_2)=\frac{p(H_2)V^*(H_2)}{RT},\quad n(N_2)=\frac{p(N_2)V^*(N_2)}{RT}$$

等温混合后

$$p'=\frac{n_{总}RT}{V_{总}}=\frac{[n(H_2)+n(N_2)]RT}{V^*(H_2)+V^*(N_2)}=\frac{p(H_2)V^*(H_2)+p(N_2)V^*(N_2)}{V^*(H_2)+V^*(N_2)}$$

$$=\left(\frac{3\times20+1\times10}{4}\right)kPa=17.5\ kPa$$

（2）混合后的分压

$$p'(H_2)=py(H_2)=p\frac{n(H_2)}{n(H_2)+n(N_2)}=p\frac{p(H_2)V^*(H_2)}{p(H_2)V^*(H_2)+p(N_2)V^*(N_2)}$$

$$=\left(17.5\times\frac{3\times20}{3\times20+1\times10}\right)kPa=15.0\ kPa$$

$$p'(N_2)=p-p'(H_2)=(17.5-15.0)\ kPa=2.5\ kPa$$

（3）混合后的分体积

$$V(H_2)=y(H_2)V=\left(\frac{3\times20}{3\times20+1\times10}\times4\right)dm^3=3.43\ dm^3$$

$$V(N_2)=V-V(H_2)=(4-3.43)\ dm^3=0.57\ dm^3$$

试题分析

1.8 氯乙烯、氯化氢及乙烯构成的混合气体中，各组分的摩尔分数分别为 0.89，0.09 及 0.02。在恒定压力 101.325 kPa 下，用水吸收掉其中的氯化氢气体后所得的混合气体中增加了分压为 2.670 kPa 的水蒸气。试求洗涤后混合气体中氯乙烯和乙烯的分压。

解：以 A，B，C 和 D 分别代表氯乙烯、乙烯、氯化氢和水蒸气。

洗涤后混合气体的总压 $p=101.325$ kPa，水蒸气的分压 $p_D=2.670$ kPa，则

$$p_A+p_B=p-p_D=(101.325-2.670)\ kPa=98.655\ kPa$$

吸收氯化氢后混合干气体中 A 的摩尔分数为

$$y_A'=n_A/(n_A+n_B)=y_A/(y_A+y_B)=0.89/(0.89+0.02)=0.89/0.91$$

$$p_A=(p-p_D)y_A'=98.655\ kPa\times\frac{0.89}{0.91}=96.487\ kPa$$

$$p_B = p - (p_A + p_D) = 101.325 \text{ kPa} - (96.487 + 2.670) \text{ kPa} = 2.168 \text{ kPa}$$

1.9 室温下一高压釜内有常压的空气,为确保实验安全进行需采用同样温度的纯氮进行置换,步骤如下:向釜内通氮气直到 4 倍于空气的压力,然后将釜内混合气体排出直至恢复常压。重复三次。求釜内最后排气至常压时,该空气中氧的摩尔分数。设空气中氧、氮摩尔分数之比为 1:4。

解:分析如下,每次通氮气后再排气至常压力 p,混合气体中各组分的摩尔分数会发生变化。设第一次充氮气前,系统中氧的摩尔分数为 $y(O_2)$;充氮气后,系统中氧的摩尔分数为 $y_1(O_2)$,重复上面的过程至第 n 次充氮气后系统中氧的摩尔分数为 $y_n(O_2)$,则

$$y_1(O_2) = \frac{p_1(O_2)}{p_总} = \frac{p_空 y(O_2)}{4p_空} = \frac{y(O_2)}{4}$$

$$y_2(O_2) = \frac{p_2(O_2)}{p_总} = \frac{p_空 y_1(O_2)}{4p_空} = \frac{y(O_2)}{4^2}$$

$$\vdots \qquad \vdots \qquad \vdots \qquad \vdots$$

$$y_n(O_2) = \frac{p_n(O_2)}{p_总} = \frac{p_空 y_{n-1}(O_2)}{4p_空} = \frac{y(O_2)}{4^n}$$

因此
$$y_3(O_2) = y(O_2)/4^3 = 0.2/4^3 = 3.13 \times 10^{-3}$$

1.10 25 ℃时饱和了水蒸气的湿乙炔气体(即该混合气体中水蒸气分压为同温度下水的饱和蒸气压)总压为 138.7 kPa,于恒定总压下冷却到 10 ℃,使部分水蒸气凝结为水。试求每摩尔干乙炔气在该冷却过程中凝结出水的物质的量。已知 25 ℃及 10 ℃时水的饱和蒸气压分别为 3.17 kPa 及 1.23 kPa。

解:

$n(C_2H_2) = 1$ mol	$n(C_2H_2) = 1$ mol
$T_1 = 298.15$ K	$T_2 = 283.15$ K
$p = 138.7$ kPa	$p = 138.7$ kPa
$p_1(H_2O) = 3.17$ kPa	$p_2(H_2O) = 1.23$ kPa

设系统为理想气体混合物,则

$$y(H_2O) = \frac{p(H_2O)}{p} = \frac{n(H_2O)}{n(C_2H_2) + n(H_2O)}$$

$$n(\mathrm{H_2O}) = \frac{p(\mathrm{H_2O})\,n(\mathrm{C_2H_2})}{p-p(\mathrm{H_2O})}$$

$$\Delta n(\mathrm{H_2O}) = n_1(\mathrm{H_2O}) - n_2(\mathrm{H_2O}) = n(\mathrm{C_2H_2})\left[\frac{p_1(\mathrm{H_2O})}{p-p_1(\mathrm{H_2O})} - \frac{p_2(\mathrm{H_2O})}{p-p_2(\mathrm{H_2O})}\right]$$

$$= \left[1 \times \left(\frac{3.17}{138.7-3.17} - \frac{1.23}{138.7-1.23}\right)\right] \mathrm{mol} = 0.014\,44\ \mathrm{mol}$$

1.11　有某温度下的 2 $\mathrm{dm^3}$ 湿空气,其压力为 101.325 kPa,相对湿度为 60%。设空气中 $\mathrm{O_2}$ 与 $\mathrm{N_2}$ 的体积分数分别为 0.21 与 0.79,求水蒸气、$\mathrm{O_2}$ 与 $\mathrm{N_2}$ 的分体积。已知该温度下水的饱和蒸气压为 20.55 kPa(相对湿度即该温度下水蒸气的分压与水的饱和蒸气压之比)。

解: 在干空气中,$\varphi(\mathrm{O_2}) = 0.21$,　　$\varphi(\mathrm{N_2}) = 0.79$。
在湿空气中,

$$p(\mathrm{H_2O}) = p^*(\mathrm{H_2O}) \times 相对湿度 = 20.55\ \mathrm{kPa} \times 60\% = 12.33\ \mathrm{kPa}$$

$$y(\mathrm{H_2O}) = p(\mathrm{H_2O})/p(空气) = 12.33/101.325 = 0.121\,7$$

$$y(\mathrm{O_2}) = [1-y(\mathrm{H_2O})]\varphi(\mathrm{O_2}) = (1-0.121\,7) \times 0.21 = 0.184\,4$$

$$y(\mathrm{N_2}) = 1 - y(\mathrm{H_2O}) - y(\mathrm{O_2}) = 1 - 0.121\,7 - 0.184\,4 = 0.693\,9$$

$$V(\mathrm{H_2O}) = y(\mathrm{H_2O})V = 0.121\,7 \times 2\ \mathrm{dm^3} = 0.243\,4\ \mathrm{dm^3}$$

$$V(\mathrm{O_2}) = y(\mathrm{O_2})V = 0.184\,4 \times 2\ \mathrm{dm^3} = 0.368\,8\ \mathrm{dm^3}$$

$$V(\mathrm{N_2}) = y(\mathrm{N_2})V = 0.693\,9 \times 2\ \mathrm{dm^3} = 1.387\,8\ \mathrm{dm^3}$$

1.12　一密闭刚性容器中充满了空气,并有少量水存在。当容器在 300 K 条件下达平衡时,容器内压力为 101.325 kPa。若把该容器移至 373.15 K 的沸水中,试求容器中达到新的平衡时应有的压力。设容器中始终有水存在,且可忽略水的体积的任何变化。已知 300 K 时水的饱和蒸气压为 3.567 kPa。

解: $T_1 = 300$ K 时,系统的总压为 p_1,水蒸气的分压为

$$p_1(\mathrm{H_2O}) = p^*(\mathrm{H_2O}, 300\ \mathrm{K}) = 3.567\ \mathrm{kPa}$$

将气相看成理想气体,则系统中空气的分压为

$$p_1(空气) = p_1 - p_1(\mathrm{H_2O})$$

因为容器体积不变(忽略水的任何体积变化),则 $T_2 = 373.15$ K 时,空气的分压为

$$p_2(空气) = \frac{T_2}{T_1}p_1(空气) = \left[\frac{373.15}{300}(101.325 - 3.567)\right] \text{kPa} = 121.595 \text{ kPa}$$

因为容器中始终有水存在, 在 T_2 时水蒸气的分压为

$$p_2(\text{H}_2\text{O}) = p^*(\text{H}_2\text{O}, 373.15 \text{ K}) = 101.325 \text{ kPa}$$

则 T_2 时系统的总压 p_2 为

$$p_2 = p_2(空气) + p_2(\text{H}_2\text{O}) = (121.595 + 101.325) \text{ kPa} = 222.920 \text{ kPa}$$

1.13 CO_2 气体在 40 ℃ 时的摩尔体积为 $0.381 \text{ dm}^3 \cdot \text{mol}^{-1}$。设 CO_2 为范德华气体, 试求其压力, 并比较与实验值 5 066.3 kPa 的相对误差。

解: 根据范德华方程

$$p = \frac{RT}{V_m - b} - \frac{a}{V_m^2}$$

查表得 CO_2 的范德华常数:

$$a = 365.8 \times 10^{-3} \text{ Pa} \cdot \text{m}^6 \cdot \text{mol}^{-1}, \quad b = 42.9 \times 10^{-6} \text{m}^3 \cdot \text{mol}^{-1}$$

$$p = \left[\frac{8.314 \times (273.15 + 40)}{0.381 \times 10^{-3} - 42.9 \times 10^{-6}} - \frac{365.8 \times 10^{-3}}{(0.381 \times 10^{-3})^2}\right] \text{Pa} = 5 180.5 \text{ kPa}$$

相对误差

$$r = \frac{5\ 180.5 - 5\ 066.3}{5\ 066.3} \times 100\% = 2.3\%$$

*1.14 今有 0 ℃, 40 530 kPa 的 N_2, 分别用理想气体状态方程及范德华方程计算其摩尔体积。实验值为 $0.070\ 3 \text{ dm}^3 \cdot \text{mol}^{-1}$。

解: 用理想气体状态方程计算:

$$V_m = \frac{RT}{p} = \left(\frac{8.314 \times 273.15}{40\ 530 \times 10^3}\right) \text{m}^3 \cdot \text{mol}^{-1} = 0.056\ 0 \text{ dm}^3 \cdot \text{mol}^{-1}$$

用范德华方程计算:

$$\left(p + \frac{a}{V_m^2}\right)(V_m - b) = RT$$

查教材附录四得 N_2 的范德华常数为

$$a = 137.0 \times 10^{-3} \ \mathrm{Pa \cdot m^6 \cdot mol^{-2}}, \quad b = 38.7 \times 10^{-6} \ \mathrm{m^3 \cdot mol^{-1}}$$

用 MATLAB fzero 函数求得范德华方程的解为

$$V_\mathrm{m} = 0.072 \ 98 \ \mathrm{dm^3 \cdot mol^{-1}}$$

也可以用直接迭代法，$V_\mathrm{m} = b + RT \Big/ \left(p + \dfrac{a}{V_\mathrm{m}^2} \right)$，取理想气体状态方程计算的

初值 $V_\mathrm{m} = 5.603 \times 10^{-4} \ \mathrm{m^3 \cdot mol^{-1}}$，迭代九次结果 $V_\mathrm{m} = 0.072 \ 98 \ \mathrm{dm^3 \cdot mol^{-1}}$。

讨论：用理想气体状态方程计算实际气体的摩尔体积与实验值相差较大；由范德华方程计算的结果与实验值虽有一定的差距，但比较接近，说明对实际气体应选用合适的状态方程进行计算。

*1.15 试由波义耳温度 T_B 的定义式，证明范德华气体的 T_B 可表示为

$$T_\mathrm{B} = \frac{a}{bR}$$

式中，a,b 为范德华常数。

证： 波义耳温度 T_B 定义为

$$\lim_{p \to 0} \left[\frac{\partial (pV_\mathrm{m})}{\partial p} \right]_{T_\mathrm{B}} = 0$$

范德华方程可表示为

$$pV_\mathrm{m} = \frac{RTV_\mathrm{m}}{V_\mathrm{m} - b} - \frac{a}{V_\mathrm{m}}$$

上式在 $T = T_\mathrm{B}$ 下对 p 求偏导可得

$$\left[\frac{\partial (pV_\mathrm{m})}{\partial p} \right]_{T_\mathrm{B}} = \frac{RT_\mathrm{B}}{V_\mathrm{m} - b} \left(\frac{\partial V_\mathrm{m}}{\partial p} \right)_{T_\mathrm{B}} - \frac{RT_\mathrm{B} V_\mathrm{m}}{(V_\mathrm{m} - b)^2} \left(\frac{\partial V_\mathrm{m}}{\partial p} \right)_{T_\mathrm{B}} + \frac{a}{V_\mathrm{m}^2} \left(\frac{\partial V_\mathrm{m}}{\partial p} \right)_{T_\mathrm{B}}$$

$$= \left[\frac{RT_\mathrm{B}}{V_\mathrm{m} - b} - \frac{RT_\mathrm{B} V_\mathrm{m}}{(V_\mathrm{m} - b)^2} + \frac{a}{V_\mathrm{m}^2} \right] \left(\frac{\partial V_\mathrm{m}}{\partial p} \right)_{T_\mathrm{B}}$$

$$= \left[-\frac{RT_\mathrm{B} b}{(V_\mathrm{m} - b)^2} + \frac{a}{V_\mathrm{m}^2} \right] \left(\frac{\partial V_\mathrm{m}}{\partial p} \right)_{T_\mathrm{B}}$$

在 $T = T_\mathrm{B}$ 下，当压力 p 趋于 0 时，上式中的 $(\partial V_\mathrm{m} / \partial p)_{T_\mathrm{B}} \neq 0$，故必然存在

$$-\frac{bRT_\mathrm{B}}{(V_\mathrm{m} - b)^2} + \frac{a}{V_\mathrm{m}^2} = 0$$

由此可得
$$T_B = \frac{[a/(bR)](V_m-b)^2}{V_m^2}$$

当 $p\to 0$ 时，$V_m\to\infty$，则
$$(V_m-b)^2 \approx V_m^2$$

所以
$$T_B = \frac{a}{bR}$$

即
$$\lim_{p\to 0}\left[\frac{\partial(pV_m)}{\partial p}\right]_{T_B} = \frac{bRT_B-a}{RT_B} = 0, \qquad T_B = \frac{a}{bR}$$

1.16 把 25 ℃的氧气充入 40 dm³的氧气钢瓶中，压力达 202.7×10² kPa。试用普遍化压缩因子图求钢瓶中氧气的质量。

解：查教材附录知氧气的临界参数为 $T_c = 154.59$ K，$p_c = 5.043$ MPa，此条件下对比参数为

$$T_r = \frac{T}{T_c} = \frac{298.15}{154.59} = 1.928\ 6$$

$$p_r = \frac{p}{p_c} = \frac{202.7\times 10^2}{5.043\times 10^3} = 4.019\ 4$$

从普遍化压缩因子图查得 $Z = 0.95$。

因此
$$m = \frac{pVM}{ZRT} = \left(\frac{202.7\times 10^2\times 40\times 32}{0.95\times 8.314\times 298.15}\right) \text{g} = 11.02\times 10^3 \text{ g} = 11.02 \text{ kg}$$

*1.17 已知 298.15 K 时，乙烷的第二、第三位力系数分别为 $B = -186\times 10^{-6}$ m³·mol⁻¹ 和 $C = 1.06\times 10^{-8}$ m²·mol⁻¹，试分别用位力方程和普遍化压缩因子图计算 28.8 g 乙烷气体在 298.15 K，1×10^{-3} m³容器中的压力值，并与用理想气体状态方程计算的压力值进行比较。

解：乙烷气体的摩尔体积：

$$V_m = \frac{V}{n} = \frac{V}{m/M} = \left(\frac{1\times 10^{-3}}{28.8/30.07}\right) \text{ m}^3\cdot\text{mol}^{-1} = 1.044\times 10^{-3} \text{ m}^3\cdot\text{mol}^{-1}$$

用位力方程计算：

$$p = \frac{RT}{V_m}\left(1+\frac{B}{V_m}+\frac{C}{V_m^2}\right)$$

$$= \left\{ \frac{8.314 \times 298.15}{1.044 \times 10^{-3}} \left[1 + \frac{-186 \times 10^{-6}}{1.044 \times 10^{-3}} + \frac{1.06 \times 10^{-8}}{(1.044 \times 10^{-3})^2} \right] \right\} \text{ Pa}$$

$$= 1.974 \times 10^3 \text{ kPa}$$

用普遍化压缩因子图计算:查教材附录得 $T_c = 305.32$ K,$p_c = 4.872$ MPa,所以

$$T_r = \frac{T}{T_c} = \frac{298.15}{305.32} = 0.976\ 5$$

$$Z = \frac{pV_m}{RT} = \frac{p_r p_c V_m}{RT} = \left(\frac{4.872 \times 10^6 \times 1.044 \times 10^{-3}}{8.314 \times 298.15} \right) p_r = 2.05 p_r$$

由该式在普遍化压缩因子图上作 $Z - p_r$ 辅助线,如图 1.2 所示。

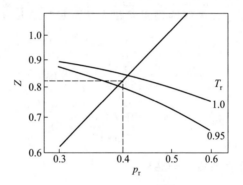

图 1.2　习题 1.17 附图

内插法估计: $T_r = 0.976\ 5$ 的 $Z - p_r$ 辅助线与上述 $Z = 2.05 p_r$ 线相交的坐标为

$$Z = 0.82, \quad p_r = 0.4$$

则所求压力为　　$p = p_r p_c = (0.4 \times 4.872)$ MPa $= 1.949 \times 10^3$ kPa

按理想气体状态方程计算:　$p = \frac{RT}{V_m} = \left(\frac{8.314 \times 298.15}{1.044 \times 10^{-3}} \right)$ Pa $= 2.374 \times 10^3$ kPa

　　讨论:用位力方程计算的压力与由普遍化压缩因子图计算的结果比较接近,但与用理想气体状态方程计算的结果相差比较大,说明中等压力下的气体应该按照实际气体处理。

第二章　热力学第一定律

第1节　概念、主要公式及其适用条件

1. 主要定义式

（1）体积功定义式　　　　$\delta W = -p_{\text{amb}}\,dV$

　　　可逆体积功　　　　　$\delta W_r = -p\,dV$

（2）焓的定义式　　　　　$H = U + pV$

（3）热容定义式

　　　摩尔定压热容　　$C_{p,\text{m}} = \dfrac{\delta Q_{p,\text{m}}}{dT} = \left(\dfrac{\partial H_{\text{m}}}{\partial T}\right)_p$

　　　摩尔定容热容　　$C_{V,\text{m}} = \dfrac{\delta Q_{V,\text{m}}}{dT} = \left(\dfrac{\partial U_{\text{m}}}{\partial T}\right)_V$

（4）反应进度定义式　　$d\xi = \dfrac{dn_{\text{B}}}{\nu_{\text{B}}}$ 或 $\xi = \dfrac{\Delta n_{\text{B}}}{\nu_{\text{B}}}$

（5）节流膨胀系数定义式　$\mu_{\text{J-T}} = \left(\dfrac{\partial T}{\partial p}\right)_H$

2. 主要计算公式及其适用条件

（1）热力学第一定律数学表达式

$$\Delta U = Q + W$$

或　　　　　　　　　$dU = \delta Q + \delta W = \delta Q - p_{\text{amb}}\,dV + \delta W'$

适用于封闭系统的三类变化过程（单纯 pVT 变化、相变化、化学变化）。

（2）恒容热和恒压热

$$\delta Q_V = dU \quad (dV = 0, \delta W' = 0 \text{ 条件下的三类变化过程})$$

或　　　　　　　　　　　　　$Q_V = \Delta U$

$$\delta Q_p = \mathrm{d}H \quad (\mathrm{d}p = 0, \delta W' = 0 \text{ 条件下的三类变化过程})$$

或
$$Q_p = \Delta H$$

（3）摩尔定压热容与摩尔定容热容关系式

$$C_{p,m} - C_{V,m} = \left(\frac{\partial U_m}{\partial V_m}\right)_T \left(\frac{\partial V_m}{\partial T}\right)_p + p\left(\frac{\partial V_m}{\partial T}\right)_p \quad \text{（适用于各种相态的物质）}$$

$$C_{p,m} - C_{V,m} = R \quad \text{（适用于理想气体）}$$

$$C_{p,m} - C_{V,m} = T\left(\frac{\partial V_m}{\partial T}\right)_p \left(\frac{\partial p}{\partial T}\right)_V \quad \text{（适用于凝聚态物质）}$$

（4）单纯 pVT 变化 $\Delta U, \Delta H$ 计算公式

普遍式：$\mathrm{d}U = \left(\frac{\partial U}{\partial T}\right)_V \mathrm{d}T + \left(\frac{\partial U}{\partial V}\right)_T \mathrm{d}V$; $\quad \mathrm{d}H = \left(\frac{\partial H}{\partial T}\right)_p \mathrm{d}T + \left(\frac{\partial H}{\partial p}\right)_T \mathrm{d}p$

（对气、液、固各种相态物质均适用）

$$\Delta U = n\int_{T_1}^{T_2} C_{V,m}\mathrm{d}T; \qquad \Delta H = n\int_{T_1}^{T_2} C_{p,m}\mathrm{d}T$$

（适用于理想气体，近似适用于凝聚态物质）

（5）理想气体绝热可逆过程方程

$$pV^\gamma = \text{常数} \qquad \text{或} \quad p_1 V_1^\gamma = p_2 V_2^\gamma$$

$$TV^{\gamma-1} = \text{常数} \qquad \text{或} \quad T_1 V_1^{\gamma-1} = T_2 V_2^{\gamma-1}$$

$$Tp^{(1-\gamma)/\gamma} = \text{常数} \qquad \text{或} \quad \frac{T_2}{T_1} = \left(\frac{p_2}{p_1}\right)^{(\gamma-1)/\gamma}$$

（适用条件：绝热可逆过程；$C_{V,m}$ 为常数）

式中，γ 为热容比，$\gamma = \dfrac{C_{p,m}}{C_{V,m}}$。

（6）摩尔相变焓与温度关系式

$$\Delta_\alpha^\beta H_m(T_2) = \Delta_\alpha^\beta H_m(T_1) + \int_{T_1}^{T_2} \Delta_\alpha^\beta C_{p,m}\mathrm{d}T$$

$$\Delta_\alpha^\beta C_{p,m} = C_{p,m}(\beta) - C_{p,m}(\alpha)$$

（7）化学反应焓变计算公式

$$\Delta_r H_m^\ominus(T) = \sum_B \nu_B \Delta_f H_m^\ominus(B, \beta, T) = -\sum_B \nu_B \Delta_c H_m^\ominus(B, \beta, T)$$

$$\Delta_r H_m^\ominus(T_2) = \Delta_r H_m^\ominus(T_1) + \int_{T_1}^{T_2} \Delta_r C_{p,m}^\ominus\mathrm{d}T$$

$$\Delta_r C_{p,m}^{\ominus} = \sum_B \nu_B C_{p,m}^{\ominus}(B,\beta)$$

第 2 节 概 念 题

2.2.1 填空题

1. 封闭系统由某一始态出发,经历一循环过程,此过程的 ΔU(　　　);ΔH(　　　),Q 与 W 的关系是(　　　),但 Q 与 W 的数值(　　　),因为(　　　)。

2. 平衡态是指在一定条件下系统中各相的热力学性质(　　　)的状态。系统处于平衡态须满足的四个条件是系统内部处于(　　　)、(　　　)、(　　　)和(　　　)。

3. 在 300 K 的常压下,2 mol 的某固体物质完全升华过程的体积功 W=(　　　)。

4. 某化学反应 A(l)+0.5B(g) ⟶ C(g) 在 500 K 恒容条件下进行,反应进度为 1 mol 时放热 10 kJ,若反应在同样温度恒压条件下进行,反应进度为1 mol 时放热(　　　)。

5. 已知水在 100 ℃ 的摩尔蒸发焓 $\Delta_{vap}H_m$ = 40.668 kJ·mol^{-1},1 mol 水蒸气在 100 ℃,101.325 kPa 条件下凝结为液体水,此过程的 Q=(　　　);W=(　　　);ΔU=(　　　);ΔH=(　　　)。

6. 一定量单原子理想气体经历某过程的 $\Delta(pV)$ = 20 kJ,则此过程的 ΔU=(　　　);ΔH=(　　　)。

7. 298.15 K 下,1 mol 理想气体由始态体积 15 dm^3 恒温膨胀至末态体积 50 dm^3,若过程为自由膨胀,则 W=(　　　),Q=(　　　);若过程为反抗恒定外压 100 kPa 膨胀,则 W=(　　　),Q=(　　　)。

8. 下列公式的适用条件分别为:$U=f(T)$ 和 $H=f(T)$ 适用于(　　　);$Q_V=\Delta U$ 适用于(　　　);$\Delta U = n\int_{T_1}^{T_2} C_{V,m}dT$ 适用于(　　　);$pV^{\gamma}=$ 常数适用于(　　　)。

9. 2 mol 单原子理想气体其 $\left(\dfrac{\partial H}{\partial T}\right)_p$ = (　　　)J·K^{-1};2 mol 双原子理想气体其 $\left(\dfrac{\partial U}{\partial T}\right)_V$ = (　　　)J·K^{-1}。

10. 1 mol 单原子理想气体从 400 K 经历(1)恒压膨胀,(2)绝热膨胀,到

达相同的末态温度 300 K，两过程的热力学能和焓的变化分别为：$\Delta U_1 =$
(　　)；$\Delta H_1 = ($　　$)$；$\Delta U_2 = ($　　$)$；$\Delta H_2 = ($　　$)$。

11. 化学反应的标准摩尔反应焓随温度的变化率 $\dfrac{\mathrm{d}\Delta_r H_m^{\ominus}}{\mathrm{d}T} = ($　　$)$，在一定的温度范围内标准摩尔反应焓 $\Delta_r H_m^{\ominus}$ 与温度无关的条件是(　　)。

12. 已知水在正常沸点下的摩尔蒸发焓为 40.668 kJ·mol^{-1}，水和水蒸气在 25~100 ℃的平均摩尔定压热容分别为 75.75 J·mol^{-1} 和 33.76 J·mol^{-1}，则水在 50 ℃平衡条件下的摩尔蒸发焓为(　　)。[提示：水蒸气可视为理想气体，忽略压力对凝聚态物质摩尔焓的影响。]

13. 在一个体积恒定为 $2\mathrm{m}^3$，$W' = 0$ 的绝热反应器中，发生某化学反应使系统温度升高 1 200 ℃，压力增加 300 kPa，此过程的 $\Delta U = ($　　$)$；$\Delta H = ($　　$)$。

14. 在一定温度下，$\Delta_c H_m^{\ominus}(\mathrm{C}, 石墨) = \Delta_f H_m^{\ominus}($　　$)$；$\Delta_c H_m^{\ominus}(\mathrm{H}_2, \mathrm{g}) = \Delta_f H_m^{\ominus}($　　$)$。

15. 在 25 ℃时，乙烷 $\mathrm{C}_2\mathrm{H}_6(\mathrm{g})$ 的 $\Delta_c H_m^{\ominus} - \Delta_c U_m^{\ominus} = ($　　$)$。

16. 25 ℃时，戊烷(l)的标准摩尔燃烧焓为 $-3\,510$ kJ·mol^{-1}，$\mathrm{CO}_2(\mathrm{g})$ 和 $\mathrm{H}_2\mathrm{O}(\mathrm{l})$的标准摩尔生成焓分别为 -394 kJ·mol^{-1} 和 -286 kJ·mol^{-1}，则戊烷的标准摩尔生成焓为(　　)。

17. 一定量理想气体经节流膨胀过程，$\mu_{\mathrm{J-T}} = ($　　$)$；$\Delta H = ($　　$)$；$\Delta U = ($　　$)$；流动功 $W = ($　　$)$。

2.2.2　选择题

1. 下列各组物理量中全部是状态函数的是(　　)。
(a) p, V, T, Q；　　　　　　　(b) U, H, C_V, W；
(c) U, H, V, C_p；　　　　　　(d) $\Delta U, p, m, T$。

2. 在一定压力和一定温度范围内，液体的摩尔蒸发焓随温度的变化率 $\left(\dfrac{\partial \Delta_{vap} H_m}{\partial T}\right)_p$ (　　)。
(a) >0；　　　　　　　　(b) <0；
(c) $=0$；　　　　　　　　(d) 无法确定。

3. 一定量的某种理想气体经历恒温可逆膨胀过程，其 $\Delta U($　　$)$，$W($　　$)$。
(a) $>0, >0$；　　(b) $<0, <0$；　　(c) $=0, >0$；　　(d) $=0, <0$。

4. 某液体物质的蒸气在恒温恒压条件下凝结为液体,过程的 $Q($ $)$, $\Delta H($ $)$。

(a) $>0,=0$;   (b) $=0,=0$;   (c) $=0,>0$;   (d) $=0,<0$。

5. 热力学第一定律的数学表达式 $\Delta U = Q + W$ 只适用于(   )。

(a) 隔离系统;   (b) 敞开系统;

(c) 封闭系统;   (d) 可逆过程。

6. 隔离系统经历某一过程,其 $\Delta U($ $)$,$\Delta H($ $)$。

(a) >0,无法确定;   (b) $=0$,无法确定;

(c) $=0,>0$;   (d) $=0,<0$。

7. 甲烷燃烧反应 $CH_4(g) + 2O_2(g) \Longrightarrow CO_2(g) + 2H_2O(l)$,在以下不同条件下进行(气相可视为理想气体):

试题分析

(1) 25 ℃,常压条件下反应,其过程的 $Q($ $)$,$W($ $)$,$\Delta U($ $)$,$\Delta H($ $)$。[提示:当压力不高,体积变化不大时,$|\Delta H| \gg |\Delta(pV)|$。]

(2) 25 ℃,恒容条件下反应,其过程的 $Q($ $)$,$W($ $)$,$\Delta U($ $)$,$\Delta H($ $)$。

(3) 在绝热密闭刚性容器中反应,末态温度升高,压力增大,其过程的 $\Delta U($ $)$,$\Delta H($ $)$。

(4) 在绝热恒压条件下反应,末态温度升高,体积增大,其过程的 $W($ $)$,$\Delta U($ $)$,$\Delta H($ $)$。

(a) >0;   (b) $=0$;   (c) <0;   (d) 无法确定。

8. 1 mol 某双原子理想气体由始态 298.15 K,100 kPa 绝热可逆压缩到 5 dm^3,则末态温度 T_2 和过程的 ΔU 分别为(   )。

(a) 566 K,0;   (b) 458 K,5.57 kJ;

(c) 566 K,5.57 kJ;   (d) 458 K,0。

9. 在一个体积恒定的绝热箱中有一绝热隔板,其两侧充有 n,T,p 皆不相同的 $N_2(g)$,$N_2(g)$ 可视为理想气体。今抽去隔板,则此过程的 $\Delta U($ $)$,$\Delta H($ $)$。

试题分析

(a) >0;   (b) $=0$;   (c) <0;   (d) 无法确定。

10. 298.15 K,各组分均处于标准态时,反应 $2H_2(g) + O_2(g) \Longrightarrow 2H_2O(l)$ 放出的热,等于该温度下(   )。

(a) $H_2O(l)$ 的标准摩尔生成焓;

(b) $H_2(g)$ 的标准摩尔燃烧焓;

(c) $O_2(g)$ 的标准摩尔燃烧焓;

(d) 该化学反应的标准摩尔反应焓。

11. 已知 25 ℃时,金刚石的标准摩尔生成焓 $\Delta_f H_m^{\ominus} = 1.90$ kJ·mol^{-1},石墨

的标准摩尔燃烧焓 $\Delta_c H_m^{\ominus} = -393.51$ kJ·mol^{-1},则金刚石的标准摩尔燃烧焓
$\Delta_c H_m^{\ominus} = ($　　$)$。

（a）-391.61 kJ·mol^{-1};　　　　　　　　（b）-393.51 kJ·mol^{-1};

（c）-395.41 kJ·mol^{-1};　　　　　　　　（d）无法确定。

12. 若要通过节流膨胀达到制冷效果,则要求 $\mu_{\text{J-T}}($　　$)$。

（a）>0;　　　　　（b）$= 0$;　　　　（c）<0;　　　　　（d）无法确定。

概念题答案

2.2.1　填空题

1. $= 0$;$= 0$;$Q = -W$;无法确定;循环过程的具体途径未知
2. 不随时间变化;热平衡;力平衡;相平衡;化学平衡
3. -4.99 kJ

$$W = -p\Delta V = -pV(\text{g}) = -nRT = (-2\times8.314\times300) \text{ J} = -4.99 \text{ kJ}$$

4. 7.92 kJ

$$Q_p = \Delta H = Q_V + \sum_{\text{B}} \nu_{\text{B}}(\text{g})RT$$

$$= (-10 \times 10^3 + 0.5 \times 8.314 \times 500) \text{ J} = -7.92 \text{ kJ}$$

5. -40.668kJ;3.10 kJ;-37.57 kJ;-40.668 kJ

$$W = -p\Delta V = pV(\text{g}) = nRT = (1\times8.314\times373.15) \text{ J} = 3.10 \text{ kJ}$$

$$\Delta U = \Delta H - \Delta(pV) = -37.57\text{kJ}; \quad \Delta H = Q_p = -40.668 \text{ kJ}$$

6. 30 kJ;50 kJ

$$\Delta U = nC_{V,\text{m}}\Delta T = n\times1.5R\times\Delta T = 1.5\times\Delta(pV) = 30 \text{ kJ}$$

$$\Delta H = nC_{p,\text{m}}\Delta T = n\times2.5R\times\Delta T = 2.5\times\Delta(pV) = 50 \text{ kJ}$$

7. 0;0;$-3\,500$ J;$3\,500$ J

理想气体恒温过程 $\Delta U = 0$,自由膨胀时 $W = 0$,$Q = \Delta U - W = 0$;反抗恒定外压膨胀时 $W = -p_{\text{amb}}\Delta V = [-100\times10^3\times(50-15)\times10^{-3}]$ J $= -3\,500$ J,$Q = \Delta U - W = 3\,500$ J。

8. 封闭系统,非体积功为零时的理想气体单纯 pVT 变化;封闭系统,非体积功为零时的恒容过程;封闭系统,非体积功为零时的理想气体单纯 pVT 变化,若为非理想气体则须过程恒容;封闭系统,非体积功为零时的理想气体绝热可逆过程

9. 41.57；41.57

$$\left(\frac{\partial H}{\partial T}\right)_p = nC_{p,\mathrm{m}} = 2 \times 2.5R = 41.57 \ \mathrm{J \cdot K^{-1}}$$

$$\left(\frac{\partial U}{\partial T}\right)_V = nC_{V,\mathrm{m}} = 2 \times 2.5R = 41.57 \ \mathrm{J \cdot K^{-1}}$$

10. $-1\,247.1$ J；$-2\,078.5$ J；$-1\,247.1$ J；$-2\,078.5$ J

两过程始态温度和末态温度相同,因此

$$\Delta U_1 = \Delta U_2 = nC_{V,\mathrm{m}}(T_2 - T_1) = \left[1 \times \frac{3}{2} \times 8.314 \times (300-400)\right] \mathrm{J} = -1\,247.1 \ \mathrm{J}$$

$$\Delta H_1 = \Delta H_2 = nC_{p,\mathrm{m}}(T_2 - T_1) = \left[1 \times \frac{5}{2} \times 8.314 \times (300-400)\right] \mathrm{J} = -2\,078.5 \ \mathrm{J}$$

11. $\Delta_{\mathrm{r}} C_{p,\mathrm{m}}^{\ominus}$；$\Delta_{\mathrm{r}} C_{p,\mathrm{m}}^{\ominus} = 0$

12. $42.77 \ \mathrm{kJ \cdot mol^{-1}}$

323.15 K 和 373.15 K 相变焓的关系为

$$\Delta_{\mathrm{vap}} H_{\mathrm{m}}(323.15 \ \mathrm{K}) = \Delta_{\mathrm{vap}} H_{\mathrm{m}}(373.15 \ \mathrm{K}) + \int_{373.15 \ \mathrm{K}}^{323.15 \ \mathrm{K}} \left[C_{p,\mathrm{m}}(\mathrm{H_2O}, \mathrm{g}) - C_{p,\mathrm{m}}(\mathrm{H_2O}, \mathrm{l}) \right] \mathrm{d}T$$

所以

$$\Delta_{\mathrm{vap}} H_{\mathrm{m}}(323.15\mathrm{K}) = 40.668 \ \mathrm{kJ \cdot mol^{-1}}$$
$$+ \int_{373.15\mathrm{K}}^{323.15\mathrm{K}} \left[(33.76 - 75.75) \ \mathrm{J \cdot mol^{-1} \cdot K^{-1}} \right] \mathrm{d}T$$
$$= 42.77 \ \mathrm{kJ \cdot mol^{-1}}$$

13. 0；600 kJ

$$\Delta H = \Delta U + \Delta(pV) = V \Delta p = 600 \ \mathrm{kJ}$$

14. CO_2, g；H_2O, l

15. $-6.20 \ \mathrm{kJ \cdot mol^{-1}}$

写出乙烷的燃烧反应：$C_2H_6(\mathrm{g}) + 3.5O_2(\mathrm{g}) \Longrightarrow 2CO_2(\mathrm{g}) + 3H_2O(\mathrm{l})$

$$\Delta_{\mathrm{c}} H_{\mathrm{m}}^{\ominus} - \Delta_{\mathrm{c}} U_{\mathrm{m}}^{\ominus} = \sum_{\mathrm{B}} \nu_{\mathrm{B}}(\mathrm{g}) RT = (-2.5 \times 8.314 \times 298.15) \mathrm{J \cdot mol^{-1}}$$
$$= -6.20 \ \mathrm{kJ \cdot mol^{-1}}$$

16. $-176 \ \mathrm{kJ \cdot mol^{-1}}$

反应：$C_5H_{12}(\mathrm{l}) + 8O_2(\mathrm{g}) \Longrightarrow 5CO_2(\mathrm{g}) + 6H_2O(\mathrm{l})$

因为 $\Delta_{\mathrm{r}} H_{\mathrm{m}}^{\ominus} = \Delta_{\mathrm{c}} H_{\mathrm{m}}^{\ominus}(C_5H_{12}) = 5\Delta_{\mathrm{f}} H_{\mathrm{m}}^{\ominus}(CO_2) + 6\Delta_{\mathrm{f}} H_{\mathrm{m}}^{\ominus}(H_2O) - \Delta_{\mathrm{f}} H_{\mathrm{m}}^{\ominus}(C_5H_{12})$

所以 $\Delta_{\mathrm{f}} H_{\mathrm{m}}^{\ominus}(C_5H_{12}) = \left[5 \times (-394) + 6 \times (-286) - (-3\,510) \right] \mathrm{kJ \cdot mol^{-1}} =$

$-176 \text{ kJ} \cdot \text{mol}^{-1}$

17. $0;0;0;0$

因为 $\Delta T = 0$，所以 $\Delta U = \Delta H = 0$；$W = -\Delta(pV) = 0$

2.2.2　选择题

1. (c)

2. (b)

$$\left(\frac{\partial \Delta_{vap} H_m}{\partial T} \right)_p = \Delta C_{p,m} = C_{p,m}(\text{g}) - C_{p,m}(\text{l}) < 0$$

3. (d)

4. (d)

5. (c)

6. (b)

7. (1) (c);(a);(c);(c)

恒温恒压燃烧反应，$Q_p = \Delta H = \Delta U + \Delta(pV) < 0$，一般 $|\Delta H| \gg |\Delta(pV)|$，所以 $\Delta U < 0$。

(2) (c);(b);(c);(c)

对于理想气体参与的化学反应，恒温恒容燃烧反应与恒温恒压燃烧反应的 $\Delta U, \Delta H$ 都相同，又 $Q_V = \Delta U < 0$。

(3) (b);(a)

(4) (c);(c);(b)

8. (c)

理想气体绝热可逆方程 $T_1 V_1^{\gamma-1} = T_2 V_2^{\gamma-1}$，其中 $\gamma = \dfrac{C_{p,m}}{C_{V,m}} = 1.4$，$V_1 = \dfrac{nRT_1}{p_1}$，则

$$T_2 = \left(\frac{V_1}{V_2} \right)^{\gamma-1} T_1 = \left(\frac{nRT_1}{p_1 V_2} \right)^{\gamma-1} T_1 = \left[\left(\frac{1 \times 8.314 \times 298.15}{100 \times 10^3 \times 5 \times 10^{-3}} \right)^{1.4-1} \times 298.15 \right] \text{K} = 566 \text{ K}$$

$$\Delta U = nC_{V,m}(T_2 - T_1) = \left[1 \times \frac{5}{2} \times 8.314 \times (566 - 298.15) \right] \text{J} = 5.57 \text{ kJ}$$

9. (b);(b)

因为整个系统绝热恒容，所以 $\Delta U = Q + W = 0$。$\Delta U = n_1 C_{V,m} \Delta T_1 + n_2 C_{V,m} \Delta T_2 = 0$，所以 $\Delta H = n_1 C_{p,m} \Delta T_1 + n_2 C_{p,m} \Delta T_2 = 0$。

10. (d)

参考教材中标准摩尔生成焓、标准摩尔燃烧焓和标准摩尔反应焓的定义。

11. （c）

C（石墨）$\longrightarrow$ C（金刚石），由式 $\Delta_r H_m^{\ominus}(T) = -\sum\limits_B \nu_B \Delta_c H_m^{\ominus}(B, \beta, T)$ 可计算金刚石的标准摩尔燃烧焓 $\Delta_c H_m^{\ominus} = (-393.51 - 1.90)\ \text{kJ} \cdot \text{mol}^{-1} = -395.41\ \text{kJ} \cdot \text{mol}^{-1}$。

12. （a）

第 3 节　习 题 解 答

2.1　1 mol 水蒸气（H_2O, g）在 100 ℃，101.325 kPa 下全部凝结成液态水。求过程的功。假设相对于水蒸气的体积，液态水的体积可以忽略不计。

解：该条件下液态水的体积 $V(l) \approx 0$，水蒸气可视为理想气体。水蒸气凝结为水的过程为恒压过程。

$$W = -p_{amb}\Delta V = -p[V(l) - V(g)] \approx pV(g) = n(g)RT$$
$$= [1 \times 8.314 \times (273.15 + 100)]\ \text{J} = 3.102\ \text{kJ}$$

2.2　始态为 25 ℃，200 kPa 的 5 mol 某理想气体，经 a，b 两不同途径到达相同的末态。途径 a 先经绝热膨胀到 -28.57 ℃，100 kPa，过程的功 $W_a = -5.57$ kJ；再恒容加热到压力 200 kPa 的末态，过程的热 $Q_a = 25.42$ kJ。途径 b 为恒压加热过程。求途径 b 的 W_b 及 Q_b。

试题分析

解：先确定系统的始、末态。

$$
\boxed{\begin{array}{l} n = 5\ \text{mol} \\ T_1 = 298.15\ \text{K} \\ p_1 = 200\ \text{kPa} \\ V_1 \end{array}}
\xrightarrow{\ \delta Q_a = 0\ }
\boxed{\begin{array}{l} n = 5\ \text{mol} \\ T_2 = 244.58\ \text{K} \\ p_2 = 100\ \text{kPa} \\ V_2 \end{array}}
\xrightarrow{\ dV_a = 0\ }
\boxed{\begin{array}{l} n = 5\ \text{mol} \\ T_3 \\ p_3 \\ V_3 = V_2 \end{array}}
$$

$$dp_b = 0$$

对于途径 b，其功为

$$W_b = -p_1(V_3 - V_1) = -p_1\left(\frac{nRT_2}{p_2} - \frac{nRT_1}{p_1}\right) = -nRp_1\left(\frac{T_2}{p_2} - \frac{T_1}{p_1}\right)$$

$$= \left[-5 \times 8.314 \times 200 \times 10^3 \times \left(\frac{244.58}{100 \times 10^3} - \frac{298.15}{200 \times 10^3}\right)\right]\ \text{J} = -7.940\ \text{kJ}$$

相同始、末态间 ΔU 相等,根据热力学第一定律有

$$\Delta U = W_a + Q_a = W_b + Q_b$$

$$Q_b = W_a + Q_a - W_b = [-5.57 + 25.42 - (-7.940)] \text{ kJ} = 27.79 \text{ kJ}$$

2.3 某理想气体 $C_{V,m} = 1.5R$,今有 5 mol 该气体恒容升温 50 ℃。求过程的 $W, Q, \Delta U, \Delta H$。

解: 理想气体的恒容升温过程 $W = 0$。

$$Q = \Delta U = nC_{V,m}\Delta T = (5 \times 1.5 \times 8.314 \times 50) \text{J} = 3.118 \text{ kJ}$$

$$\Delta H = nC_{p,m}\Delta T = n(C_{V,m} + R)\Delta T = [5 \times (1.5 + 1) \times 8.314 \times 50] \text{ J} = 5.196 \text{ kJ}$$

或 $$\Delta H = \Delta U + \Delta(pV) = \Delta U + nR\Delta T = (3\,118 + 5 \times 8.314 \times 50) \text{ J} = 5.196 \text{ kJ}$$

试题分析

2.4 2 mol 某理想气体的 $C_{p,m} = 3.5R$。由始态 100 kPa, 50 dm³,先恒容加热使压力升高到 200 kPa,再恒压冷却使体积缩小至 25 dm³。求整个过程的 $W, Q, \Delta U, \Delta H$。

解: 过程图示如下。

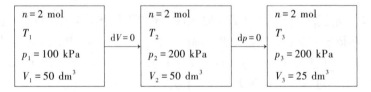

$p_1 V_1 = p_3 V_3$,则 $T_3 = T_1$,对于理想气体 H 和 U 只是温度的函数,所以 $\Delta H = \Delta U = 0$。

该途径只涉及恒容和恒压过程,因此先计算功更方便。

$$W = -p_{amb}\Delta V = -p_3\Delta V = [-200 \times 10^3 \times (25 \times 10^{-3} - 50 \times 10^{-3})] \text{ J} = 5.00 \text{ kJ}$$

根据热力学第一定律:

$$Q = \Delta U - W = (0 - 5.00) \text{ kJ} = -5.00 \text{ kJ}$$

2.5 1 mol 某理想气体于 27 ℃,101.325 kPa 的始态下,先受某恒定外压恒温压缩至平衡态,再恒容升温至 97.0 ℃,250.00 kPa。求过程的 $W, Q, \Delta U, \Delta H$。已知气体的 $C_{V,m} = 20.92$ J·mol⁻¹·K⁻¹。

解: 过程图示如下。

| $n = 1$ mol
$T_1 = 300.15$ K
$p_1 = 101.325$ kPa
V_1 | $\xrightarrow{\mathrm{d}T=0}$ | $n = 1$ mol
$T_2 = 300.15$ K
p_2
V_2 | $\xrightarrow{\mathrm{d}V=0}$ | $n = 1$ mol
$T_3 = 370.15$ K
$p_3 = 250.00$ kPa
$V_3 = V_2$ |

因为 $V_2 = V_3$,则 $\dfrac{p_2}{T_2} = \dfrac{p_3}{T_3}$, $p_2 = \dfrac{p_3 T_2}{T_3} = \left(\dfrac{250.00 \times 300.15}{370.15} \right)$ kPa $= 202.72$ kPa

$$W_2 = 0$$

$$W_1 = -p_2(V_2 - V_1) = -nRT_1 + p_2 \frac{nRT_1}{p_1} = nRT_1 \left(\frac{p_2}{p_1} - 1 \right)$$

$$= \left[1 \times 8.314 \times 300.15 \times \left(\frac{202.72}{101.325} - 1 \right) \right] \text{ J} = 2.497 \text{ kJ}$$

所以 $W = W_1 + W_2 = 2.497$ kJ

$$\Delta U = nC_{V,\mathrm{m}}(T_3 - T_1) = [1 \times 20.92 \times (370.15 - 300.15)] \text{ J} = 1.464 \text{ kJ}$$

$$\Delta H = nC_{p,\mathrm{m}}(T_3 - T_1) = n(C_{V,\mathrm{m}} + R)(T_3 - T_1)$$

$$= [1 \times (20.92 + 8.314) \times (370.15 - 300.15)] \text{ J} = 2.046 \text{ kJ}$$

$$Q = \Delta U - W = (1.464 - 2.497) \text{ kJ} = -1.033 \text{ kJ}$$

2.6 已知 $CO_2(g)$ 的摩尔定压热容

$$C_{p,\mathrm{m}} = [26.75 + 42.258 \times 10^{-3}(T/\mathrm{K}) - 14.25 \times 10^{-6}(T/\mathrm{K})^2] \text{ J} \cdot \text{mol}^{-1} \cdot \text{K}^{-1}$$

（1）求 300 K 至 800 K 间 $CO_2(g)$ 的平均摩尔定压热容 $\overline{C}_{p,\mathrm{m}}$;

（2）利用 $\overline{C}_{p,\mathrm{m}}$ 求 1 kg 常压下的 $CO_2(g)$ 从 300 K 恒压加热至 800 K 时所需要的热 Q 。

解：CO_2 的摩尔质量 $M = 44.01 \mathrm{g} \cdot \text{mol}^{-1}$,物质的量 $n = \dfrac{m}{M} = \left(\dfrac{1 \times 10^3}{44.01} \right)$ mol $=$ 22.72 mol。

（1）根据平均摩尔定压热容 $\overline{C}_{p,\mathrm{m}}$ 的定义,有

$$\overline{C}_{p,\mathrm{m}} = \frac{\displaystyle\int_{T_1}^{T_2} C_{p,\mathrm{m}} \mathrm{d}T}{T_2 - T_1}$$

$$= \frac{\displaystyle\int_{300\mathrm{K}}^{800\mathrm{K}} [26.75 + 42.258 \times 10^{-3}(T/\mathrm{K}) - 14.25 \times 10^{-6}(T/\mathrm{K})^2] \mathrm{d}T}{800\mathrm{K} - 300\mathrm{K}}$$

$$= \left\{ \left[26.75 \times (800-300) + \frac{42.258 \times 10^{-3}}{2} \times (800^2 - 300^2) \right. \right.$$

$$\left. \left. - \frac{14.25 \times 10^{-6}}{3} \times (800^3 - 300^3) \right] / (800-300) \right\} \text{ J} \cdot \text{mol}^{-1} \cdot \text{K}^{-1}$$

$$= 45.38 \text{ J} \cdot \text{mol}^{-1} \cdot \text{K}^{-1}$$

（2）$Q_p = n \overline{C}_{p,\mathrm{m}} (T_2 - T_1) = [22.72 \times 45.38 \times (800-300)] \text{ J} = 515.5 \text{ kJ}$

试题分析

2.7 容积为 0.1 m³ 的绝热密闭容器中有一绝热隔板，其两侧分别为 0 ℃，4 mol 的 Ar(g) 及 150 ℃，2mol 的 Cu(s)。现将隔板撤掉，整个系统达到热平衡，求末态温度 t 及过程的 ΔH。已知 Ar(g) 和 Cu(s) 的摩尔定压热容 $C_{p,\mathrm{m}}$ 分别为 20.786 J·mol⁻¹·K⁻¹ 及 24.435 J·mol⁻¹·K⁻¹，且假设均不随温度而变。

解：先列出系统变化前后的条件。

Ar(g)	Cu(s)		Ar(g)　　　　　Cu(s)
$n(\text{Ar}) = 4$ mol	$n(\text{Cu}) = 2$ mol	$Q_V = 0$	$n(\text{Ar}) = 4$ mol　$n(\text{Cu}) = 2$ mol
$T(\text{Ar}) = 273.15$ K	$T(\text{Cu}) = 423.15$ K		T

假设气体 Ar 为理想气体，固体 Cu 为不可压缩固体，则

$$C_{V,\mathrm{m}}(\text{Ar}) = C_{p,\mathrm{m}}(\text{Ar}) - R = (20.786 - 8.314) \text{ J} \cdot \text{mol}^{-1} \cdot \text{K}^{-1}$$

$$= 12.472 \text{ J} \cdot \text{mol}^{-1} \cdot \text{K}^{-1}$$

$$C_{V,\mathrm{m}}(\text{Cu}) \approx C_{p,\mathrm{m}}(\text{Cu}) = 24.435 \text{ J} \cdot \text{mol}^{-1} \cdot \text{K}^{-1}$$

该过程为绝热恒容过程，故 $Q_V = \Delta U = \Delta U(\text{Ar}) + \Delta U(\text{Cu}) = 0$。

$$n(\text{Ar}) C_{V,\mathrm{m}}(\text{Ar}) [T - T(\text{Ar})] + n(\text{Cu}) C_{V,\mathrm{m}}(\text{Cu}) [T - T(\text{Cu})] = 0$$

$$T = \frac{n(\text{Ar}) C_{V,\mathrm{m}}(\text{Ar}) T(\text{Ar}) + n(\text{Cu}) C_{V,\mathrm{m}}(\text{Cu}) T(\text{Cu})}{n(\text{Ar}) C_{V,\mathrm{m}}(\text{Ar}) + n(\text{Cu}) C_{V,\mathrm{m}}(\text{Cu})}$$

$$= \left(\frac{4 \times 12.472 \times 273.15 + 2 \times 24.435 \times 423.15}{4 \times 12.472 + 2 \times 24.435} \right) \text{ K} = 347.38 \text{ K}$$

即　　　　　　　　　　　　　$t = 74.23$ ℃

$$\Delta H = n(\text{Ar}) C_{p,\mathrm{m}}(\text{Ar}) [T - T(\text{Ar})] + n(\text{Cu}) C_{p,\mathrm{m}}(\text{Cu}) [T - T(\text{Cu})]$$

$$= [4 \times 20.786 \times (347.38 - 273.15)] \text{ J} + [2 \times 24.435 \times (347.38 - 423.15)] \text{ J}$$

$$= 2.47 \text{ kJ}$$

2.8 单原子理想气体 A 与双原子理想气体 B 的混合物共 5 mol，摩尔分

数 $y_B = 0.4$,始态温度 $T_1 = 400$ K,压力 $p_1 = 200$ kPa。今该混合气体绝热反抗恒外压 100 kPa 膨胀到平衡态。求末态温度 T_2 及过程的 $W, \Delta U, \Delta H$。

解: 过程图示如下。

A+B		A+B
$n_A = 3$ mol, $n_B = 2$ mol	$p_{amb} = 100$ kPa	$n_A = 3$ mol, $n_B = 2$ mol
$T_1 = 400$ K	$Q = 0$	$T_2 = ?$
$p_1 = 200$ kPa		$p_2 = 100$ kPa

分析:以 A 与 B 的混合气体为系统,则 $Q = 0$。由热力学第一定律得

$$\Delta U = W = -p_{amb}\Delta V = (n_A C_{V,m,A} + n_B C_{V,m,B})\Delta T$$

单原子分子 $C_{V,m,A} = 1.5R$,双原子分子 $C_{V,m,B} = 2.5R$,所以

$$-p_{amb}\left(\frac{nRT_2}{p_2} - \frac{nRT_1}{p_1}\right) = \left(\frac{3}{2}Rn_A + \frac{5}{2}Rn_B\right)(T_2 - T_1)$$

$$-5RT_2 + \frac{5RT_1 p_{amb}}{p_1} = \frac{19}{2}R(T_2 - T_1)$$

$$T_2 = \left(\frac{5p_{amb}}{p_1} + \frac{19}{2}\right)T_1 \Big/ \left(5 + \frac{19}{2}\right) = 331.03 \text{ K}$$

理想气体的 U 和 H 均只是温度的函数,则

$$\Delta U = \frac{19}{2}R\Delta T = \left[\frac{19}{2} \times 8.314 \times (331.03 - 400)\right] \text{ J} = -5.447 \text{ kJ}$$

$$\Delta H = (n_A C_{p,m,A} + n_B C_{p,m,B})\Delta T = \left[\frac{29}{2} \times 8.314 \times (331.03 - 400)\right] \text{ J}$$

$$= -8.315 \text{ kJ}$$

$$Q = 0, \quad W = \Delta U = -5.447 \text{ kJ}$$

2.9 在一带活塞的绝热容器中有一绝热隔板,隔板的两侧分别为 2 mol,0 ℃的单原子理想气体 A 及 5 mol,100 ℃的双原子理想气体 B,两气体的压力均为 100 kPa。活塞外的压力维持在 100 kPa 不变。今将容器内的隔板撤去,使两种气体混合达到平衡态。求末态的温度 T 及过程的 $W, \Delta U$。

试题分析

解: 过程图示如下。

A	B		A+B
$n_A = 2$ mol	$n_B = 5$ mol	$Q_p = 0$	$n_A = 2$ mol; $n_B = 5$ mol
$T_A = 273.15$ K	$T_B = 373.15$ K	→	T
$p_A = 100$ kPa	$p_B = 100$ kPa		$p = 100$ kPa

$p_A = p_B = p_{amb}$,过程绝热 $Q_p = \Delta H = 0$。

对理想气体有 $\quad \Delta H = n_A C_{p,m,A}(T - T_A) + n_B C_{p,m,B}(T - T_B) = 0$

因为 $\qquad\qquad n_A C_{p,m,A}(T - T_A) = n_B C_{p,m,B}(T_B - T)$

所以

$$T = \frac{n_A C_{p,m,A} T_A + n_B C_{p,m,B} T_B}{n_A C_{p,m,A} + n_B C_{p,m,B}}$$

$$= \left[\frac{2 \times (5R/2) \times 273.15 + 5 \times (7R/2) \times 373.15}{2 \times (5R/2) + 5 \times (7R/2)}\right] \text{K} = 350.93 \text{ K}$$

$$\Delta U = n_A C_{V,m,A}(T - T_A) + n_B C_{V,m,B}(T - T_B)$$

$$= \left[2 \times \frac{3R}{2} \times (350.93 - 273.15) + 5 \times \frac{5R}{2}(350.93 - 373.15)\right] \text{J} = -369.2 \text{ J}$$

$$W = \Delta U = -369.2 \text{ J}$$

试题分析

2.10 已知水(H_2O,l)在 100 ℃的饱和蒸气压 $p^* = 101.325$ kPa,在此温度、压力下水的摩尔蒸发焓 $\Delta_{vap} H_m = 40.668$ kJ·mol^{-1}。求在 100 ℃,101.325 kPa下使 1 kg 水蒸气全部凝结成液体水时的 $Q, W, \Delta U$ 及 ΔH。设水蒸气适用理想气体状态方程。

解: 该过程为可逆相变过程,水的摩尔质量 $M(H_2O) = 18.015$ g·mol^{-1},则

$$\Delta H = -n\Delta_{vap} H_m = \left(-\frac{10^3}{18.015} \times 40.668\right) \text{kJ} = -2\ 257.45 \text{ kJ}$$

恒压,则 $\qquad\qquad Q_p = \Delta H = -2\ 257.45 \text{ kJ}$

$$W = -p_{amb} \Delta V = pV_1 = nRT = \left(\frac{10^3}{18.015} \times 8.314 \times 373.15\right) \text{J} = 172.21 \text{ kJ}$$

$$\Delta U = Q_p + W = (-2\ 257.45 + 172.21) \text{ kJ} = -2\ 085.24 \text{ kJ}$$

2.11 已知水在 100 ℃,101.325 kPa 下的摩尔蒸发焓 $\Delta_{vap} H_m = 40.668$ kJ·mol^{-1},试分别计算下列两过程的 $Q, W, \Delta U$ 及 ΔH(水蒸气可按理想气体处理)。

（1）在 100 ℃,101.325 kPa 条件下,1 kg 水蒸发为水蒸气;

（2）在恒定 100 ℃的真空容器中,1 kg 水全部蒸发为水蒸气,并且水蒸气压力恰好为101.325 kPa。

解:（1）此过程为可逆相变过程,水的摩尔质量 $M(H_2O) = 18.015$ g·mol^{-1},则

$$Q_p = \Delta H = n\Delta_{vap}H_m = \frac{m}{M}\Delta_{vap}H_m = \left(\frac{1\times10^3}{18.015}\times40.668\right) \text{ kJ} = 2\ 257.45 \text{ kJ}$$

$$W = -p(V_2 - V_1) = -n(g)RT = -\frac{m(g)}{M}RT$$

$$= \left(-\frac{1\times10^3}{18.015}\times8.314\times373.15\right) \text{ J} = -172.21 \text{ kJ}$$

$$\Delta U = Q_p + W = 2\ 257.45 \text{ kJ} - 172.21 \text{ kJ} = 2\ 085.24 \text{ kJ}$$

（2）$$W = -p_{amb}\Delta V = 0$$

该变化过程中系统的始、末态与（1）相同,由于 U, H 均为状态函数,故 $\Delta U, \Delta H$ 仅与始、末态有关。

$$\Delta H = 2\ 257.45 \text{ kJ}; \quad \Delta U = 2\ 085.24 \text{ kJ}$$

$$Q = \Delta U - W = 2\ 085.24 \text{ kJ} - 0 = 2\ 085.24 \text{ kJ}$$

2.12 100 kPa 下冰的熔点为 0 ℃,此时冰的比熔化焓 $\Delta_{fus}h = 333.3$ J·g^{-1},水和冰的平均质量定压热容分别为 $\bar{c}_p(l) = 4.184$ J·g^{-1}·K^{-1}, $\bar{c}_p(s) = 2.000$ J·g^{-1}·K^{-1}。今在绝热容器内向 1 kg 50 ℃的水中投入 0.8 kg 温度-20 ℃的冰。求:

（1）末态的温度;

（2）末态水和冰的质量。

解:（1）解法一:假设冰全部融化为水,末态温度为 T。

$m_1(l) = 1$ kg $T_1(l) = 323.15$ K	$Q_p = \Delta H = 0$	$m(l) = m_1(l) + m(s) = 1.8$ kg
$m(s) = 0.8$ kg $T_1(s) = 253.15$ K	$\longrightarrow$	T

$Q_p = \Delta H = \Delta H_1 + \Delta H_2 = 0$,其中 ΔH_1 为 50 ℃的水变为温度为 T 的水过程的焓变,ΔH_2 为-20 ℃的冰变为温度为 T 的水过程的焓变。

$$\Delta H_1 = m_1(l)\bar{c}_p(l)[T - T_1(l)] = [1\times10^3\times4.184\times(T/K - 323.15)] \text{ J}$$

$$= (4.184\ T/K - 1\ 352.06) \text{ kJ}$$

$$\Delta H_2 = m(s)\bar{c}_p(s)[273.15 \text{ K} - T_1(s)] + m(s)\Delta_{fus}h(s) + m(s)\bar{c}_p(l)(T - 273.15 \text{ K})$$

$$= \{0.8\times10^3\times[2.000\times(273.15 - 253.15) + 333.3 + 4.184\times(T/K - 273.15)]\} \text{ J}$$

$$= \left[0.8 \times (4.184 T/\mathrm{K} - 769.560) \right] \, \mathrm{kJ}$$

解得 $T = 261.27 \, \mathrm{K} < 273.15 \, \mathrm{K}$，说明冰并未完全融化。因此，系统末态是冰和水平衡共存，此时温度一定为 $T = 273.15 \, \mathrm{K}$。

解法二：假设冰全部融化为水，末态温度为 T。

恒压下 $1 \, \mathrm{kg}$、$50 \, ℃$ 的水降温至 $0 \, ℃$，过程的焓变为

$$\Delta H(1) = m_1(1) \bar{c}_p(1) \left[273.15 \, \mathrm{K} - T_1(1) \right] = \left[1 \times 10^3 \times 4.184 \times (273.15 - 323.15) \right] \, \mathrm{J}$$
$$= -209.2 \, \mathrm{kJ}$$

恒压下 $0.8 \, \mathrm{kg}$、$-20℃$ 的冰变为 $0 \, ℃$ 的冰，过程的焓变为

$$\Delta H(\mathrm{s}) = m(\mathrm{s}) \bar{c}_p(\mathrm{s}) \left[273.15 \, \mathrm{K} - T_1(\mathrm{s}) \right]$$
$$= \left[0.8 \times 10^3 \times 2.000 \times (273.15 - 253.15) \right] \mathrm{J} = 32.0 \, \mathrm{kJ}$$

$0 \, ℃$ 的冰变为 $0 \, ℃$ 的水，过程的焓变为

$$\Delta_{\mathrm{fus}} H = m(\mathrm{s}) \Delta_{\mathrm{fus}} h(\mathrm{s}) = (0.8 \times 10^3 \times 333.3) \, \mathrm{J} = 266.64 \, \mathrm{kJ}$$

因为 $\Delta H(\mathrm{s}) < |\Delta H(1)| < \Delta H(\mathrm{s}) + \Delta_{\mathrm{fus}} H$，所以冰不能完全融化，系统末态是冰和水平衡共存，此时温度一定为 $T = 273.15 \, \mathrm{K}$。

（2）设有 m' 的冰融化，则系统始、末态如图所示。

$m_1(1) = 1 \, \mathrm{kg}$　　$T_1(1) = 323.15 \, \mathrm{K}$	$Q_p = \Delta H = 0$	$m'(1) = m_1(1) + m' \, T = 273.15 \, \mathrm{K}$
$m(\mathrm{s}) = 0.8 \, \mathrm{kg}$　　$T_1(\mathrm{s}) = 253.15 \, \mathrm{K}$	$\longrightarrow$	$m'(\mathrm{s})$　　$T = 273.15 \, \mathrm{K}$

$$Q_p = \Delta H = \Delta H'(1) + \Delta H'(\mathrm{s}) + \Delta_{\mathrm{fus}} H' = 0$$

且
$$\Delta H'(1) = m_1(1) \bar{c}_p(1) \left[T - T_1(1) \right]$$
$$\Delta H'(\mathrm{s}) = m(\mathrm{s}) \bar{c}_p(\mathrm{s}) \left[T - T_1(\mathrm{s}) \right]$$
$$\Delta_{\mathrm{fus}} H' = m' \Delta_{\mathrm{fus}} h(\mathrm{s})$$

则
$$m_1(1) \bar{c}_p(1) \left[T - T_1(1) \right] + m(\mathrm{s}) \bar{c}_p(\mathrm{s}) \left[T - T_1(\mathrm{s}) \right] + m' \Delta_{\mathrm{fus}} h(\mathrm{s}) = 0$$

$$m' = -\frac{m_1(1) \bar{c}_p(1) \left[T - T_1(1) \right] + m(\mathrm{s}) \bar{c}_p(\mathrm{s}) \left[T - T_1(\mathrm{s}) \right]}{\Delta_{\mathrm{fus}} h(\mathrm{s})}$$

$$= \left[-\frac{4.184 \times 1 \times 10^3 \times (273.15 - 323.15) + 0.8 \times 10^3 \times 2.000 \times (273.15 - 253.15)}{333.3} \right] \mathrm{g}$$

$$= 531.65 \, \mathrm{g}$$

系统冰和水的质量分别为

$$m'(\mathrm{s}) = m - m' = (0.8 \times 10^3 - 531.65) \, \mathrm{g} = 268.35 \, \mathrm{g} = 0.268 \, 4 \, \mathrm{kg}$$
$$m'(1) = (1 \times 10^3 + 531.65) \, \mathrm{g} = 1 \, 531.65 \, \mathrm{g} = 1.531 \, 6 \, \mathrm{kg}$$

2.13 冰（H_2O，s）在 $100 \, \mathrm{kPa}$ 下的熔点为 $0 \, ℃$，此条件下的摩尔熔化焓

$\Delta_{\text{fus}}H_m = 6.012 \text{ kJ} \cdot \text{mol}^{-1}$。已知在 $-10 \sim 0$ ℃ 范围内过冷水 (H_2O, l) 和冰的摩尔定压热容分别为 $C_{p, m}(H_2O, l) = 76.28 \text{ J} \cdot \text{mol}^{-1} \cdot \text{K}^{-1}$ 和 $C_{p, m}(H_2O, s) = 37.20$ $\text{J} \cdot \text{mol}^{-1} \cdot \text{K}^{-1}$。求在常压及 -10 ℃ 下过冷水结冰的摩尔凝固焓。

解：过程图示如下。

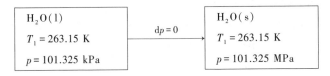

$$\Delta_l^s H_m(273.15 \text{ K}) = -\Delta_{\text{fus}}H_m(273.15 \text{ K}) = -6.012 \text{ kJ} \cdot \text{mol}^{-1}$$

恒压过程中，将水蒸气视为理想气体，并忽略压力对凝聚相物质摩尔焓的影响，则过程的焓变为

$$\Delta_l^s H_m(263.15 \text{ K}) = \Delta_l^s H_m(273.15 \text{ K}) + \int_{273.15\text{K}}^{263.15\text{K}} [C_{p, m}(H_2O, s) - C_{p, m}(H_2O, l)] \, dT$$

$$= -6.012 \text{ kJ} \cdot \text{mol}^{-1} + \int_{273.15\text{K}}^{263.15\text{K}} [(37.20 - 76.28) \text{ J} \cdot \text{mol}^{-1} \cdot \text{K}^{-1}] \, dT$$

$$= -5.621 \text{ kJ} \cdot \text{mol}^{-1}$$

2.14 已知水 (H_2O, l) 在 100 ℃ 的摩尔蒸发焓 $\Delta_{\text{vap}}H_m = 40.668 \text{ kJ} \cdot \text{mol}^{-1}$，水和水蒸气在 $25 \sim 100$ ℃ 的平均摩尔定压热容分别为 $C_{p, m}(H_2O, l) = 75.75 \text{ J} \cdot \text{mol}^{-1} \cdot \text{K}^{-1}$ 和 $C_{p, m}(H_2O, g) = 33.76 \text{ J} \cdot \text{mol}^{-1} \cdot \text{K}^{-1}$。求在 25 ℃ 时水的摩尔蒸发焓。

解：298.15 K 和 373.15 K 相变焓的关系为

$$\Delta_{\text{vap}}H_m(298.15\text{K}) = \Delta_{\text{vap}}H_m(373.15 \text{ K})$$
$$+ \int_{373.15\text{ K}}^{298.15\text{ K}} [C_{p, m}(H_2O, g) - C_{p, m}(H_2O, l)] \, dT$$

所以

$$\Delta_{\text{vap}}H_m(298.15 \text{ K}) = 40.668 \text{ kJ} \cdot \text{mol}^{-1}$$
$$+ \int_{373.15\text{ K}}^{298.15\text{ K}} [(33.76 - 75.75) \text{ J} \cdot \text{mol}^{-1} \cdot \text{K}^{-1}] \, dT$$
$$= 43.82 \text{ kJ} \cdot \text{mol}^{-1}$$

2.15 25 ℃ 下，密闭恒容的容器中有 10 g 固体萘 $C_{10}H_8(s)$ 在过量的 $O_2(g)$ 中完全燃烧生成 $CO_2(g)$ 和 $H_2O(l)$。过程放热 401.727 kJ。求：

（1）$C_{10}H_8(s) + 12O_2(g) === 10CO_2(g) + 4H_2O(l)$ 的反应进度；

（2）$C_{10}H_8(s)$ 的 $\Delta_c U_m^\ominus$；

（3）$C_{10}H_8(s)$ 的 $\Delta_c H_m^\ominus$。

解：（1）因 O_2 过量，采用萘的物质的量变化计算反应进度。萘（$C_{10}H_8$）的摩尔质量 $M = 128.174\ \text{g}\cdot\text{mol}^{-1}$。

物质的量　　$n = m/M = (10/128.174)\ \text{mol} = 0.078\ 02\ \text{mol}$

反应进度　　　　$\Delta\xi = \dfrac{\Delta n_B}{\nu_B} = \dfrac{-0.078\ 02\ \text{mol}}{-1} = 0.078\ 02\ \text{mol}$

（2）该反应为恒容反应，则有

$$\Delta U = Q_V = -401.727\ \text{kJ}$$

$$\Delta_c U_m^\ominus = Q_V/\Delta\xi = (-401.727/0.078\ 02)\ \text{kJ}\cdot\text{mol}^{-1} = -5\ 149.0\ \text{kJ}\cdot\text{mol}^{-1}$$

（3）将气相视为理想气体，且固体和液体的体积较小，相对于气相的体积可忽略不计。

$$\Delta_c H_m^\ominus = \Delta_c U_m^\ominus + \Delta(pV) = \Delta_c U_m^\ominus + \sum_B \nu_B(g)RT$$

$$= [-5\ 149.0 + (10-12)\times 8.314 \times 298.15 \times 10^{-3}]\ \text{kJ}\cdot\text{mol}^{-1}$$

$$= -5\ 154.0\ \text{kJ}\cdot\text{mol}^{-1}$$

2.16　应用教材附录中有关物质在 25 ℃ 的标准摩尔生成焓的数据，计算下列反应在 25 ℃ 时的 $\Delta_r H_m^\ominus$ 及 $\Delta_r U_m^\ominus$。

（1）$4NH_3(g) + 5O_2(g) === 4NO(g) + 6H_2O(g)$

（2）$3NO_2(g) + H_2O(l) === 2HNO_3(l) + NO(g)$

（3）$Fe_2O_3(s) + 3C(s,石墨) === 2\ Fe(s) + 3CO(g)$

解：查教材附录知

物质	$NH_3(g)$	$NO(g)$	$H_2O(g)$	$H_2O(l)$
$\dfrac{\Delta_f H_m^\ominus(B,\beta)}{\text{kJ}\cdot\text{mol}^{-1}}$	-46.11	90.25	-241.818	-285.830
物质	$NO_2(g)$	$HNO_3(l)$	$Fe_2O_3(s)$	$CO(g)$
$\dfrac{\Delta_f H_m^\ominus(B,\beta)}{\text{kJ}\cdot\text{mol}^{-1}}$	33.18	-174.10	-824.2	-110.525

$$\Delta_r H_m^\ominus = \sum_B \nu_B \Delta_f H_m^\ominus(B,\beta), \quad \Delta_r U_m^\ominus = \Delta_r H_m^\ominus - \sum_B \nu_B(g)RT$$

（1） $\Delta_r H_m^\ominus = 4\Delta_f H_m^\ominus(\text{NO},g) + 6\Delta_f H_m^\ominus(\text{H}_2\text{O},g) - 5\Delta_f H_m^\ominus(\text{O}_2,g)$

$\qquad\qquad -4\Delta_f H_m^\ominus(\text{NH}_3,g)$

$\qquad = [4\times90.25 + 6\times(-241.818) - 5\times0 - 4\times(-46.11)]\ \text{kJ}\cdot\text{mol}^{-1}$

$\qquad = -905.47\ \text{kJ}\cdot\text{mol}^{-1}$

$\quad \Delta_r U_m^\ominus = -905.47\ \text{kJ}\cdot\text{mol}^{-1} - [(4+6-5-4)\times8.314\times298.15]\ \text{J}\cdot\text{mol}^{-1}$

$\qquad = -907.95\ \text{kJ}\cdot\text{mol}^{-1}$

（2） $\Delta_r H_m^\ominus = 2\Delta_f H_m^\ominus(\text{HNO}_3,l) + \Delta_f H_m^\ominus(\text{NO},g) - 3\Delta_f H_m^\ominus(\text{NO}_2,g)$

$\qquad\qquad -\Delta_f H_m^\ominus(\text{H}_2\text{O},l)$

$\qquad = [2\times(-174.10) + 1\times90.25 - 3\times33.18 - 1\times(-285.830)]\ \text{kJ}\cdot\text{mol}^{-1}$

$\qquad = -71.66\ \text{kJ}\cdot\text{mol}^{-1}$

$\quad \Delta_r U_m^\ominus = -71.66\ \text{kJ}\cdot\text{mol}^{-1} - [(1-3)\times8.314\times298.15]\ \text{J}\cdot\text{mol}^{-1}$

$\qquad = -66.70\ \text{kJ}\cdot\text{mol}^{-1}$

（3） $\Delta_r H_m^\ominus = 2\Delta_f H_m^\ominus(\text{Fe},s) + 3\Delta_f H_m^\ominus(\text{CO},g) - \Delta_f H_m^\ominus(\text{Fe}_2\text{O}_3,s)$

$\qquad\qquad -3\Delta_f H_m^\ominus(\text{石墨},s)$

$\qquad = [2\times0 + 3\times(-110.525) - (-824.2) - 3\times0]\ \text{kJ}\cdot\text{mol}^{-1}$

$\qquad = 492.62\ \text{kJ}\cdot\text{mol}^{-1}$

$\quad \Delta_r U_m^\ominus = 492.62\ \text{kJ}\cdot\text{mol}^{-1} - (3\times8.314\times298.15)\ \text{J}\cdot\text{mol}^{-1}$

$\qquad = 485.18\ \text{kJ}\cdot\text{mol}^{-1}$

2.17 应用教材附录中有关物质的热化学数据，计算 25 ℃时反应

$$2\text{CH}_3\text{OH}(l) + \text{O}_2(g) \Longrightarrow \text{HCOOCH}_3(l) + 2\text{H}_2\text{O}(l)$$

的标准摩尔反应焓，要求：

（1）应用 25 ℃的标准摩尔生成焓数据，$\Delta_f H_m^\ominus(\text{HCOOCH}_3,l) = -379.07$ $\text{kJ}\cdot\text{mol}^{-1}$；

（2）应用 25 ℃的标准摩尔燃烧焓数据。

解：查教材附录知

物质	$\text{CH}_3\text{OH}(l)$	$\text{O}_2(g)$	$\text{HCOOCH}_3(l)$	$\text{H}_2\text{O}(l)$
$\Delta_f H_m^\ominus/(\text{kJ}\cdot\text{mol}^{-1})$	-238.66	0	-379.07	-285.830
$\Delta_c H_m^\ominus/(\text{kJ}\cdot\text{mol}^{-1})$	-726.51	0	-979.5	0

（1）由标准摩尔生成焓计算标准摩尔反应焓：

$$\Delta_r H_m^\ominus = \sum_B \nu_B \Delta_f H_m^\ominus(B, \beta)$$

$$= \Delta_f H_m^\ominus(HCOOCH_3, l) + 2\Delta_f H_m^\ominus(H_2O, l) - 2\Delta_f H_m^\ominus(CH_3OH, l) - \Delta_f H_m^\ominus(O_2, g)$$

$$= [1 \times (-379.07) + 2 \times (-285.830) - 2 \times (-238.66) - 1 \times 0] \text{ kJ} \cdot \text{mol}^{-1}$$

$$= -473.41 \text{ kJ} \cdot \text{mol}^{-1}$$

（2）由标准摩尔燃烧焓计算标准摩尔反应焓：

$$\Delta_r H_m^\ominus = -\sum_B \nu_B \Delta_c H_m^\ominus(B, \beta)$$

$$= -[\Delta_c H_m^\ominus(HCOOCH_3, l) + 2\Delta_c H_m^\ominus(H_2O, l) - 2\Delta_c H_m^\ominus(CH_3OH, g) - \Delta_c H_m^\ominus(O_2, g)]$$

$$= -[(-979.5) + 2 \times 0 - 2 \times (-726.51) - 1 \times 0] \text{ kJ} \cdot \text{mol}^{-1}$$

$$= -473.52 \text{ kJ} \cdot \text{mol}^{-1}$$

2.18　（1）写出同一温度下，一定聚集态分子式为 $C_n H_{2n}$ 的物质的 $\Delta_f H_m^\ominus$ 与其 $\Delta_c H_m^\ominus$ 之间的关系式；

（2）若 25 ℃下，环丙烷 $C_3H_6(g)$ 的 $\Delta_c H_m^\ominus = -2\,091.5$ kJ·mol^{-1}，求该温度下气态环丙烷的 $\Delta_f H_m^\ominus$。

解：（1）$C_n H_{2n}$ 的燃烧反应：

$$C_n H_{2n}(聚集态) + \frac{3n}{2} O_2(g) \Longrightarrow nCO_2(g) + nH_2O(l)$$

该反应的标准摩尔反应焓等于 $C_n H_{2n}$ 的标准摩尔燃烧焓：

$$\Delta_r H_m^\ominus = \Delta_c H_m^\ominus(C_n H_{2n}, 聚集态) = \sum_B \nu_B \Delta_f H_m^\ominus(B, \beta)$$

$$= n[\Delta_f H_m^\ominus(CO_2, g) + \Delta_f H_m^\ominus(H_2O, l)] - \Delta_f H_m^\ominus(C_n H_{2n}, 聚集态) \quad (1)$$

因此

$$\Delta_f H_m^\ominus(C_n H_{2n}, 聚集态) = n[\Delta_f H_m^\ominus(CO_2, g) + \Delta_f H_m^\ominus(H_2O, l)]$$
$$- \Delta_c H_m^\ominus(C_n H_{2n}, 聚集态)$$

（2）由教材附录知

$$\Delta_f H_m^\ominus(CO_2, g) = -393.509 \text{ kJ} \cdot \text{mol}^{-1}, \quad \Delta_f H_m^\ominus(H_2O, l) = -285.830 \text{ kJ} \cdot \text{mol}^{-1}$$

$$C_3H_6(g) + \frac{9}{2}O_2(g) \Longrightarrow 3CO_2(g) + 3H_2O(l)$$

由(1)式可得

$$\Delta_r H_m^{\ominus} = \Delta_c H_m^{\ominus}(C_3H_6, g)$$

$$= 3\Delta_f H_m^{\ominus}(CO_2, g) + 3\Delta_f H_m^{\ominus}(H_2O, l) - \Delta_f H_m^{\ominus}(C_3H_6, g) - \frac{9}{2}\Delta_f H_m^{\ominus}(O_2, g)$$

$$\Delta_f H_m^{\ominus}(C_3H_6, g) = 3\Delta_f H_m^{\ominus}(CO_2, g) + 3\Delta_f H_m^{\ominus}(H_2O, l)$$

$$- \frac{9}{2}\Delta_f H_m^{\ominus}(O_2, g) - \Delta_c H_m^{\ominus}(C_3H_6, g)$$

$$= [3\times(-393.509) + 3\times(-285.830) - (-2\,091.5)] \text{ kJ}\cdot\text{mol}^{-1}$$

$$= 53.48 \text{ kJ}\cdot\text{mol}^{-1}$$

2.19 已知 25 ℃甲酸甲酯的标准摩尔燃烧焓 $\Delta_c H_m^{\ominus}$(HCOOCH$_3$, l)为 -979.5 kJ·mol^{-1}，甲酸(HCOOH, l)、甲醇(CH$_3$OH, l)、水(H$_2$O, l)及二氧化碳 (CO$_2$, g)的标准摩尔生成焓 $\Delta_f H_m^{\ominus}$ 分别为-424.72 kJ·mol^{-1}，-238.66 kJ·mol^{-1}， -285.830 kJ·mol^{-1}及-393.509 kJ·mol^{-1}。应用这些数据求 25 ℃时下列反应 的标准摩尔反应焓。

试题分析

$$HCOOH(l) + CH_3OH(l) \Longrightarrow HCOOCH_3(l) + H_2O(l)$$

解：首先要求出甲酸甲酯的标准摩尔生成焓 $\Delta_f H_m^{\ominus}$(HCOOCH$_3$, l)。

$$HCOOCH_3(l) + 2O_2(g) \Longrightarrow 2H_2O(l) + 2CO_2(g) \tag{1}$$

$$\Delta_r H_m^{\ominus}(1) = \Delta_c H_m^{\ominus}(HCOOCH_3, l)$$

$$= 2\Delta_f H_m^{\ominus}(CO_2, g) + 2\Delta_f H_m^{\ominus}(H_2O, l)$$

$$- \Delta_f H_m^{\ominus}(HCOOCH_3, l) - 2\Delta_f H_m^{\ominus}(O_2, g)$$

$$\Delta_f H_m^{\ominus}(HCOOCH_3, l) = 2\Delta_f H_m^{\ominus}(CO_2, g) + 2\Delta_f H_m^{\ominus}(H_2O, l)$$

$$- \Delta_c H_m^{\ominus}(HCOOCH_3, l) - 2\Delta_f H_m^{\ominus}(O_2, g)$$

$$= [2\times(-393.509) + 2\times(-285.830) - (-979.5)] \text{ kJ}\cdot\text{mol}^{-1}$$

$$= -379.178 \text{ kJ}\cdot\text{mol}^{-1}$$

$$HCOOH(l) + CH_3OH(l) \Longrightarrow HCOOCH_3(l) + H_2O(l) \tag{2}$$

$$\Delta_r H_m^{\ominus}(2) = \Delta_f H_m^{\ominus}(HCOOCH_3, l) + \Delta_f H_m^{\ominus}(H_2O, l)$$

$$- \Delta_f H_m^{\ominus}(CH_3OH, l) - \Delta_f H_m^{\ominus}(HCOOH, l)$$

$$= \left[-379.178-285.830-(-238.66)-(-424.72) \right] \text{ kJ} \cdot \text{mol}^{-1}$$

$$= -1.628 \text{ kJ} \cdot \text{mol}^{-1}$$

2.20 已知 $CH_3COOH(g)$，$CH_4(g)$ 和 $CO_2(g)$ 的平均摩尔定压热容 $\overline{C}_{p,m}$ 分别为 52.3 $\text{J} \cdot \text{mol}^{-1} \cdot \text{K}^{-1}$，37.7 $\text{J} \cdot \text{mol}^{-1} \cdot \text{K}^{-1}$ 和 31.4 $\text{J} \cdot \text{mol}^{-1} \cdot \text{K}^{-1}$。试由教材附录中化合物的标准摩尔生成焓计算 1 000 K 时下列反应的 $\Delta_r H_m^{\ominus}$。

$$CH_3COOH \text{ (g)} === CH_4(g) + CO_2(g)$$

解：查教材附录知

物质	$CH_3COOH(g)$	$CH_4(g)$	$CO_2(g)$
$\Delta_f H_m^{\ominus} / (\text{kJ} \cdot \text{mol}^{-1})$	−432.25	−74.81	−393.509

对于题给反应，有

$$\Delta_r H_m^{\ominus}(298.15 \text{ K}) = \Delta_f H_m^{\ominus}(CO_2,g) + \Delta_f H_m^{\ominus}(CH_4,g) - \Delta_f H_m^{\ominus}(CH_3COOH,g)$$

$$= \left[(-393.509) + (-74.81) - (-432.25) \right] \text{ kJ} \cdot \text{mol}^{-1}$$

$$= -36.069 \text{ kJ} \cdot \text{mol}^{-1}$$

$$\Delta_r C_{p,m}^{\ominus} = \sum_B \nu_B C_{p,m}(B,\beta)$$

$$= C_{p,m}(CO_2,g) + C_{p,m}(CH_4,g) - C_{p,m}(CH_3COOH,g)$$

$$= (31.4 + 37.7 - 52.3) \text{ J} \cdot \text{mol}^{-1} \cdot \text{K}^{-1}$$

$$= 16.8 \text{ J} \cdot \text{mol}^{-1} \cdot \text{K}^{-1}$$

由基希霍夫公式：

$$\Delta_r H_m^{\ominus}(1 000 \text{ K}) = \Delta_r H_m^{\ominus}(298.15 \text{ K}) + \int_{298.15 \text{ K}}^{1 000 \text{ K}} \Delta_r C_{p,m}^{\ominus} \text{d}T$$

$$= -36.069 \times 10^3 \text{ J} \cdot \text{mol}^{-1} + 16.8 \times (1 000 - 298.15) \text{ J} \cdot \text{mol}^{-1}$$

$$= -24.28 \text{ kJ} \cdot \text{mol}^{-1}$$

2.21 甲烷与过量 50% 的空气混合，为使恒压燃烧的最高温度能达到 2 000 ℃，求燃烧前混合气体应预热到多少摄氏度。物质的标准摩尔生成焓数据见教材附录。空气组成按 $y(O_2,g) = 0.21$，$y(N_2,g) = 0.79$ 计算。各物质的平均摩尔定压热容分别为 $\overline{C}_{p,m}(CH_4,g) = 75.31$ $\text{J} \cdot \text{mol}^{-1} \cdot \text{K}^{-1}$，$\overline{C}_{p,m}(O_2) = \overline{C}_{p,m}(N_2) = 33.47$ $\text{J} \cdot \text{mol}^{-1} \cdot \text{K}^{-1}$，$\overline{C}_{p,m}(CO_2,g) = 54.39$ $\text{J} \cdot \text{mol}^{-1} \cdot \text{K}^{-1}$，$\overline{C}_{p,m}(H_2O,$

g)= 41.84 J·mol^{-1}·K^{-1}。

解：该燃烧反应 $CH_4(g) + 2O_2(g) === CO_2(g) + 2H_2O(g)$ 为恒压绝热过程。今以 1 mol CH_4 为计算基准，则 O_2 过量 50% 时，各气体的物质的量为

$n(O_2)=[2×(1+50\%)]\ mol=3\ mol$，剩余 O_2 的量 $n'(O_2)=1\ mol$

$n(N_2)=n(O_2)y(N_2)/y(O_2)=3\ mol×0.79/0.21=11.29\ mol$

$n(CO_2)=1\ mol$

$n(H_2O)=2\ mol$

假设燃烧前混合气体应预热到 T，设计途径如下：

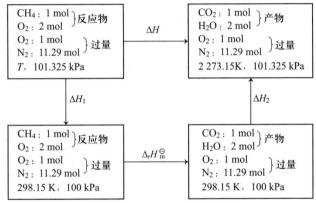

恒压绝热过程，$\Delta H=\Delta H_1+\Delta_r H_m^{\ominus}(298.15\ K)+\Delta H_2=0$

$\Delta H_1=[n(CH_4)\overline{C}_{p,m}(CH_4,g)+n(O_2)\overline{C}_{p,m}(O_2)+n(N_2)\overline{C}_{p,m}(N_2)](298.15K-T)$

$\quad\quad=[(75.31+3×33.47+11.29×33.47)×(298.15-T/K)]\ J·mol^{-1}$

$\quad\quad=[553.596×(298.15-T/K)]\ J·mol^{-1}$

$\Delta_r H_m^{\ominus}(298.15\ K)=\Delta_f H_m^{\ominus}(CO_2,g)+2\Delta_f H_m^{\ominus}(H_2O,g)-\Delta_f H_m^{\ominus}(CH_4,g)$

$\quad\quad\quad\quad-2\Delta_f H_m^{\ominus}(O_2,g)=[(-393.509)+2×(-241.818)$

$\quad\quad\quad\quad-(-74.81)-2×0]\ kJ·mol^{-1}$

$\quad\quad\quad\quad=-802.335\ kJ·mol^{-1}$

$\Delta H_2=[n(CO_2)\overline{C}_{p,m}(CO_2,g)+n(H_2O)\overline{C}_{p,m}(H_2O,g)+n'(O_2)\overline{C}_{p,m}(O_2)$

$\quad\quad+n(N_2)\overline{C}_{p,m}(N_2)]×(2\ 273.15\ K-298.15\ K)$

$\quad\quad=[(1×54.39+2×41.84+1×33.47+11.29×33.47)×1\ 975]\ J·mol^{-1}$

$\quad\quad=1\ 085.097\ kJ·mol^{-1}$

解得 $T = 808.33 \text{ K} = 535.18 \text{ ℃}$

2.22 氢气与过量 50% 的空气混合物置于密闭恒容的容器中,始态温度为 25 ℃,压力为 100 kPa。将氢气点燃,反应瞬间完成后,求系统所能达到的最高温度和最大压力。空气组成按 $y(O_2, g) = 0.21, y(N_2, g) = 0.79$ 计算。水蒸气的标准摩尔生成焓见教材附录。各气体的摩尔定容热容分别为 $C_{V, m}(O_2) = C_{V, m}(N_2) = 25.1 \text{ J·mol}^{-1} \cdot \text{K}^{-1}, C_{V, m}(H_2O, g) = 37.66 \text{ J·mol}^{-1} \cdot \text{K}^{-1}$。假设气体适用理想气体状态方程。

解: 该燃烧反应 $H_2(g) + (1/2)O_2(g) \Longrightarrow H_2O(g)$ 为恒容绝热过程。今以 1 mol H_2 为计算基准,则 O_2 过量 50% 时,各气体的物质的量为

$$n(O_2) = [0.5 \times (1 + 50\%)] \text{ mol} = 0.75 \text{ mol}$$

$$n(N_2) = n(O_2)y(N_2)/y(O_2) = 0.75 \text{ mol} \times 0.79/0.21 = 2.821\ 4 \text{ mol}$$

$$n(H_2O) = 1 \text{ mol},剩余 O_2 的量 n'(O_2) = 0.25 \text{ mol}$$

设计途径如下:

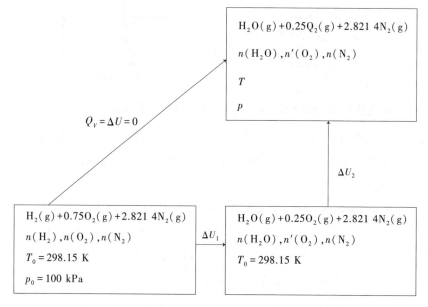

氢气燃烧反应的标准摩尔反应焓为 $\Delta_r H_m^{\ominus}(298.15 \text{ K})$,则 $\Delta U = \Delta U_1 + \Delta U_2 = 0$

$$\Delta H_1 = n \Delta_r H_m^{\ominus}(298.15 \text{ K}) = n \Delta_f H_m^{\ominus}(H_2O, g)$$

$$= [1 \times (-241.818)] \text{ kJ·mol}^{-1} = -241.818 \text{ kJ·mol}^{-1}$$

$$\Delta U_1 = \Delta H_1 - \sum_B \nu_B(g)RT$$

$$= [-241.818 \times 10^3 - (1 - 0.5 - 1) \times 8.314 \times 298.15]\ \text{J}\cdot\text{mol}^{-1}$$

$$= -240.579\ \text{kJ}\cdot\text{mol}^{-1}$$

$$\Delta U_2 = [n(\text{H}_2\text{O})\overline{C}_{V,\text{m}}(\text{H}_2\text{O},\text{g}) + n'(\text{O}_2)\overline{C}_{V,\text{m}}(\text{O}_2) + n(\text{N}_2)\overline{C}_{V,\text{m}}(\text{N}_2)](T-T_0)$$

$$= [(1\times37.66 + 0.25\times25.1 + 2.821\ 4\times25.1)\times(T/\text{K}-298.15)]\ \text{J}\cdot\text{mol}^{-1}$$

$$= [114.752\times(T/\text{K}-298.15)]\ \text{J}\cdot\text{mol}^{-1}$$

所以　　　$-240.579\ \text{kJ}\cdot\text{mol}^{-1} + [114.752\times(T/\text{K}-298.15)]\ \text{J}\cdot\text{mol}^{-1} = 0$

$$T = 2\ 394.65\ \text{K} = 2\ 121.50\ ℃$$

因为　　　　　　　　　　　$\text{d}V = 0$

$$\frac{n_{0,\text{始}}T_0}{n_{\text{末}}T} = \frac{p_0}{p}$$

$$p = p_0\frac{n_{\text{末}}T}{n_{0,\text{始}}T_0} = \left(100\times\frac{4.07\times2\ 394.65}{4.571\times298.15}\right)\ \text{kPa} = 715.1\ \text{kPa}$$

2.23　某双原子理想气体 1 mol 从始态 350 K,200 kPa 经过如下五个不同过程达到各自的平衡态,求各过程的功 W。

（1）恒温可逆膨胀到 50 kPa；

（2）恒温反抗 50 kPa 恒外压的不可逆膨胀；

（3）恒温向真空膨胀到 50 kPa；

（4）绝热可逆膨胀到 50 kPa；

（5）绝热反抗 50 kPa 恒外压的不可逆膨胀。

解：（1）$W = nRT\ln\dfrac{p_2}{p_1} = \left(1\times8.314\times350\times\ln\dfrac{50}{200}\right)\ \text{J} = -4.034\ \text{kJ}$

（2）$W = -p\Delta V = -p(V_2-V_1) = -p\left(\dfrac{nRT}{p_2} - \dfrac{nRT}{p_1}\right)$

$$= \left[50\times\left(\frac{1\times8.314\times350}{50} - \frac{1\times8.314\times350}{200}\right)\right]\ \text{J} = -2.182\ \text{kJ}$$

（3）$p_{\text{amb}} = 0$,　$W = -p_{\text{amb}}\Delta V = 0$

（4）对绝热可逆过程：$C_{p,\text{m}} = 3.5R$,　$C_{V,\text{m}} = 2.5R$

$$T_2 = \left(\frac{p_2}{p_1}\right)^{R/C_{p,\text{m}}}\times T_1 = \left[\left(\frac{50}{200}\right)^{R/(3.5R)}\times350\right]\ \text{K} = 235.5\ \text{K}$$

因为 $Q = 0$,所以

$$W = \Delta U - Q = nC_{V,m}(T_2 - T_1) - 0$$
$$= [1 \times 2.5 \times 8.314 \times (235.5 - 350)] \text{ J} = -2.380 \text{ kJ}$$

（5）因为 $Q = 0$，所以 $W = \Delta U - Q = \Delta U = nC_{V,m}(T_2 - T_1)$

而
$$W = -p\Delta V = -p_2\left(\frac{nRT_2}{p_2} - \frac{nRT_1}{p_1}\right)$$

联立上述二式可得

$$(-1) \times 8.314T_2 + \frac{50}{200} \times 1 \times 8.314 \times 350 \text{ K} = 1 \times 2.5 \times 8.314(T_2 - 350 \text{ K})$$

解得
$$T_2 = 275 \text{ K}$$

则 $W = \Delta U = nC_{V,m}(T_2 - T_1) = [1 \times 2.5 \times 8.314 \times (275 - 350)] \text{ J} = -1.559 \text{ kJ}$

2.24 5 mol 双原子理想气体从始态 300 K, 200 kPa, 先恒温可逆膨胀到压力为 50 kPa, 再绝热可逆压缩到末态压力 200 kPa。求末态温度 T 及整个过程的 $W, Q, \Delta U$ 及 ΔH。

解：过程图示如下。

要确定 T_3，只需对第二步应用绝热可逆过程方程。

对双原子气体，有 $\quad C_{V,m} = \dfrac{5R}{2}, C_{p,m} = \dfrac{7R}{2}, \gamma = \dfrac{C_{p,m}}{C_{V,m}} = \dfrac{7}{5}$

所以 $\quad T_3 = T_2\left(\dfrac{p_3}{p_2}\right)^{(\gamma-1)/\gamma} = \left[300 \times \left(\dfrac{200}{50}\right)^{2/7}\right] \text{ K} = 445.80 \text{ K}$

由于理想气体的 U 和 H 只是温度的函数，所以

$$\Delta U = nC_{V,m}(T_3 - T_1) = [5 \times (5 \times 8.314/2) \times (445.80 - 300)] \text{ J} = 15.15 \text{ kJ}$$
$$\Delta H = nC_{p,m}(T_3 - T_1) = [5 \times (7 \times 8.314/2) \times (445.80 - 300)] \text{ J} = 21.21 \text{ kJ}$$

整个过程由于第二步为绝热过程，计算热是方便的。而第一步为恒温可逆过程，则

$$\Delta U_1 = 0 = Q_1 + W_1, \quad Q_1 = -W_1$$
$$Q = Q_1 + Q_2 = -W_1 + 0 = nRT \ln\frac{V_2}{V_1} = nRT \ln\frac{p_1}{p_2}$$

$$= \left(5 \times 8.314 \times 300 \times \ln \frac{200}{50} \right) \text{ J} = 17.29 \text{ kJ}$$

$$W = \Delta U - Q = (15.15 - 17.29) \text{ kJ} = -2.14 \text{ kJ}$$

2.25 求证在理想气体 p-V 图上任一点处,绝热可逆线的斜率的绝对值大于恒温可逆线的斜率的绝对值。

证:对于理想气体 $pV = nRT$,在 p-V 图上恒温可逆线任一点的斜率为

$$\left(\frac{\partial p}{\partial V} \right)_T = -\frac{nRT}{V^2} = -\frac{p}{V}$$

由理想气体绝热可逆过程方程 $pV^{\gamma} = $ 常数,可得 $\left(\dfrac{\partial p}{\partial V} \right)_S V^{\gamma} + \gamma p V^{\gamma-1} = 0$

因此理想气体绝热可逆线的斜率为

$$\left(\frac{\partial p}{\partial V} \right)_S = \frac{-\gamma p}{V}$$

而式中 $\gamma = \dfrac{C_{p,\mathrm{m}}}{C_{V,\mathrm{m}}} > 1$,因此绝热可逆线斜率的绝对值大于恒温可逆线斜率的绝对值。

第三章 热力学第二定律

第 1 节 概念、主要公式及其适用条件

1. 主要定义式

（1）熵的定义式 $\qquad dS = \dfrac{\delta Q_r}{T}$

（2）亥姆霍兹函数定义式 $\qquad A = U - TS$

（3）吉布斯函数定义式 $\qquad G = H - TS$

2. 主要计算公式及其适用条件

（1）热机效率 $\qquad \eta = \dfrac{-W}{Q_1} = \dfrac{Q_1 + Q_2}{Q_1}$

可逆热机效率 $\qquad \eta_r = \dfrac{-W}{Q_1} = \dfrac{T_1 - T_2}{T_1}$

（2）热力学第二定律数学表达式（克劳修斯不等式）

$$\Delta_1^2 S \geqslant \int_1^2 \left(\frac{\delta Q}{T} \right) \qquad \left(\begin{array}{l} > \text{不可逆过程} \\ = \text{可逆过程} \end{array} \right)$$

（3）熵判据、亥姆霍兹判据及吉布斯判据

$$\Delta S_{iso} = \Delta S_{sys} + \Delta S_{amb} \geqslant 0 \qquad \left(\begin{array}{l} > \text{不可逆过程} \\ = \text{可逆过程} \end{array} \right)$$

熵判据说明隔离系统中发生的一切实际过程都是向熵值增大的方向进行，熵值不变的过程是可逆过程。

$$\Delta A_{T,V} \leqslant 0 \qquad \left(\begin{array}{l} < \text{自发过程} \\ = \text{平衡} \end{array} \right) \text{（恒温恒容，} W' = 0 \text{）}$$

$$\Delta G_{T,p} \leqslant 0 \qquad \left(\begin{array}{l} < \text{自发过程} \\ = \text{平衡} \end{array} \right) \text{（恒温恒压，} W' = 0 \text{）}$$

亥姆霍兹判据适用于恒温恒容，$W'=0$ 的过程，在此条件下，系统亥姆霍兹函数减小的过程能够自发进行，亥姆霍兹函数不变时处于平衡状态。

吉布斯判据适用于恒温恒压，$W'=0$ 的过程，在此条件下，系统吉布斯函数减小的过程能够自发进行，吉布斯函数不变时处于平衡状态。

（4）热力学第三定律

$$S_m^*(完美晶体,0\ K)=0$$

（5）单纯 pVT 变化过程 ΔS 计算公式

普遍式：
$$\begin{cases} dS=\dfrac{dU+pdV}{T} \\[2mm] dS=\dfrac{dH-Vdp}{T} \end{cases} \quad （对气、液、固各种相态物质均适用）$$

$$\begin{cases} \Delta S=nC_{V,m}\ln\dfrac{T_2}{T_1}+nR\ln\dfrac{V_2}{V_1} \\[2mm] \Delta S=nC_{p,m}\ln\dfrac{T_2}{T_1}-nR\ln\dfrac{p_2}{p_1} \quad （适用于理想气体，C_{V,m}为常数） \\[2mm] \Delta S=nC_{p,m}\ln\dfrac{V_2}{V_1}+nC_{V,m}\ln\dfrac{p_2}{p_1} \end{cases}$$

$$\Delta S=nC_{p,m}\ln\dfrac{T_2}{T_1} \quad （近似适用于凝聚态物质，C_{p,m}为常数）$$

（6）相变化过程 ΔS 计算公式

$$\Delta_\alpha^\beta S=\dfrac{n\Delta_\alpha^\beta H_m}{T} \quad （适用于恒温恒压可逆相变过程）$$

（7）环境熵变 ΔS_{amb} 计算公式

$$\Delta S_{amb}=\dfrac{-Q_{sys}}{T_{amb}}$$

（8）化学变化 $\Delta_r S_m^\ominus,\Delta_r G_m^\ominus$ 计算公式

$$\Delta_r S_m^\ominus(T)=\sum_B \nu_B S_m^\ominus(B,\beta,T),\quad \Delta_r S_m^\ominus(T_2)=\Delta_r S_m^\ominus(T_1)+\int_{T_1}^{T_2}\frac{\Delta_r C_{p,m}^\ominus}{T}dT$$

$$\Delta_r G_m^\ominus(T)=\sum_B \nu_B \Delta_f G_m^\ominus(B,\beta,T)$$

（9）热力学基本方程及麦克斯韦关系式

$$dU = TdS - pdV; \quad \left(\frac{\partial T}{\partial V}\right)_S = -\left(\frac{\partial p}{\partial S}\right)_V$$

$$dH = TdS + Vdp; \quad \left(\frac{\partial T}{\partial p}\right)_S = \left(\frac{\partial V}{\partial S}\right)_p$$

$$dA = -SdT - pdV; \quad \left(\frac{\partial S}{\partial V}\right)_T = \left(\frac{\partial p}{\partial T}\right)_V$$

$$dG = -SdT + Vdp; \quad -\left(\frac{\partial S}{\partial p}\right)_T = \left(\frac{\partial V}{\partial T}\right)_p$$

上述关系式适用于封闭系统,$W' = 0$ 的可逆过程,包括可逆单纯 pVT 变化、可逆条件下的相变化和可逆化学反应。

(10) 克拉佩龙(Clapeyron)方程

微分式
$$\frac{dT}{dp} = \frac{T\Delta_\alpha^\beta V_m}{\Delta_\alpha^\beta H_m}$$

适用于纯物质任意两相平衡,表示平衡温度随平衡压力的变化关系。

定积分式
$$\ln\frac{T_2}{T_1} = \frac{\Delta_\alpha^\beta V_m}{\Delta_\alpha^\beta H_m}(p_2 - p_1)$$

适用于固-液平衡、固-固平衡时平衡温度与平衡压力的相互计算。

(11) 克劳修斯-克拉佩龙(Clausius-Clapeyron)方程

微分式
$$\frac{d\ln p}{dT} = \frac{\Delta_{vap}H_m}{RT^2}$$

定积分式
$$\ln\frac{p_2}{p_1} = \frac{-\Delta_{vap}H_m}{R}\left(\frac{1}{T_2} - \frac{1}{T_1}\right)$$

适用于液-气平衡、固-气平衡时平衡温度与平衡压力的相互计算。适用条件:气相按理想气体处理;$V_m(g) - V_m(l) \approx V_m(g)$;在 $T_1 \sim T_2$ 温度范围内 $\Delta_{vap}H_m$ 可视为常数。

第 2 节 概 念 题

3.2.1 填空题

1. 在高温热源 T_1 和低温热源 T_2 之间的卡诺循环,其热温熵之和 $\frac{Q_1}{T_1} + \frac{Q_2}{T_2} =$

（   ）；循环过程的热机效率 η ＝（   ）。

2. 理想气体向真空膨胀，在熵判据、亥姆霍兹判据和吉布斯判据中，可用于判断过程自发性的是（   ）。（注：以气体为研究对象。）

3. 在绝热密闭刚性容器中发生某一化学反应，此过程的 ΔS_{sys}（   ）0；ΔS_{amb}（   ）0。

4. 某一系统在与环境 300 K 大热源接触下经历一不可逆循环过程，系统从环境得到 10 kJ 的功，则系统与环境交换的热 Q ＝（   ）；ΔS_{sys} ＝（   ）；ΔS_{amb} ＝（   ）。

5. 下列变化过程中，系统的状态函数改变量 ΔU，ΔH，ΔS，ΔG 何者为零。

（1）一定量理想气体绝热自由膨胀过程。（   ）

（2）一定量真实气体绝热可逆膨胀过程。（   ）

（3）一定量水在 0 ℃，101.325 kPa 条件下结冰。（   ）

（4）实际气体节流膨胀过程。（   ）

6. 一定量的理想气体与 500 K 大热源接触经历恒温膨胀，系统熵变为 10 J·K^{-1}，对外所做功为可逆功的 10%，则系统从环境中吸热为（   ）。

试题分析

7. 300 K 时，1 mol 理想气体由 1 dm^3 恒温可逆膨胀到 10 dm^3，过程的 ΔS ＝（   ），ΔG ＝（   ）。

8. 在恒定温度、压力的条件下，比较同样质量的纯铁与碳钢的熵值，S（纯铁）（   ）S（碳钢）。

9. 热力学第三定律用公式表示为 S_{m}^{*}（   ）＝（   ）。

10. 25 ℃，101.325 kPa 下，反应 $H_2(g) + \frac{1}{2}O_2(g) \longrightarrow H_2O(l)$ 的 $\Delta_r G_{\text{m}}^{\ominus} - \Delta_r A_{\text{m}}^{\ominus}$ ＝（   ）。

11. 在 $T_1 \sim T_2$ 温度范围内，某化学反应的 $\Delta_r H_{\text{m}}^{\ominus}$ 为一常数，则随温度的升高，该反应的 $\Delta_r S_{\text{m}}^{\ominus}$（   ）。（填入"增加""减小"或"不变"。）

12. 一定量理想气体，恒温条件下熵随体积的变化率 $\left(\dfrac{\partial S}{\partial V}\right)_T$ ＝（   ）；一定量范德华气体，恒温条件下熵随体积的变化率 $\left(\dfrac{\partial S}{\partial V}\right)_T$ ＝（   ）。

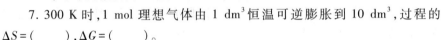

13. 在 101.325 kPa 条件下，1 mol 液体水温度由 25 ℃升至 80 ℃，已知水在此温度范围内的比定压热容 c_p ＝ 4.184 J·g^{-1}·K^{-1}，则此过程的 ΔS ＝（   ）。

14. 乙醇液体在常压、正常沸点下蒸发为乙醇蒸气，过程的 ΔH 与 ΔS 的关系是（   ），ΔH 与 Q 的关系是（   ），计算 ΔH 所需要的热力学基础数据包括(　　　)或者(　　　)和　(　　　)。

15. 已知在汞的熔点 -38.87 ℃ 附近,液体汞的密度小于固体汞的密度,因此汞的熔点随外压增大而(　　　),所依据的公式形式为(　　　)。

16. 克拉佩龙方程与克劳修斯-克拉佩龙方程讨论的是纯物质(　　　)时,(　　　)与(　　　)的变化关系。两者的适用对象有所不同,前者适用于(　　　),后者适用于(　　　)。在后者的推导过程中采用的合理近似有(　　　)。

3.2.2　选择题

1. 发生变化的隔离系统,其熵值(　　　)。

(a) 总是增大;   (b) 总是减小;

(c) 可能增大或减小;   (d) 不变。

2. 在 25 ℃ 时,$\Delta_f G_m^{\ominus}$(石墨)(　　　),$\Delta_f G_m^{\ominus}$(金刚石)(　　　)。

(a) >0;   (b) $=0$;

(c) <0;   (d) 无法确定。

3. 具有相同 n,T,V 的氧气与氮气,在维持恒温恒容条件下混合,此过程系统的熵变 $\Delta S = ($　　　$)$。

(a) 0;   (b) $nR\ln 2$;   (c) $-nR\ln 2$;   (d) $2nR\ln 2$。

4. 在 101.325 kPa,-5 ℃ 条件下过冷水结冰,则此过程的 ΔH(　　　);ΔS(　　　);ΔG(　　　);ΔS_{amb}(　　　)。

(a) >0;   (b) $=0$;

(c) <0;   (d) 无法确定。

5. 在真空密闭的容器中 1 mol 100 ℃,101.325 kPa 的液体水完全蒸发为 100 ℃,101.325 kPa 的水蒸气,此过程的 ΔH(　　　);ΔS(　　　);ΔA(　　　);ΔG(　　　)。

(a) >0;   (b) $=0$;   (c) <0;   (d) 无法确定。

6. 设 25~75 ℃ 水的摩尔定压热容为一定值,常压下将 1 mol 水由 25 ℃ 加热至 50 ℃ 的熵变为 ΔS_1,由 50 ℃ 加热至 75 ℃ 的熵变为 ΔS_2,则 ΔS_1(　　　)ΔS_2。

(a) $>$;   (b) $<$;   (c) $=$;   (d) 无法确定。

7. 在绝热密闭刚性容器中发生某一化学反应,系统末态温度升高,压力增大,则此过程的 ΔU(　　　);ΔH(　　　);ΔS(　　　);ΔS_{amb}(　　　)。

(a) >0;   (b) $=0$;   (c) <0;   (d) 无法确定。

8. 在一带活塞的绝热汽缸中发生某一化学反应,系统末态温度升高,体积增大,则此过程的 W( );ΔH( );ΔS( );ΔG( )。

(a) >0; (b) = 0; (c) <0; (d) 无法确定。

9. 某化学反应在 300 K,100 kPa 下于试管中进行时放热 60 kJ,若相同的条件下通过可逆电池进行反应,则吸热 6 kJ。该化学反应的熵变为( )J·K^{-1},在试管中进行反应时环境的熵变为( )J·K^{-1}。

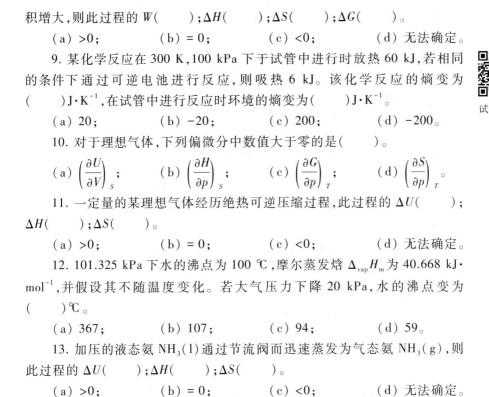

试题分析

(a) 20; (b) −20; (c) 200; (d) −200。

10. 对于理想气体,下列偏微分中数值大于零的是( )。

(a) $\left(\dfrac{\partial U}{\partial V}\right)_S$; (b) $\left(\dfrac{\partial H}{\partial p}\right)_S$; (c) $\left(\dfrac{\partial G}{\partial p}\right)_T$; (d) $\left(\dfrac{\partial S}{\partial p}\right)_T$。

11. 一定量的某理想气体经历绝热可逆压缩过程,此过程的 ΔU( );ΔH( );ΔS( )。

(a) >0; (b) = 0; (c) <0; (d) 无法确定。

12. 101.325 kPa 下水的沸点为 100 ℃,摩尔蒸发焓 $\Delta_{vap}H_m$ 为 40.668 kJ·mol^{-1},并假设其不随温度变化。若大气压力下降 20 kPa,水的沸点变为( )℃。

(a) 367; (b) 107; (c) 94; (d) 59。

13. 加压的液态氨 NH_3(l)通过节流阀而迅速蒸发为气态氨 NH_3(g),则此过程的 ΔU( );ΔH( );ΔS( )。

(a) >0; (b) = 0; (c) <0; (d) 无法确定。

概念题答案

3.2.1 填空题

1. 0;$\dfrac{T_1 - T_2}{T_1}$

2. 熵判据

亥姆霍兹判据适用于恒温恒容,$W' = 0$ 的过程;吉布斯判据适用于恒温恒压,$W' = 0$ 的过程。理想气体向真空膨胀,若以气体为研究对象,则系统的 p 和 V 发生变化(过程瞬间完成,可认为 T 不发生变化),因此这两个判据不适用。可以通过计算系统与环境的熵变,用熵判据进行判断。(注:若研究对象为包含气体在内的刚性容器,则亥姆霍兹判据也适用。)

3. >;=

4. −10 kJ(因为循环过程 $\Delta U = Q + W = 0$);0;33.33 J·K^{-1}

5. (1) $\Delta U, \Delta H$;(2) ΔS;(3) ΔG;(4) ΔH

6. 0.5 kJ

$Q_r = T\Delta S = (500 \times 10)$ J $= 5$ kJ

理想气体恒温过程 $\Delta U = 0$, $W_r = -Q_r = -5$ kJ, $W = 10\% \ W_r = -0.5$ kJ

则 $Q = -W = 0.5$ kJ

7. 19.14 J·K^{-1}; -5.74 kJ

$$\Delta S = nR\ln\frac{V_2}{V_1} = \left(1 \times 8.314 \times \ln\frac{10 \times 10^{-3}}{1 \times 10^{-3}}\right) \text{J·K}^{-1} = 19.14 \text{ J·K}^{-1}$$

$$\Delta G = \Delta H - T\Delta S = nRT\ln\frac{V_1}{V_2} = \left(1 \times 8.314 \times 300 \times \ln\frac{1 \times 10^{-3}}{10 \times 10^{-3}}\right) \text{J} = -5.74 \text{ kJ}$$

8. <

因为碳钢中除了铁还含有其他金属元素,系统混乱度增加,熵增大。

9. 完美晶体,0 K;0

10. -3.72 kJ·mol^{-1}

$$\Delta_r G_m^\ominus - \Delta_r A_m^\ominus = \Delta(pV) = \sum_B \nu_B(g)RT$$
$$= [-1.5 \times 8.314 \times 298.15] \text{J·mol}^{-1} = -3.72 \text{ kJ·mol}^{-1}$$

11. 不变

因 $\Delta_r H_m^\ominus$ 不随温度变化,有 $\Delta_r C_{p,m} = 0$,$\left(\dfrac{\partial \Delta_r S_m^\ominus}{\partial T}\right)_p = \dfrac{\Delta_r C_{p,m}}{T}$,则 $\Delta_r S_m^\ominus$ 不随温度变化。

12. $\dfrac{nR}{V}$;$\dfrac{R}{V_m - b}$

$$\left(\frac{\partial S}{\partial V}\right)_T = \left(\frac{\partial p}{\partial T}\right)_V = \left[\frac{\partial(nRT/V)}{\partial T}\right]_V = \frac{nR}{V}$$

13. 12.75 J·mol^{-1}·K^{-1}

$$\Delta S = mc_p\ln\frac{T_2}{T_1} = \left(18 \times 4.184 \times \ln\frac{273.15+80}{273.15+25}\right) \text{J·mol}^{-1}\text{·K}^{-1} = 12.75 \text{ J·mol}^{-1}\text{·K}^{-1}$$

14. $\Delta S = \dfrac{\Delta H}{T}$;$Q = \Delta H$;乙醇在正常沸点下的摩尔蒸发焓 $\Delta_{vap}H_m$;乙醇液体在正常沸点下的标准摩尔生成焓 $\Delta_f H_m^\ominus$;乙醇蒸气在正常沸点下的标准摩尔生成焓 $\Delta_f H_m^\ominus$

15. 增大;$\dfrac{dT}{dp} = \dfrac{T\Delta_s^l V_m}{\Delta_{fus}H_m}$

16. 两相平衡;平衡压力;平衡温度;纯物质的任意两相平衡;有一相是气相的纯物质的两相平衡;液体或固体的体积与气体相比可以忽略,气相为理想气体

3.2.2 选择题

1. (a)
根据熵判据判断。

2. (b);(a)

3. (d)

4. (c);(c);(c);(a)
同样温度、压力下,冰的有序度大于水的有序度;恒温恒压下过冷水结冰是自发过程,由吉布斯判据可知 $\Delta G<0$;$\Delta S_{\text{amb}}=\dfrac{-Q_{\text{sys}}}{T}=\dfrac{-\Delta H}{T}>0$。

5. (a);(a);(c);(b)
此过程状态函数改变量与水在 100 ℃,101.325 kPa 下的蒸发过程状态函数改变量完全相同。

6. (a)
$$\Delta S=nC_{p,m}\ln\frac{T_2}{T_1}$$

7. (b);(a);(a);(b)
$\Delta H=V\Delta p>0$;根据熵增原理,绝热不可逆过程 $\Delta S>0$。

8. (c);(b);(a);(c)
$\Delta H=Q_p=0$;$\Delta G=-\Delta(TS)=-T_2S_2+T_1S_1<0$。

9. (a);(c)
$$\Delta S=\frac{Q_r}{T}=\left(\frac{6\times10^3}{300}\right)\ \text{J}\cdot\text{K}^{-1}=20\ \text{J}\cdot\text{K}^{-1}$$
$$\Delta S_{\text{amb}}=\frac{-Q_{\text{sys}}}{T_{\text{amb}}}=-\left(\frac{-60\times10^3}{300}\right)\ \text{J}\cdot\text{K}^{-1}=200\ \text{J}\cdot\text{K}^{-1}$$

10. (b) (c)
$$\left(\frac{\partial U}{\partial V}\right)_S=-p;\left(\frac{\partial H}{\partial p}\right)_S=V;\left(\frac{\partial G}{\partial p}\right)_T=V;\left(\frac{\partial S}{\partial p}\right)_T=-\left(\frac{\partial V}{\partial T}\right)_p<0$$

11. (a);(a);(b)
绝热可逆压缩过程即 $Q_r=0$,$W>0$,所以 $\Delta U>0$;温度升高,所以 $\Delta H>0$;绝热可逆过程是恒熵过程,所以 $\Delta S=0$。

12. (c)

$$\ln \frac{p_2}{p_1} = \frac{-\Delta_{vap} H_m}{R} \left(\frac{1}{T_2} - \frac{1}{T_1} \right)$$

$$\ln \frac{101.325-20}{101.325} = \frac{-40.668 \times 10^3}{8.314} \left(\frac{1}{T_2/\text{K}} - \frac{1}{373.15} \right)$$

$$T_2 = 367 \text{ K}, t_2 = 94 \text{ ℃}$$

13. (c);(b);(a)

$\Delta U = \Delta H - \Delta(pV) = -\Delta(pV) = -p_2 V_g + p_1 V_1 < 0$;节流膨胀过程 $\Delta H = 0$;$Q = 0$;$\Delta S > 0$。

第3节　习题解答

3.1　卡诺热机在 $T_1 = 600$ K 的高温热源和 $T_2 = 300$ K 的低温热源间工作。求：

（1）热机效率 η；

（2）当向环境做功 $-W = 100$ kJ 时，系统从高温热源吸收的热 Q_1 及向低温热源放出的热 $-Q_2$。

解：（1）卡诺热机的效率为

$$\eta = \frac{T_1-T_2}{T_1} = \frac{600 \text{ K}-300 \text{ K}}{600 \text{ K}} = 0.5$$

（2）根据热机效率定义 $\eta = \dfrac{-W}{Q_1} = \dfrac{Q_1+Q_2}{Q_1}$，有

$$Q_1 = \frac{-W}{\eta} = \frac{100 \text{ kJ}}{0.5} = 200 \text{ kJ}$$

$$-Q_2 = Q_1 + W = (200-100) \text{ kJ} = 100 \text{ kJ}$$

3.2　某地热水的温度为 65 ℃，大气温度为 20 ℃。若利用一可逆热机和一不可逆热机从地热水中取出 1 000 J 的热量，

（1）分别计算两热机对外所做功；已知不可逆热机效率是可逆热机效率的 80%；

（2）分别计算两热机向大气中放出的热。

解：高温热源为地热水：$T_1 = 338.15$ K，$Q_1 = 1$ 000 J

低温热源为大气：$T_2 = 293.15$ K

（1）
$$\eta_r = \frac{T_1 - T_2}{T_1} = \frac{338.15\ \text{K} - 293.15\ \text{K}}{338.15\ \text{K}} = 0.133$$

所以
$$W_r = -Q_1\eta_r = (-1\,000 \times 0.133)\ \text{J} = -133\ \text{J}$$

$$\eta = 0.8\eta_r = 0.8 \times 0.133 = 0.106\,4$$

$$W = -Q_1\eta = (-1\,000 \times 0.106\,4)\ \text{J} = -106.4\ \text{J}$$

（2）由 $\eta = \dfrac{-W}{Q_1} = \dfrac{Q_1 + Q_2}{Q_1}$ 得

$$Q_2 = -Q_1 - W$$

所以
$$Q_{r,2} = -Q_1 - W_r = (133 - 1\,000)\ \text{J} = -867\ \text{J}$$

$$Q_2 = -Q_1 - W = (106.4 - 1\,000)\ \text{J} = -893.6\ \text{J}$$

3.3　高温热源温度 $T_1 = 600$ K，低温热源温度 $T_2 = 300$ K。今有 120 kJ 的热直接从高温热源传给低温热源，求此过程两热源的总熵变 ΔS。

解：将热源看成无限大，因此对热源来说，传热过程可视为可逆过程。

$$\Delta S = \Delta S_1 + \Delta S_2 = \frac{-Q}{T_1} + \frac{Q}{T_2} = Q\left(\frac{1}{T_2} - \frac{1}{T_1}\right)$$

$$= \left[120 \times 10^3 \times \left(\frac{1}{300} - \frac{1}{600}\right)\right]\ \text{J·K}^{-1}$$

$$= 200\ \text{J·K}^{-1}$$

3.4　已知氮(N_2, g)的摩尔定压热容与温度的函数关系为

$$C_{p,m} = \left[27.32 + 6.226 \times 10^{-3}(T/\text{K}) - 0.950\,2 \times 10^{-6}(T/\text{K})^2\right]\ \text{J·mol}^{-1}\text{·K}^{-1}$$

将始态为 300 K，100 kPa 下的 1 mol N_2(g)置于 1 000 K 的热源中，求系统分别经（1）恒压过程；（2）恒容过程达到平衡态时的 Q，ΔS 及 ΔS_{iso}。

解：（1）恒压过程

$$Q_p = \int_{T_1}^{T_2} nC_{p,m}(T)\,\mathrm{d}T$$

$$= \int_{300\ \text{K}}^{1\,000\ \text{K}} 1\ \text{mol} \times \left[27.32 + 6.226 \times 10^{-3}(T/\text{K}) - 0.950\,2 \times 10^{-6}(T/\text{K})^2\right]\mathrm{d}T$$

$$= \left[27.32 \times (1\,000 - 300) + \frac{6.226 \times 10^{-3}}{2} \times (1\,000^2 - 300^2)\right.$$

$$\left. - \frac{0.950\,2 \times 10^{-6}}{3} \times (1\,000^3 - 300^3)\right]\ \text{J}$$

= 21.65 kJ

$$\Delta S = \int_{T_1}^{T_2} \frac{nC_{p,m}(T)}{T}\,\mathrm{d}T$$

$$= \int_{300\,\mathrm{K}}^{1\,000\,\mathrm{K}} \frac{1\ \mathrm{mol} \times \left[27.32 + 6.226 \times 10^{-3}(T/\mathrm{K}) - 0.950\,2 \times 10^{-6}\,(T/\mathrm{K})^2 \right]}{T}\,\mathrm{d}T$$

$$= \left[27.32 \times \ln\frac{1\,000}{300} + 6.226 \times 10^{-3} \times (1\,000 - 300) \right.$$

$$\left. - \frac{0.950\,2 \times 10^{-6}}{2} \times (1\,000^2 - 300^2) \right]\ \mathrm{J \cdot K^{-1}}$$

$$= 36.82\ \mathrm{J \cdot K^{-1}}$$

$$\Delta S_{\mathrm{amb}} = \frac{-Q_p}{T_{\mathrm{amb}}} = \left(\frac{-21.65 \times 10^3}{1\,000} \right)\ \mathrm{J \cdot K^{-1}} = -21.65\ \mathrm{J \cdot K^{-1}}$$

$$\Delta S_{\mathrm{iso}} = \Delta S_p + \Delta S_{\mathrm{amb}} = (36.82 - 21.65)\ \mathrm{J \cdot K^{-1}} = 15.17\ \mathrm{J \cdot K^{-1}}$$

（2）恒容过程,将氮(N_2,g)视为理想气体,则

$$C_{V,m} = C_{p,m} - R$$

$$= \left\{ \left[27.32 + 6.226 \times 10^{-3}(T/\mathrm{K}) - 0.950\,2 \times 10^{-6}(T/\mathrm{K})^2 \right] \right.$$

$$\left. - 8.314 \right\}\ \mathrm{J \cdot mol^{-1} \cdot K^{-1}}$$

$$= \left[19.006 + 6.226 \times 10^{-3}(T/\mathrm{K}) - 0.950\,2 \times 10^{-6}(T/\mathrm{K})^2 \right]\ \mathrm{J \cdot mol^{-1} \cdot K^{-1}}$$

将 $C_{V,m}(T)$ 代替上面各式中的 $C_{p,m}(T)$,即可求得所需各量。

$$Q_V = \int_{T_1}^{T_2} nC_{V,m}(T)\,\mathrm{d}T$$

$$= \int_{300\,\mathrm{K}}^{1\,000\,\mathrm{K}} 1\ \mathrm{mol} \times \left[19.006 + 6.226 \times 10^{-3}(T/\mathrm{K}) - 0.950\,2 \right.$$

$$\left. \times 10^{-6}\,(T/\mathrm{K})^2 \right]\mathrm{d}T$$

$$= \left[19.006 \times (1\,000 - 300) + \frac{6.226 \times 10^{-3}}{2} \times (1\,000^2 - 300^2) \right.$$

$$\left. - \frac{0.950\,2 \times 10^{-6}}{3} \times (1\,000^3 - 300^3) \right]\ \mathrm{J}$$

$$= 15.83\ \mathrm{kJ}$$

$$\Delta S = \int_{T_1}^{T_2} \frac{nC_{V,m}(T)}{T}\,\mathrm{d}T$$

$$= \int_{300\,\mathrm{K}}^{1\,000\,\mathrm{K}} \frac{1\ \mathrm{mol} \times \left[19.006 + 6.226 \times 10^{-3}(T/\mathrm{K}) - 0.950\,2 \times 10^{-6}\,(T/\mathrm{K})^2 \right]}{T}\,\mathrm{d}T$$

$$= \left[19.006 \times \ln \frac{1\ 000}{300} + 6.226 \times 10^{-3} \times (1\ 000 - 300) \right.$$

$$\left. - \frac{0.950\ 2 \times 10^{-6}}{2} \times (1\ 000^2 - 300^2) \right]\ \mathrm{J \cdot K^{-1}}$$

$$= 26.81\ \mathrm{J \cdot K^{-1}}$$

$$\Delta S_{\mathrm{amb}} = \frac{-Q_V}{T_{\mathrm{amb}}} = \left(\frac{-15.83 \times 10^3}{1\ 000} \right)\ \mathrm{J \cdot K^{-1}} = -15.83\ \mathrm{J \cdot K^{-1}}$$

$$\Delta S_{\mathrm{iso}} = \Delta S_V + \Delta S_{\mathrm{amb}} = (26.81 - 15.83)\ \mathrm{J \cdot K^{-1}} = 10.98\ \mathrm{J \cdot K^{-1}}$$

3.5 始态为 $T_1 = 300$ K, $p_1 = 200$ kPa 的某双原子理想气体 1 mol,经下列不同途径变化到 $T_2 = 300$ K, $p_2 = 100$ kPa 的末态。求各不同途径各步骤的 Q, ΔS。

试题分析

（1）恒温可逆膨胀；

（2）先恒容冷却使压力降至 100 kPa,再恒压加热至 T_2；

（3）先绝热可逆膨胀使压力降至 100 kPa,再恒压加热至 T_2。

解：（1）理想气体恒温可逆膨胀, $\Delta U = 0 = Q + W_\mathrm{r}$,因此

$$Q_\mathrm{r} = -W_\mathrm{r} = nRT \ln \frac{V_2}{V_1} = nRT \ln \frac{p_1}{p_2}$$

$$= \left(1 \times 8.314 \times 300 \times \ln \frac{200}{100} \right)\ \mathrm{J} = 1.729\ \mathrm{kJ}$$

$$\Delta S = \frac{Q_\mathrm{r}}{T} = \left(\frac{1.729 \times 10^3}{300} \right)\ \mathrm{J \cdot K^{-1}} = 5.76\ \mathrm{J \cdot K^{-1}}$$

（2）设恒容冷却至压力为 100 kPa 时,系统的温度为 T。

$$T = T_1 \frac{p}{p_1} = \left(300 \times \frac{100}{200} \right)\ \mathrm{K} = 150\ \mathrm{K}$$

所以

$$Q_1 = Q_{V,1} = nC_{V,\mathrm{m}}(T - T_1) = \left[1 \times \frac{5 \times 8.314}{2} \times (150 - 300) \right]\ \mathrm{J} = -3.118\ \mathrm{kJ}$$

$$\Delta S_1 = nC_{V,\mathrm{m}} \ln \frac{T}{T_1} = \left(1 \times \frac{5 \times 8.314}{2} \times \ln \frac{150}{300} \right)\ \mathrm{J \cdot K^{-1}} = -14.407\ \mathrm{J \cdot K^{-1}}$$

$$Q_2 = Q_{p,2} = nC_{p,\mathrm{m}}(T_2 - T) = \left[1 \times \frac{7 \times 8.314}{2} \times (300 - 150) \right]\ \mathrm{J} = 4.365\ \mathrm{kJ}$$

$$\Delta S_2 = nC_{p,\mathrm{m}} \ln \frac{T_2}{T} = \left(1 \times \frac{7 \times 8.314}{2} \times \ln \frac{300}{150} \right)\ \mathrm{J \cdot K^{-1}} = 20.170\ \mathrm{J \cdot K^{-1}}$$

$$Q = Q_1 + Q_2 = (-3.118 + 4.365)\ \text{kJ} = 1.247\ \text{kJ}$$

$$\Delta S = \Delta S_1 + \Delta S_2 = (-14.407 + 20.170)\ \text{J·K}^{-1} = 5.763\ \text{J·K}^{-1}$$

实际上 ΔS 不需要再计算,与途径(1)相同,因为途径(1)与(2)的始、末态相同。

(3)设绝热可逆膨胀至压力为 100 kPa 时,系统的温度为 T。根据理想气体绝热可逆过程方程可得

$$T = T_1 \left(\frac{p}{p_1}\right)^{(\gamma-1)/\gamma} = \left[300 \times \left(\frac{100}{200}\right)^{2/7}\right]\ \text{K} = 246.1\ \text{K}$$

$$Q_1 = 0; \quad \Delta S_1 = 0$$

$$Q_2 = \Delta H_2 = nC_{p,\text{m}}(T_2 - T) = \left[\frac{7 \times 8.314}{2} \times (300 - 246.1)\right]\ \text{J} = 1.568\ \text{kJ}$$

$$\Delta S_2 = nC_{p,\text{m}} \ln \frac{T_2}{T} = \left(1 \times \frac{7 \times 8.314}{2} \times \ln \frac{300}{246.1}\right)\ \text{J·K}^{-1} = 5.763\ \text{J·K}^{-1}$$

$$Q = Q_1 + Q_2 = (0 + 1.568)\ \text{kJ} = 1.568\ \text{kJ}$$

$$\Delta S = \Delta S_1 + \Delta S_2 = (5.763 + 0)\ \text{J·K}^{-1} = 5.763\ \text{J·K}^{-1}$$

或者由相同始、末态间系统的熵变相等,可得

$$\Delta S = nC_{p,\text{m}} \ln \frac{T_2}{T_1} - nR \ln \frac{p_2}{p_1}$$

$$= \left(1 \times \frac{7 \times 8.314}{2} \times \ln \frac{300}{300} - 1 \times 8.314 \times \ln \frac{100}{200}\right)\ \text{J·K}^{-1}$$

$$= 5.763\ \text{J·K}^{-1}$$

同理,ΔS 也不需要再计算,与途径(1)相同。

3.6 1 mol 理想气体在 $T = 300$ K 下,从始态 100 kPa 经历下列各过程达到各自的平衡态,求各过程的 Q,ΔS,ΔS_{iso}。

(1)可逆膨胀至末态压力 50 kPa;

(2)反抗恒定压力 50 kPa 不可逆膨胀至平衡态;

(3)向真空自由膨胀至原体积的 2 倍。

解:题给三过程的末态均为框图中所示:

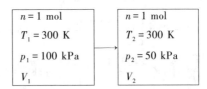

虽然题中三个不同过程所经历的途径不同,但三过程的始、末态相同,故系统的熵变相同,但过程热不相等。

$$\Delta S = -nR \ln \frac{p_2}{p_1} = \left(-1 \times 8.314 \times \ln \frac{50}{100} \right) \ \mathrm{J \cdot K^{-1}} = 5.763 \ \mathrm{J \cdot K^{-1}}$$

（1）理想气体的恒温可逆过程

$$Q_1 = Q_r = T \Delta S = (300 \times 5.763) \ \mathrm{J} = 1.729 \ \mathrm{kJ}$$

$$\Delta S_{amb} = \frac{Q_{amb}}{T_{amb}} = \frac{-Q_1}{T} = \left(\frac{-1.729 \times 10^3}{300} \right) \ \mathrm{J \cdot K^{-1}} = -5.763 \ \mathrm{J \cdot K^{-1}}$$

$$\Delta S_{iso} = \Delta S + \Delta S_{amb} = (5.763 - 5.763) \ \mathrm{J \cdot K^{-1}} = 0$$

（2）理想气体的恒温、恒外压不可逆膨胀过程

$$\Delta U_2 = 0$$

$$Q_2 = \Delta U_2 - W_2 = 0 - W_2 = p_{amb}(V_2 - V_1)$$

$$= p_2 \left(\frac{nRT}{p_2} - \frac{nRT}{p_1} \right) = nRT \left(1 - \frac{p_2}{p_1} \right)$$

$$= \left[1 \times 8.314 \times 300 \times \left(1 - \frac{50}{100} \right) \right] \ \mathrm{J} = 1.247 \ \mathrm{kJ}$$

$$\Delta S_{amb} = \frac{Q_{amb}}{T_{amb}} = \frac{-Q_2}{T} = \left(\frac{-1.247 \times 10^3}{300} \right) \ \mathrm{J \cdot K^{-1}} = -4.157 \ \mathrm{J \cdot K^{-1}}$$

$$\Delta S_{iso} = \Delta S + \Delta S_{amb} = (5.763 - 4.157) \ \mathrm{J \cdot K^{-1}} = 1.606 \ \mathrm{J \cdot K^{-1}}$$

（3）理想气体的恒温、向真空自由膨胀过程

$$\Delta U_3 = 0$$

$$p_{amb} = 0, \quad W_3 = -p_{amb} \Delta V = 0$$

$$Q_3 = \Delta U_3 - W_3 = 0$$

$$\Delta S_{amb} = \frac{Q_{amb}}{T_{amb}} = \frac{-Q_3}{T} = \left(\frac{0}{300} \right) \ \mathrm{J \cdot K^{-1}} = 0$$

$$\Delta S_{iso} = \Delta S + \Delta S_{amb} = (5.763 + 0) \ \mathrm{J \cdot K^{-1}} = 5.763 \ \mathrm{J \cdot K^{-1}}$$

3.7 2 mol 双原子理想气体从始态 300 K,50 dm³,先恒容加热至 400 K,再恒压加热使体积增大到 100 dm³,求整个过程的 $Q, W, \Delta U, \Delta H, \Delta S$。

解：过程图示如下。

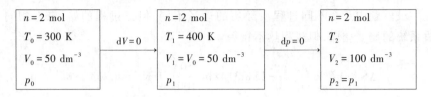

系统的末态温度为

$$T_2 = \frac{p_2 V_2}{nR} = \frac{p_1 V_2}{nR} = \left(\frac{nRT_1}{V_1}\right)\frac{V_2}{nR} = T_1 \frac{V_2}{V_1} = \left(400 \times \frac{100}{50}\right) \text{ K} = 800 \text{ K}$$

所以

$$\Delta U = nC_{V,\text{m}}(T_2 - T_0) = \left[2 \times \frac{5 \times 8.314}{2} \times (800 - 300)\right] \text{ J} = 20.78 \text{ kJ}$$

$$\Delta H = nC_{p,\text{m}}(T_2 - T_0) = \left[2 \times \frac{7 \times 8.314}{2} \times (800 - 300)\right] \text{ J} = 29.10 \text{ kJ}$$

$$\Delta S = nC_{V,\text{m}} \ln \frac{T_2}{T_0} + nR \ln \frac{V_2}{V_0}$$

$$= \left(2 \times \frac{5 \times 8.314}{2} \times \ln \frac{800}{300} + 2 \times 8.314 \times \ln \frac{100}{50}\right) \text{ J} \cdot \text{K}^{-1}$$

$$= 52.30 \text{ J} \cdot \text{K}^{-1}$$

$$Q = Q_V + Q_p = nC_{V,\text{m}}(T_1 - T_0) + nC_{p,\text{m}}(T_2 - T_1)$$

$$= \left[2 \times \frac{5 \times 8.314}{2} \times (400 - 300) + 2 \times \frac{7 \times 8.314}{2} \times (800 - 400)\right] \text{ J}$$

$$= 27.44 \text{ kJ}$$

$$W = \Delta U - Q = (20.78 - 27.44) \text{ kJ} = -6.66 \text{ kJ}$$

或者

$$W = W_1 + W_2 = 0 + \left[-p_2(V_2 - V_1)\right] = -nR(T_2 - T_1)$$

$$= \left[-2 \times 8.314 \times (800 - 400)\right] \text{ J} = -6.65 \text{ kJ}$$

$$Q = \Delta U - W = \left[20.78 - (-6.66)\right] \text{ kJ} = 27.44 \text{ kJ}$$

3.8 5 mol 单原子理想气体从始态 300 K，50 kPa，先绝热可逆压缩至 100 kPa，再恒压冷却使体积缩小至 85 dm³，求整个过程的 Q，W，ΔU，ΔH

及 ΔS。

解：单原子气体 $C_{V,\mathrm{m}} = (3/2)R$，$C_{p,\mathrm{m}} = (5/2)R$。

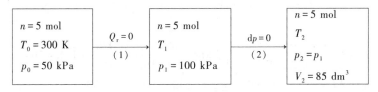

先确定温度 T_1，T_2。过程（1）为理想气体绝热可逆过程，根据绝热可逆方程，有

$$T_1 = T_0(p_1/p_0)^{R/C_{p,\mathrm{m}}} = 300\ \mathrm{K} \times \left(\frac{100\ \mathrm{kPa}}{50\ \mathrm{kPa}}\right)^{R/(2.5R)} = 395.85\ \mathrm{K}$$

$$T_2 = \frac{p_2 V_2}{nR} = \left(\frac{100 \times 85}{5 \times 8.314}\right)\ \mathrm{K} = 204.47\ \mathrm{K}$$

因此

$$\Delta U = nC_{V,\mathrm{m}}(T_2 - T_0) = [5 \times 1.5 \times 8.314 \times (204.47 - 300)]\ \mathrm{J} = -5.957\ \mathrm{kJ}$$

$$\Delta H = nC_{p,\mathrm{m}}(T_2 - T_0) = [5 \times 2.5 \times 8.314 \times (204.47 - 300)]\ \mathrm{J} = -9.928\ \mathrm{kJ}$$

因为 $Q_r = 0$，所以 $\Delta S_1 = 0$，则

$$\Delta S = \Delta S_1 + \Delta S_2 = \Delta S_2 = nC_{p,\mathrm{m}} \ln \frac{T_2}{T_1}$$

$$= \left(5 \times 2.5 \times 8.314 \times \ln \frac{204.47}{395.85}\right)\ \mathrm{J \cdot K^{-1}} = -68.654\ \mathrm{J \cdot K^{-1}}$$

$$Q = Q_1 + Q_2 = 0 + nC_{p,\mathrm{m}}(T_2 - T_1)$$

$$= [5 \times 2.5 \times 8.314 \times (204.47 - 395.85)]\ \mathrm{J} = -19.889\ \mathrm{kJ}$$

$$W = \Delta U - Q = (-5.957 + 19.889)\ \mathrm{J} = 13.932\ \mathrm{kJ}$$

3.9　始态 300 K，1 MPa 的单原子理想气体 2 mol，反抗 0.2 MPa 的恒定外压绝热不可逆膨胀至平衡态。求过程的 W，ΔU，ΔH 及 ΔS。

解：单原子气体 $C_{V,\mathrm{m}} = (3/2)R$，$C_{p,\mathrm{m}} = (5/2)R$。

试题分析

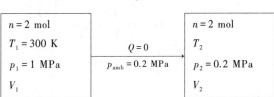

先确定末态温度 T_2。绝热过程 $Q=0$，$\Delta U=Q+W=W$，因此

$$nC_{V,\,m}(T_2-T_1)=-p_{amb}(V_2-V_1)=-(p_2V_2-p_2V_1)=-nRT_2+p_2\frac{nRT_1}{p_1}$$

所以　　$T_2=T_1\dfrac{C_{V,\,m}+R(p_2/p_1)}{C_{V,\,m}+R}=\left[300\times\dfrac{(3R/2)+R\times(0.2/1)}{(3R/2)+R}\right]\ K=204\ K$

$$W=\Delta U=nC_{V,\,m}(T_2-T_1)=[2\times1.5\times8.314\times(204-300)]\ J$$
$$=-2.394\ kJ$$

$$\Delta H=nC_{p,\,m}(T_2-T_1)=[2\times2.5\times8.314\times(204-300)]\ J$$
$$=-3.991\ kJ$$

$$\Delta S=nC_{p,\,m}\ln\frac{T_2}{T_1}+nR\ln\frac{p_1}{p_2}$$

$$=\left[2\times2.5\times8.314\times\ln\frac{204}{300}+2\times8.314\times\ln\frac{1}{0.2}\right]\ J\cdot K^{-1}$$

$$=10.73\ J\cdot K^{-1}$$

3.10　常压下将 100 g，27 ℃的水与 200 g，72 ℃的水在绝热容器中混合，求最终水温 t 及过程的熵变 ΔS。已知水的比定压热容 $c_p=4.184\ J\cdot g^{-1}\cdot K^{-1}$。

解： 过程图示如下。

混合过程恒压、绝热，所以

$$Q_p=\Delta H=\Delta H_1+\Delta H_2=m_1c_p(t-t_1)+m_2c_p(t-t_2)=0$$

末态温度　　$t=\dfrac{m_1t_1+m_2t_2}{m_1+m_2}=\left(\dfrac{200\times72+100\times27}{200+100}\right)\ ℃=57\ ℃$

混合过程的熵变

$$\Delta S=\Delta S_1+\Delta S_2=m_1c_p\ln\frac{T}{T_1}+m_2c_p\ln\frac{T}{T_2}=c_p\left(m_1\ln\frac{T}{T_1}+m_2\ln\frac{T}{T_2}\right)$$

$$=\left[4.184\times\left(200\times\ln\frac{273.15+57}{273.15+72}+100\times\ln\frac{273.15+57}{273.15+27}\right)\right]\ J\cdot K^{-1}$$

$$=2.68\ J\cdot K^{-1}$$

3.11 绝热恒容容器中有一绝热耐压隔板,隔板一侧为 2 mol 的 200 K, 50 dm³ 的单原子理想气体 A,另一侧为 3 mol 的 400 K,100 dm³ 的双原子理想气体 B。今将容器中的绝热隔板撤去,气体 A 与气体 B 混合达到平衡态。求过程的 ΔS。

解: 混合过程图示如下。

| 单原子理想气体 A
$n_A = 2$ mol
$T_{A1} = 200$ K
$V_{A1} = 50$ dm³ | 双原子理想气体 B
$n_B = 3$ mol
$T_{B1} = 400$ K
$V_{B1} = 100$ dm³ | $\xrightarrow[\substack{dV=0}]{Q=0}$ | 混合气体 A+B
$n_A = 2$ mol,$n_B = 3$ mol
T
$V = V_{A1} + V_{B1} = 150$ dm³ |

绝热恒容混合过程,所以

$$Q = 0, \quad W = 0, \quad \Delta U = Q + W = 0$$

即
$$\Delta U = n_A C_{V,m,A}(T - T_{A1}) + n_B C_{V,m,B}(T - T_{B1}) = 0$$

解出末态温度

$$T = \frac{n_A C_{V,m,A} T_{A1} + n_B C_{V,m,B} T_{B1}}{n_A C_{V,m,A} + n_B C_{V,m,B}}$$

$$= \left[\frac{2 \times (3R/2) \times 200 + 3 \times (5R/2) \times 400}{2 \times (3R/2) + 3 \times (5R/2)} \right] \text{K} = 342.86 \text{ K}$$

系统的熵变

$$\Delta S = \Delta S_A + \Delta S_B$$

$$= n_A C_{V,m,A} \ln \frac{T}{T_{A1}} + n_A R \ln \frac{V}{V_{A1}} + n_B C_{V,m,B} \ln \frac{T}{T_{B1}} + n_B R \ln \frac{V}{V_{B1}}$$

$$= \left(3 \times 8.314 \times \ln \frac{342.86}{200} + 2 \times 8.314 \times \ln \frac{150}{50} + 7.5 \times 8.314 \times \right.$$

$$\left. \ln \frac{342.86}{400} + 3 \times 8.314 \times \ln \frac{150}{100} \right) \text{J} \cdot \text{K}^{-1}$$

$$= 32.21 \text{ J} \cdot \text{K}^{-1}$$

3.12 绝热恒容容器中有一绝热耐压隔板,隔板两侧均为 $N_2(g)$。一侧容积 50 dm³,内有 200 K 的 $N_2(g)$ 2 mol;另一侧容积为 75 dm³,内有 500 K

的 $N_2(g)$ 4 mol；$N_2(g)$ 可认为是理想气体。今将容器中的绝热隔板撤去，使系统达到平衡态。求过程的 ΔS。

解：过程图示如下。

双原子理想气体 $N_2(g)$ 的 $C_{V,m}=(5/2)R$，$C_{p,m}=(7/2)R$。

先求系统的末态温度 T。绝热恒容过程 $Q=0$，$W=0$，$\Delta U=Q+W=0$，即

$$\Delta U=n_1 C_{V,m}(T-T_1)+n_2 C_{V,m}(T-T_2)=0$$

$$T=\left(\frac{2\times200+4\times500}{2+4}\right)\ \text{K}=400\ \text{K}$$

求解过程的 ΔS 有两种方法。

解法一：始态时，隔板两侧的压力为

$$p_1=\frac{n_1 RT_1}{V_1}=\left(\frac{2\times8.314\times200}{50\times10^{-3}}\right)\ \text{Pa}=66.512\ \text{kPa}$$

$$p_2=\frac{n_2 RT_2}{V_2}=\left(\frac{4\times8.314\times500}{75\times10^{-3}}\right)\ \text{Pa}=221.707\ \text{kPa}$$

末态时，$N_2(g)$ 的平衡压力为

$$p=\frac{nRT}{V}=\left(\frac{6\times8.314\times400}{125\times10^{-3}}\right)\ \text{Pa}=159.629\ \text{kPa}$$

两侧 $N_2(g)$ 的熵变

$$\Delta S_1=n_1 C_{p,m}\ln\frac{T}{T_1}-n_1 R\ln\frac{p}{p_1}$$

$$=\left(2\times3.5\times8.314\times\ln\frac{400}{200}-2\times8.314\times\ln\frac{159.629}{66.512}\right)\ \text{J}\cdot\text{K}^{-1}=25.782\ \text{J}\cdot\text{K}^{-1}$$

$$\Delta S_2=n_2 C_{p,m}\ln\frac{T}{T_2}-n_2 R\ln\frac{p}{p_2}$$

$$=\left(4\times3.5\times8.314\times\ln\frac{400}{500}-4\times8.314\times\ln\frac{159.629}{221.707}\right)\ \text{J}\cdot\text{K}^{-1}=-15.048\ \text{J}\cdot\text{K}^{-1}$$

整个系统的熵变

$$\Delta S = \Delta S_1 + \Delta S_2 = (25.782 - 15.048) \ \mathrm{J \cdot K^{-1}} = 10.734 \ \mathrm{J \cdot K^{-1}}$$

解法二:末态时,隔板两侧的两部分 $N_2(g)$ 各自所占的体积为

$$V_1' = \frac{n_1 RT}{p} = \left(\frac{2 \times 8.314 \times 400}{159.629 \times 10^{-3}} \right) \ \mathrm{m^3} = 41.667 \ \mathrm{dm^3}$$

$$V_2' = V - V_1' = (125 - 41.667) \ \mathrm{dm^3} = 83.333 \ \mathrm{dm^3}$$

两部分 $N_2(g)$ 各自的熵变

$$\Delta S_1 = n_1 C_{V,\mathrm{m}} \ln \frac{T}{T_1} + n_1 R \ln \frac{V_1'}{V_1}$$

$$= \left(2 \times 2.5 \times 8.314 \times \ln \frac{400}{200} + 2 \times 8.314 \times \ln \frac{41.667}{50} \right) \ \mathrm{J \cdot K^{-1}} = 25.783 \ \mathrm{J \cdot K^{-1}}$$

$$\Delta S_2 = n_2 C_{V,\mathrm{m}} \ln \frac{T}{T_2} + n_2 R \ln \frac{V_2'}{V_2}$$

$$= \left(4 \times 2.5 \times 8.314 \times \ln \frac{400}{500} + 4 \times 8.314 \times \ln \frac{83.333}{75} \right) \ \mathrm{J \cdot K^{-1}} = -15.048 \ \mathrm{J \cdot K^{-1}}$$

整个系统的熵变

$$\Delta S = \Delta S_1 + \Delta S_2 = (25.783 - 15.048) \ \mathrm{J \cdot K^{-1}} = 10.735 \ \mathrm{J \cdot K^{-1}}$$

3.13 甲醇(CH_3OH)在 101.325 kPa 下的沸点(正常沸点)为 64.65 ℃,在此条件下的摩尔蒸发焓 $\Delta_{\mathrm{vap}} H_{\mathrm{m}} = 35.32 \ \mathrm{kJ \cdot mol^{-1}}$。求在上述温度、压力条件下,1 kg 液态甲醇全部成为甲醇蒸气时的 $Q, W, \Delta U, \Delta H$ 及 ΔS。

试题分析

解:甲醇的摩尔质量 $M(CH_3OH) = 32.042 \ \mathrm{g \cdot mol^{-1}}$。甲醇在上述温度、压力条件下的相变为可逆相变,因此

$$Q_p = \Delta H = n \Delta_{\mathrm{vap}} H_{\mathrm{m}} = \left(\frac{1\ 000}{32.042} \times 35.32 \right) \ \mathrm{kJ} = 1\ 102.30 \ \mathrm{kJ}$$

$$W = -p \Delta V = -p [V(\mathrm{g}) - V(\mathrm{l})] \approx -p V(\mathrm{g}) = -p \frac{nRT}{p}$$

$$= \left[-\frac{1\ 000 \times 8.314 \times (64.65 + 273.15)}{32.042} \right] \ \mathrm{J} = -87.65 \ \mathrm{kJ}$$

$$\Delta U = Q + W = (1\ 102.30 - 87.65) \ \mathrm{kJ} = 1\ 014.65 \ \mathrm{kJ}$$

$$\Delta S = \frac{n\Delta_{\text{vap}}H_{\text{m}}}{T} = \frac{m}{M}\frac{\Delta_{\text{vap}}H_{\text{m}}}{T} = \left[\frac{1\ 000}{32.042} \times \frac{35.32 \times 10^3}{(64.65 + 273.15)}\right] \text{J} \cdot \text{K}^{-1} = 3.263\ \text{kJ} \cdot \text{K}^{-1}$$

试题分析

3.14 298.15 K，101.325 kPa 下，1 mol 过饱和水蒸气变为同温同压下的液态水。求此过程的 ΔS 及 ΔG。并判断此过程能否自发进行。已知 298.15 K 时水的饱和蒸气压为 3.166 kPa，质量蒸发焓为 2 217 J·g^{-1}。已知 298.15 K 时，液态水的密度为 997.05 kg·m^{-3}。

解：题给过程为恒温恒压不可逆相变过程，可通过设计下列可逆途径求算题给过程的状态函数变。

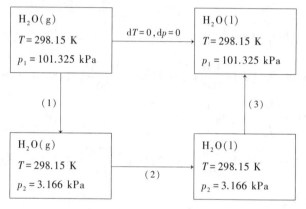

过程（1）是理想气体水蒸气的恒温变压过程，所以

$$\Delta S_1 = nR\ln\frac{p_1}{p_2} = \left(1 \times 8.314 \times \ln\frac{101.325}{3.166}\right)\ \text{J} \cdot \text{K}^{-1} = 28.82\ \text{J} \cdot \text{K}^{-1}$$

$$\Delta G_1 = \int_{p_1}^{p_2} V\text{d}p = \int_{p_1}^{p_2}\frac{nRT}{p}\text{d}p = nRT\ln\frac{p_2}{p_1}$$

$$= \left(1 \times 8.314 \times 298.15 \times \ln\frac{3.166}{101.325}\right)\ \text{J} = -8\ 591.3\ \text{J}$$

过程（2）是恒温恒压可逆相变过程，所以

$$\Delta S_2 = \frac{-n\Delta_{\text{vap}}H_{\text{m}}}{T} = \left(\frac{-18.015 \times 2\ 217}{298.15}\right)\ \text{J} \cdot \text{K}^{-1} = -133.96\ \text{J} \cdot \text{K}^{-1}$$

$$\Delta G_2 = 0$$

过程（3）是液态水的恒温变压过程，因压力变化小，可认为 $\Delta S_3 \approx 0$，所以

$$\Delta G_3 = \int_{p_2}^{p_1} V \mathrm{d}p = V_{\mathrm m}(p_1 - p_2) = \frac{M}{\rho}(p_1 - p_2)$$

$$= \left[\frac{18.015 \times 10^{-3}}{997.05} \times (101.325 - 3.166) \times 10^3 \right] \text{ J} = 1.774 \text{ J}$$

所以 $\quad \Delta S = \Delta S_1 + \Delta S_2 + \Delta S_3 = -105.17 \text{ J} \cdot \text{K}^{-1}$

$$\Delta G = \Delta G_1 + \Delta G_2 + \Delta G_3 = (-8\,591.3 + 0 + 1.774) \text{ J} = -8.590 \text{ kJ}$$

恒温恒压不可逆相变过程的 $\Delta G < 0$，故过程可以自动进行。

ΔG 的另一种计算方法：

由 $\qquad \Delta G = \Delta H - T\Delta S, \Delta H = \Delta H_1 + \Delta H_2 + \Delta H_3 \approx \Delta H_2, \Delta H_2 = T\Delta S_2$

可得 $\qquad \Delta G = T\Delta S_2 - T\Delta S = -T\Delta S_1 = (-28.82 \times 298.15) \text{ J} = -8.593 \text{ kJ}$

3.15 常压下冰的熔点为 0 ℃，比熔化焓 $\Delta_{\mathrm{fus}}h = 333.3 \text{ J} \cdot \text{g}^{-1}$，水和冰的比定压热容分别为 $c_p(\mathrm{H_2O}, l) = 4.184 \text{ J} \cdot \text{g}^{-1} \cdot \text{K}^{-1}$，$c_p(\mathrm{H_2O}, s) = 2.000 \text{ J} \cdot \text{g}^{-1} \cdot \text{K}^{-1}$。系统的始态为一绝热容器中的 1 kg，25 ℃的水及 0.5 kg，−10 ℃的冰。求系统达到平衡态后，过程的 ΔS。

解：经估算 $[m(s)\Delta_{\mathrm{fus}}h + m(s)c_p(0+10) > |m(l)c_p(0-25)|]$ 可知，系统的末态为 0 ℃的冰水混合物。设有质量为 m 的冰融化，则有

$$Q_p = m(s)c_p(s)[T_f - T(s)] + m\Delta_{\mathrm{fus}}h + m(l)c_p(l)[T_f - T(l)] = 0$$

$$m = \frac{m(l)c_p(l)[T(l) - T_f] - m(s)c_p(s)[T_f - T(s)]}{\Delta_{\mathrm{fus}}h}$$

$$= \left(\frac{1\,000 \times 4.184 \times 25 - 500 \times 2.000 \times 10}{333.3} \right) \text{ g} = 283.83 \text{ g}$$

$$\Delta S = m(s)c_p(s)\ln\frac{T_f}{T(s)} + \frac{m\Delta_{\mathrm{fus}}h}{T_f} + m(l)c_p(l)\ln\frac{T_f}{T(l)}$$

$$= \left(500 \times 2.000 \times \ln\frac{273.15}{263.15} + \frac{283.83 \times 333.3}{273.15} + 1\,000 \times \right.$$

$$\left. 4.184 \times \ln\frac{273.15}{298.15} \right) \text{ J} \cdot \text{K}^{-1}$$

$$= 17.21 \text{ J} \cdot \text{K}^{-1}$$

3.16 将装有 0.1 mol 乙醚 $(\mathrm{C_2H_5})_2\mathrm{O}(l)$ 的小玻璃瓶放入容积为 10 dm^3 的恒容密闭真空容器中，并在 35.51 ℃的恒温槽中恒温。已知乙醚的正常沸点为 35.51 ℃，此条件下乙醚的摩尔蒸发焓 $\Delta_{\mathrm{vap}}H_{\mathrm m} = 25.104 \text{ kJ} \cdot \text{mol}^{-1}$。今将

小玻璃瓶打破,乙醚蒸发至平衡态。求:

(1) 乙醚蒸气的压力;

(2) 过程的 $Q,\Delta U,\Delta H$ 及 ΔS。

解: 以 B 代表乙醚。

(1) 假设 B(l) 全部蒸发,则 B 蒸气的压力

$$p_2 = \frac{nRT}{V} = \left[\frac{0.1\times8.314\times(273.15+35.51)}{10\times10^{-3}}\right] \text{Pa} = 25.662 \text{ kPa} < 101.325 \text{ kPa}$$

假设合理,故乙醚蒸气的压力为 25.662 kPa。

(2) 题给过程的 ΔH 及 ΔS 需设计下列可逆途径计算。

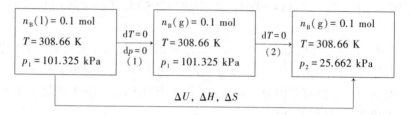

若不考虑压力变化对 B(l) 的焓、熵的影响,且将 B(g) 视为理想气体,则过程(2)的焓变为零,整个过程的焓变为

$$\Delta H = \Delta H_1 + \Delta H_2 = n\Delta_{\text{vap}}H_m + 0 = (0.1\times25.104) \text{ kJ} = 2.510\ 4 \text{ kJ}$$

过程恒容,$dV=0$,所以 $W=0$,$Q = \Delta U - W = \Delta U$,所以

$$\Delta U = \Delta H - \Delta(pV) = \Delta H - \left[(pV)_g - (pV)_l\right] \approx \Delta H - (pV)_g = \Delta H - n_g RT$$

$$= 2.510\ 4 \text{ kJ} - (0.1\times8.314\times308.66) \text{ J} = 2.253\ 8 \text{ kJ}$$

$$\Delta S = \Delta S_1 + \Delta S_2 = \frac{n\Delta_{\text{vap}}H_m}{T} + nR\ln\frac{p_1}{p_2}$$

$$= \left(\frac{0.1\times25.104\times10^3}{308.66} + 0.1\times8.314\times\ln\frac{101.325}{25.662}\right) \text{ J}\cdot\text{K}^{-1} = 9.275 \text{ J}\cdot\text{K}^{-1}$$

3.17 已知苯(C_6H_6)的正常沸点为 80.1 ℃,$\Delta_{\text{vap}}H_m = 30.878 \text{ kJ}\cdot\text{mol}^{-1}$。液体苯的摩尔定压热容为 $C_{p,m} = 142.7 \text{ J}\cdot\text{mol}^{-1}\cdot\text{K}^{-1}$。今将 40.53 kPa,80.1 ℃ 的苯蒸气 1 mol,先恒温可逆压缩至 101.325 kPa,并凝结成液态苯,再在恒压下将其冷却至 60 ℃。求整个过程的 $Q,W,\Delta U,\Delta H$ 及 ΔS。

解: 以 B 代表苯,B(g) 视为理想气体。题给过程表示为

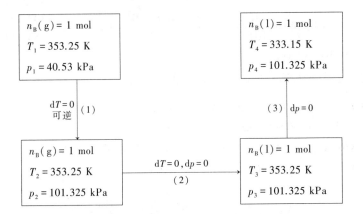

先计算体积功:

$$W_1 = nRT_1 \ln \frac{p_2}{p_1} = \left(1 \times 8.314 \times 353.25 \times \ln \frac{101.325}{40.53} \right) \text{ J} = 2.691 \text{ kJ}$$

$$W_2 = -p_{amb}(V_3 - V_2) = -p_3 V_3 + p_2 V_2 \approx p_2 V_2 = nRT_2$$
$$= (1 \times 8.314 \times 353.25) \text{ J} = 2.937 \text{ kJ} \quad (V_3 \text{ 相对于 } V_2 \text{ 很小,可忽略})$$

$$W_3 \approx 0 \quad (\text{液体的恒压变温过程})$$

所以　　　　　$$W = W_1 + W_2 + W_3 = (2.691 + 2.937 + 0) \text{ kJ} = 5.628 \text{ kJ}$$

计算过程的热:

$$Q_1 = \Delta U_1 - W_1 = (0 - 2.691) \text{ kJ} = -2.691 \text{ kJ}$$

$$Q_2 = \Delta H_2 = -n\Delta_{vap}H_m = (-1 \times 30.878) \text{ kJ} = -30.878 \text{ kJ}$$

$$Q_3 = nC_{p,m}(1)\Delta T = [1 \times 142.7 \times (60 - 80.1)] \text{ J} = -2.868 \text{ kJ}$$

所以　　　$$Q = Q_1 + Q_2 + Q_3 = (-2.691 - 30.878 - 2.868) \text{ kJ} = -36.437 \text{ kJ}$$

则　　　　$$\Delta U = W + Q = (5.628 - 36.437) \text{ kJ} = -30.809 \text{ kJ}$$

忽略液态苯的体积,计算焓变和熵变:

$$\Delta H = \Delta U + \Delta(pV) = \Delta U + (p_4 V_4 - p_1 V_1) \approx \Delta U - p_1 V_1 = \Delta U - n_g RT$$
$$= -30.809 \text{ kJ} - (1 \times 8.314 \times 353.25 \times 10^{-3}) \text{ kJ}$$
$$= -33.746 \text{ kJ}$$

$$\Delta S = \Delta S_1 + \Delta S_2 + \Delta S_3 = nR\ln \frac{p_1}{p_2} - \frac{n\Delta_{vap}H_m}{T_2} + nC_{p,m}(1)\ln \frac{T_4}{T_3}$$

$$=\left(1\times8.314\times\ln\frac{40.53}{101.325}-\frac{1\times30.878\times10^{3}}{353.25}+1\times142.7\times\ln\frac{333.15}{353.25}\right)\ \mathrm{J\cdot K^{-1}}$$

$$=-103.39\ \mathrm{J\cdot K^{-1}}$$

也可先算 ΔH,然后依次计算 $\Delta U,Q$:

$$\Delta H=\Delta H_{1}+\Delta H_{2}+\Delta H_{3}=0+Q_{p,2}+Q_{p,3}=-n\Delta_{\mathrm{vap}}H_{\mathrm{m}}+nC_{p,\mathrm{m}}(\mathrm{l})(T_{4}-T_{3})$$

$$=(-30.878-2.868)\ \mathrm{kJ}=-33.746\ \mathrm{kJ}$$

$$\Delta U=\Delta H-\Delta(pV)=\Delta H-p_{4}V_{4}+p_{1}V_{1}=\Delta H+p_{1}V_{1}=-30.809\ \mathrm{kJ}$$

$$Q=\Delta U-W=(-30.809-5.628)\ \mathrm{kJ}=-36.437\ \mathrm{kJ}$$

3.18 已知 $O_2(g)$ 的摩尔定压热容与温度的函数关系为

$$C_{p,\mathrm{m}}=[28.17+6.297\times10^{-3}(T/\mathrm{K})-0.749\,4\times10^{-6}(T/\mathrm{K})^{2}]\ \mathrm{J\cdot mol^{-1}\cdot K^{-1}}$$

且 25 ℃ 时 $O_2(g)$ 的标准摩尔熵 $S_{\mathrm{m}}^{\ominus}=205.138\ \mathrm{J\cdot mol^{-1}\cdot K^{-1}}$。求 $O_2(g)$ 在 100 ℃,50 kPa 下的摩尔规定熵 S_{m}。

解: 设 $O_2(g)$ 进行如下过程。

1 mol O_2(g)	1 mol O_2(g)
$T_1 = 298.15$ K	$T_2 = 373.15$ K
$p_1 = 100$ kPa	$p_2 = 50$ kPa

由公式 $\mathrm{d}S=\dfrac{nC_{p,\mathrm{m}}}{T}\mathrm{d}T-\dfrac{nR}{p}\mathrm{d}p$ 可得

$$\Delta S=\int_{T_1}^{T_2}\frac{C_{p,\mathrm{m}}}{T}\mathrm{d}T-R\ln\frac{p_2}{p_1}$$

将 $C_{p,\mathrm{m}}=[28.17+6.297\times10^{-3}(T/\mathrm{K})-0.749\,4\times10^{-6}(T/\mathrm{K})^{2}]\ \mathrm{J\cdot mol^{-1}\cdot K^{-1}}$ 及有关数据代入上式,对于 1 mol 物质,有

$$\Delta S=\int_{298.15\ \mathrm{K}}^{373.15\ \mathrm{K}}\frac{C_{p,\mathrm{m}}}{T}\mathrm{d}T-R\ln\frac{p_2}{p_1}$$

$$=\left[28.17\times\ln\frac{373.15}{298.15}+6.297\times10^{-3}\times75-\right.$$

$$\left.\frac{0.749\,4\times10^{-6}}{2}\times(373.15^{2}-298.15^{2})\right]\ \mathrm{J\cdot mol^{-1}\cdot K^{-1}}-R\ln\frac{50}{100}$$

$$=12.537\ \mathrm{J\cdot mol^{-1}\cdot K^{-1}}$$

所以 $S_{\mathrm{m}}=S_{\mathrm{m}}^{\ominus}+\Delta S=(205.138+12.537)\ \mathrm{J\cdot mol^{-1}\cdot K^{-1}}=217.675\ \mathrm{J\cdot mol^{-1}\cdot K^{-1}}$

3.19 已知 25 ℃时,液态水的标准摩尔生成吉布斯函数 $\Delta_f G_m^{\ominus}(H_2O,l)=$ $-237.129\ kJ\cdot mol^{-1}$,饱和蒸气压 $p^*=3.166\ 3\ kPa$。求 25 ℃时水蒸气的标准摩尔生成吉布斯函数。

解:设计恒温条件下的可逆相变过程,如下所示。

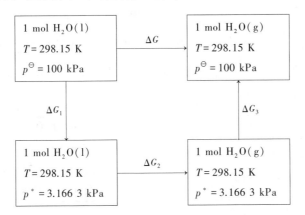

则　　　$\Delta_f G_m^{\ominus}(H_2O,g)-\Delta_f G_m^{\ominus}(H_2O,l)=\Delta G=\Delta G_1+\Delta G_2+\Delta G_3$

$\Delta G_2=0$　(恒温恒压可逆相变)

$$\Delta G_1=\int_{p^{\ominus}}^{p^*}V_m(l)\,dp\approx 0\quad [\,V_m(g)\gg V_m(l)\,]$$

$$\Delta G_3=\int_{p^*}^{p^{\ominus}}V_m(g)\,dp=\int_{p^*}^{p^{\ominus}}\frac{RT}{p}\,dp=RT\ln\frac{p^{\ominus}}{p^*}$$

$$=\left(8.314\times298.15\times\ln\frac{100}{3.166\ 3}\right)\ J\cdot mol^{-1}=8.558\ kJ\cdot mol^{-1}$$

于是

$$\Delta_f G_m^{\ominus}(H_2O,g)=\Delta_f G_m^{\ominus}(H_2O,l)+\Delta G$$
$$=(-237.129+8.558)\ kJ\cdot mol^{-1}=-228.571\ kJ\cdot mol^{-1}$$

3.20 100 ℃的恒温槽中有一带活塞的导热圆筒,筒中为 2 mol $N_2(g)$ 及装于小玻璃瓶中的 3 mol $H_2O(l)$。环境的压力即系统的压力维持 120 kPa 不变。今将小玻璃瓶打碎,液态水蒸发至平衡态。求过程的 $Q,W,\Delta U,\Delta H$, $\Delta S,\Delta A$ 及 ΔG。

已知:水在 100 ℃时的饱和蒸气压 $p^*=101.325\ kPa$,在此条件下水的摩尔蒸发焓 $\Delta_{vap}H_m=40.668\ kJ\cdot mol^{-1}$。

解:将气相看成理想气体。假设水全部蒸发,则系统末态 $H_2O(g)$ 的摩

尔分数为 $3/5=0.6$，$H_2O(g)$ 的分压为

$$p_2(H_2O)=y(H_2O)p=(0.6\times120)\ \text{kPa}=72\ \text{kPa}<101.325\ \text{kPa}$$

所以假设合理。系统末态 $H_2O(g)$ 的分压为 72 kPa。

$$p=p_{amb}=120\ \text{kPa}$$

$$W=-p(V_2-V_1)=-\Delta n(g)RT=(-3\times8.314\times373.15)\ \text{J}=-9.307\ \text{kJ}$$

因为水的蒸发是不可逆相变，所以需要设计如下可逆途径计算全过程状态函数的变化。

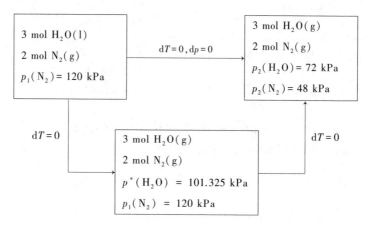

$$\text{d}p=0$$

$$Q_p=\Delta H=\Delta H(H_2O)+\Delta H(N_2)=\Delta H_1(H_2O)=n(H_2O)\Delta_{vap}H_m$$

$$=(3\times40.668)\ \text{kJ}=122.004\ \text{kJ}$$

$$\Delta U=Q+W=112.697\ \text{kJ}$$

$$\Delta S=\Delta S(H_2O)+\Delta S(N_2)=\Delta S_1(H_2O)+\Delta S_2(H_2O)+\Delta S_2(N_2)$$

$$=\frac{\Delta H_1(H_2O)}{T}-n(H_2O)R\ln\frac{p_2(H_2O)}{p^*(H_2O)}-n(N_2)R\ln\frac{p_2(N_2)}{p_1(N_2)}$$

$$=\left(\frac{122.004\times10^3}{373.15}-3\times8.314\times\ln\frac{72}{101.325}-2\times8.314\times\ln\frac{48}{120}\right)\ \text{J}\cdot\text{K}^{-1}$$

$$=350.71\ \text{J}\cdot\text{K}^{-1}$$

$$\Delta G=\Delta H-\Delta(TS)=\Delta H-T\Delta S=(122.004\times10^3-373.15\times350.71)\ \text{J}$$

$$= -8.863 \text{ kJ}$$

$$\Delta A = \Delta U - \Delta(TS) = \Delta U - T\Delta S = (112.697 \times 10^3 - 373.15 \times 350.71) \text{ J}$$

$$= -18.170 \text{ kJ}$$

3.21 已知水在 100 ℃ 时的饱和蒸气压为 101.325 kPa,此条件下水的摩尔蒸发焓 $\Delta_{\text{vap}} H_{\text{m}} = 40.668 \text{ kJ} \cdot \text{mol}^{-1}$。在置于 100 ℃ 恒温槽中的容积为 100 dm³ 的密闭容器中,有压力 120 kPa 的过饱和水蒸气。此状态为亚稳态。今过饱和蒸气失稳,部分凝结成液态水达到热力学稳定的平衡态。求过程的 $Q, \Delta U, \Delta H, \Delta S, \Delta A$ 及 ΔG。

解: 始态 100 ℃,120 kPa 的过饱和水蒸气,在 T, V 恒定条件下失稳后水蒸气将部分变为液态水,直到末态水蒸气压力等于 101.325 kPa。此过程为不可逆相变,需设计可逆途径,求过程的热力学函数变。

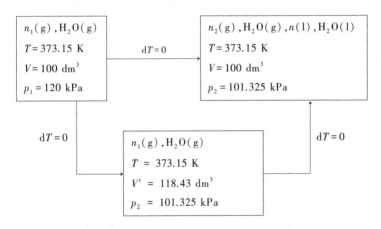

$$n_1(\text{g}) = \frac{p_1 V}{RT} = \left(\frac{120 \times 100}{373.15 \times 8.314} \right) \text{mol} = 3.868 \text{ mol}$$

$$n(\text{l}) = \frac{V}{RT}(p_1 - p_2) = \left[\frac{100 \times 10^{-3}}{373.15 \times 8.314} \times (120 - 101.325) \times 10^3 \right] \text{mol}$$

$$= 0.602 \text{ mol}$$

$$\Delta H = \Delta H_1 + \Delta H_2 = \Delta H_2 = -n(\text{l}) \Delta_{\text{vap}} H_{\text{m}} = (-0.602 \times 40.668) \text{ kJ} = -24.482 \text{ kJ}$$

$$\Delta S = \Delta S_1 + \Delta S_2 = -n_1(\text{g}) R \ln \frac{p_2}{p_1} + \frac{\Delta H_2}{T}$$

$$= \left(-3.868 \times 8.314 \times \ln \frac{101.325}{120} - \frac{24.482 \times 10^3}{373.15} \right) \text{ J} \cdot \text{K}^{-1} = -60.169 \text{ J} \cdot \text{K}^{-1}$$

$$Q_V = \Delta U = \Delta H - \Delta(pV) = \Delta H - V\Delta p$$
$$= [\,-24.482\times10^3 - 100\times10^{-3}\times(101.325-120)\times10^3\,]\ \text{J} = -22.614\ \text{kJ}$$
$$\Delta G = \Delta H - \Delta(TS) = (-24.482\times10^3 + 373.15\times60.169)\ \text{J} = -2.030\ \text{kJ}$$
$$\Delta A = \Delta U - \Delta(TS) = (-22.614\times10^3 + 373.15\times60.169)\ \text{J} = -0.162\ \text{kJ}$$

也可用下列方法求 ΔA 及 ΔG:

$$\Delta G = \Delta G_1 + \Delta G_2 = \Delta G_1 = n_1(\text{g})RT\ln\frac{p_2}{p_1} = -2.030\ \text{kJ}$$
$$\Delta A = \Delta G - \Delta(pV) = [\,-2\,030 - 100\times(101.325-120)\,]\ \text{J} = -0.162\ \text{kJ}$$

3.22 已知在 100 kPa 下水的凝固点为 0 ℃,在 -5 ℃时,过冷水的比凝固焓 $\Delta_1^s h = -322.4\ \text{J}\cdot\text{g}^{-1}$,过冷水和冰的饱和蒸气压分别为 $p^*(\text{H}_2\text{O},\text{l}) = 0.422\ \text{kPa}$ 及 $p^*(\text{H}_2\text{O},\text{s}) = 0.414\ \text{kPa}$。今在 100 kPa 下,有 -5 ℃ 1 kg 的过冷水变为同样温度、压力下的冰,设计可逆途径,分别按可逆途径计算过程的 ΔS 及 ΔG。

解: 设计可逆途径如下。

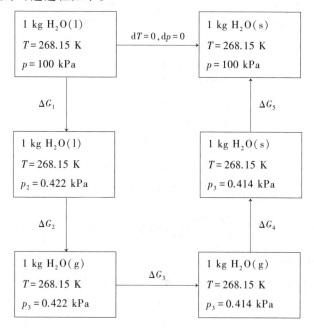

第二步、第四步为可逆相变,$\Delta G_2 = \Delta G_4 = 0$,第一步、第五步为凝聚相的恒温变压过程,$\Delta G_1 \approx 0$,$\Delta G_5 \approx 0$,因此

$$\Delta G = \Delta G_1 + \Delta G_2 + \Delta G_3 + \Delta G_4 + \Delta G_5 = \Delta G_3 = nRT\ln\frac{p_3}{p_2}$$

$$= \left(\frac{1\ 000}{18.02}\times 268.15\times 8.314\times\ln\frac{0.414}{0.422}\right) J = -2.368\ kJ$$

$$\Delta S = \frac{1}{T}(\Delta H - \Delta G)$$

$$= \left(\frac{-1\ 000\times 322.4 + 2.368\times 10^3}{268.15}\right) J\cdot K^{-1} = -1.193\ kJ\cdot K^{-1}$$

3.23 化学反应如下：

$$CH_4(g) + CO_2(g) \Longrightarrow 2CO(g) + 2H_2(g)$$

（1）利用教材附录中各物质的 $S_m^\ominus, \Delta_f H_m^\ominus$ 数据，求上述反应在 25 ℃ 时的 $\Delta_r S_m^\ominus, \Delta_r G_m^\ominus$；

（2）利用教材附录中各物质的 $\Delta_f G_m^\ominus$ 数据，计算上述反应在 25 ℃ 时的 $\Delta_r G_m^\ominus$；

（3）25 ℃，若始态 $CH_4(g)$ 和 $H_2(g)$ 的分压均为 150 kPa，末态 $CO(g)$ 和 $H_2(g)$ 的分压均为 50 kPa，求反应的 $\Delta_r S_m, \Delta_r G_m$。

解：（1）利用 $S_m^\ominus, \Delta_f H_m^\ominus$ 数据计算 $\Delta_r S_m^\ominus, \Delta_r G_m^\ominus$。

$$\Delta_r S_m^\ominus = \sum_B \nu_B S_m^\ominus(B)$$

$$= (2\times 197.674 + 2\times 130.684 - 213.74 - 186.264)\ J\cdot mol^{-1}\cdot K^{-1}$$

$$= 256.712\ J\cdot mol^{-1}\cdot K^{-1}$$

$$\Delta_r H_m^\ominus = \sum_B \nu_B \Delta_f H_m^\ominus(B) = (-2\times 110.525 + 393.509 + 74.81)\ kJ\cdot mol^{-1}$$

$$= 247.269\ kJ\cdot mol^{-1}$$

$$\Delta_r G_m^\ominus = \Delta_r H_m^\ominus - T\Delta_r S_m^\ominus = (247.269\times 10^3 - 298.15\times 256.712)\ J\cdot mol^{-1}$$

$$= 170.730\ kJ\cdot mol^{-1}$$

（2）利用 $\Delta_f G_m^\ominus$ 数据计算 25 ℃ 时的 $\Delta_r G_m^\ominus$。

$$\Delta_r G_m^\ominus = \sum_B \nu_B \Delta_f G_m^\ominus(B) = (-2\times 137.168 + 394.359 + 50.72)\ kJ\cdot mol^{-1}$$

$$= 170.743\ kJ\cdot mol^{-1}$$

（3）设计以下途径：

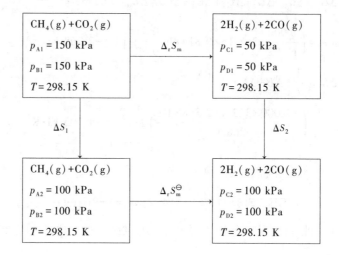

故 $$\Delta_r S_m = \Delta_r S_m^{\ominus} + \Delta S_1 - \Delta S_2$$

$$\Delta S_1 = -n_A R \ln \frac{p_{A2}}{p_{A1}} - n_B R \ln \frac{p_{B2}}{p_{B1}}$$

$$= \left(-2 \times 8.314 \times \ln \frac{100}{150} \right) \text{ J} \cdot \text{mol}^{-1} \cdot \text{K}^{-1} = 6.742\ 1 \text{ J} \cdot \text{mol}^{-1} \cdot \text{K}^{-1}$$

$$\Delta S_2 = -n_C R \ln \frac{p_{C2}}{p_{C1}} - n_D R \ln \frac{P_{D2}}{P_{D1}}$$

$$= \left(-4 \times 8.314 \times \ln \frac{100}{50} \right) \text{ J} \cdot \text{mol}^{-1} \cdot \text{K}^{-1} = -23.051\ 3 \text{ J} \cdot \text{mol}^{-1} \cdot \text{K}^{-1}$$

所以

$$\Delta_r S_m = \Delta_r S_m^{\ominus} + \Delta S_1 - \Delta S_2$$

$$= (256.712 + 6.742\ 1 + 23.051\ 3) \text{ J} \cdot \text{mol}^{-1} \cdot \text{K}^{-1} = 286.505 \text{ J} \cdot \text{mol}^{-1} \cdot \text{K}^{-1}$$

同理 $$\Delta_r H_m = \Delta_r H_m^{\ominus} + \Delta H_1 - \Delta H_2$$

理想气体的焓只是温度的函数，与压力无关，所以 $\Delta H_1 = \Delta H_2 = 0$。

$$\Delta_r H_m = \Delta_r H_m^{\ominus} = 247.269 \text{ kJ} \cdot \text{mol}^{-1}$$

$$\Delta_r G_m = \Delta_r H_m - T \Delta_r S_m$$

$$= (247.269 \times 10^3 - 298.15 \times 286.505) \text{ J} \cdot \text{mol}^{-1} = 161.848 \text{ kJ} \cdot \text{mol}^{-1}$$

3.24 求证：

（1）$dH = nC_{p,m}dT + \left[V - T\left(\dfrac{\partial V}{\partial T}\right)_p\right]dp$

（2）对理想气体 $\left(\dfrac{\partial H}{\partial p}\right)_T = 0$

证：（1）根据题给方程设：$H = f(T, p)$

$$dH = \left(\frac{\partial H}{\partial T}\right)_p dT + \left(\frac{\partial H}{\partial p}\right)_T dp$$

由热力学基本方程 $dH = TdS + Vdp$，可得

$$\left(\frac{\partial H}{\partial p}\right)_T = T\left(\frac{\partial S}{\partial p}\right)_T + V$$

由麦克斯韦关系式 $\left(\dfrac{\partial S}{\partial p}\right)_T = -\left(\dfrac{\partial V}{\partial T}\right)_p$ 及 $\left(\dfrac{\partial H}{\partial T}\right)_p = nC_{p,m}$，得

$$dH = nC_{p,m}dT + \left[V - T\left(\frac{\partial V}{\partial T}\right)_p\right]dp$$

得证。

（2）对理想气体有 $\left(\dfrac{\partial V}{\partial T}\right)_p = \dfrac{nR}{p}$，再结合（1）的结果，得

$$\left(\frac{\partial H}{\partial p}\right)_T = V - T\left(\frac{\partial V}{\partial T}\right)_p = V - \frac{nRT}{p} = 0$$

3.25 证明：

（1）$dS = \dfrac{nC_{V,m}}{T}\left(\dfrac{\partial T}{\partial p}\right)_V dp + \dfrac{nC_{p,m}}{T}\left(\dfrac{\partial T}{\partial V}\right)_p dV$

（2）对理想气体 $dS = nC_{V,m}d\ln p + nC_{p,m}d\ln V$

证：（1）根据题给方程设：$S = f(p, V)$，则

$$dS = \left(\frac{\partial S}{\partial p}\right)_V dp + \left(\frac{\partial S}{\partial V}\right)_p dV$$

$$\left(\frac{\partial S}{\partial p}\right)_V = \left(\frac{\partial S}{\partial T}\right)_V \left(\frac{\partial T}{\partial p}\right)_V = \frac{nC_{V,m}}{T}\left(\frac{\partial T}{\partial p}\right)_V$$

$$\left(\frac{\partial S}{\partial V}\right)_p = \left(\frac{\partial S}{\partial T}\right)_p \left(\frac{\partial T}{\partial V}\right)_p = \frac{nC_{p,m}}{T}\left(\frac{\partial T}{\partial V}\right)_p$$

所以
$$dS = \left(\frac{\partial S}{\partial p}\right)_V dp + \left(\frac{\partial S}{\partial V}\right)_p dV = \frac{nC_{V,m}}{T}\left(\frac{\partial T}{\partial p}\right)_V dp + \frac{nC_{p,m}}{T}\left(\frac{\partial T}{\partial V}\right)_p dV$$

（2）对于理想气体：$\left(\dfrac{\partial T}{\partial p}\right)_V = \dfrac{V}{nR} = \dfrac{T}{p}$；$\left(\dfrac{\partial T}{\partial V}\right)_p = \dfrac{p}{nR} = \dfrac{T}{V}$

所以
$$dS = nC_{V,m}\frac{1}{p}dp + nC_{p,m}\frac{1}{V}dV = nC_{V,m}d\ln p + nC_{p,m}d\ln V$$

3.26 求证：

（1） $dS = \dfrac{nC_{V,m}}{T}dT + \left(\dfrac{\partial p}{\partial T}\right)_V dV$

（2）对范德华气体，且 $C_{V,m}$ 为定值时，绝热可逆过程方程式为

$$T^{C_{V,m}}(V_m - b)^R = 常数$$

$$\left(p + \frac{a}{V_m^2}\right)^{C_{V,m}}(V_m - b)^{C_{V,m}+R} = 常数$$

提示：绝热可逆过程 $\Delta S = 0$。

证：（1）根据题给方程设 $S = f(T, V)$，则

$$dS = \left(\frac{\partial S}{\partial T}\right)_V dT + \left(\frac{\partial S}{\partial V}\right)_T dV = \frac{nC_{V,m}}{T}dT + \left(\frac{\partial S}{\partial V}\right)_T dV$$

结合麦克斯韦关系式 $\left(\dfrac{\partial S}{\partial V}\right)_T = \left(\dfrac{\partial p}{\partial T}\right)_V$，得

$$dS = \frac{nC_{V,m}}{T}dT + \left(\frac{\partial p}{\partial T}\right)_V dV$$

（2）对于范德华气体，有 $(p + a/V_m^2)(V_m - b) = RT$，则 $\left(\dfrac{\partial p}{\partial T}\right)_{V_m} = \dfrac{R}{V_m - b}$

故
$$dS_m = \frac{C_{V,m}}{T}dT + \left(\frac{\partial p}{\partial T}\right)_{V_m} dV_m = \frac{C_{V,m}}{T}dT + \frac{R}{V_m - b}dV_m$$

绝热可逆过程 $dS = 0$，因此

$$\frac{C_{V,m}}{T}dT + \left(\frac{\partial p}{\partial T}\right)_{V_m} dV_m = 0$$

即
$$C_{V,m}d\ln T + Rd\ln(V_m - b) = 0$$

上式积分可得
$$T_1^{C_{V,m}}(V_{m,1} - b)^R = T_2^{C_{V,m}}(V_{m,2} - b)^R$$

即
$$T^{C_{V,m}}(V_m - b)^R = 常数$$

根据范德华方程
$$T = \frac{(p + a/V_m^2)(V_m - b)}{R}$$

所以
$$(p + a/V_m^2)^{C_{V,m}}(V_m - b)^{C_{V,m}+R} = 常数$$

3.27 证明

（1）焦耳-汤姆逊系数

$$\mu_{J-T} = \frac{1}{C_{p,m}}\left[T\left(\frac{\partial V_m}{\partial T}\right)_p - V_m\right]$$

（2）对理想气体 $\mu_{J-T} = 0$

证：（1）设 $H = f(T, p)$，有

$$dH = \left(\frac{\partial H}{\partial T}\right)_p dT + \left(\frac{\partial H}{\partial p}\right)_T dp$$

节流膨胀过程 $dH = 0$，则

$$\mu_{J-T} = \left(\frac{\partial T}{\partial p}\right)_H = \frac{-\left(\frac{\partial H}{\partial p}\right)_T}{\left(\frac{\partial H}{\partial T}\right)_p} = -\frac{1}{nC_{p,m}}\left(\frac{\partial H}{\partial p}\right)_T = -\frac{1}{nC_{p,m}}\left[T\left(\frac{\partial S}{\partial p}\right)_T + V\right]$$

$$= -\frac{1}{nC_{p,m}}\left[V - T\left(\frac{\partial V}{\partial T}\right)_p\right] = \frac{1}{C_{p,m}}\left[T\left(\frac{\partial V_m}{\partial T}\right)_p - V_m\right]$$

注：$\left(\frac{\partial H}{\partial p}\right)_T = V - T\left(\frac{\partial V}{\partial T}\right)_p$ 的证明见习题 3.24（1）。

（2）对理想气体，有 $T\left(\frac{\partial V_m}{\partial T}\right)_p = T\frac{R}{p} = V_m$

所以
$$\mu_{J-T} = \frac{1}{C_{p,m}}\left[T\left(\frac{\partial V_m}{\partial T}\right)_p - V_m\right] = 0$$

3.28 已知水在 77 ℃时的饱和蒸气压为 41.891 kPa。水在 101.325 kPa 下的正常沸点为 100 ℃。求：

（1）下面表示水的蒸气压与温度关系的方程式中的 A 和 B 值：

$$\lg(p/\mathrm{Pa}) = -A/T + B$$

（2）在此温度范围内水的摩尔蒸发焓；

（3）在多大压力下水的沸点为 105 ℃。

解：（1）将水在 77 ℃和 100 ℃时的饱和蒸气压代入题给方程得

$$\lg(41.891\times10^3)=-\frac{A}{350.15\text{ K}}+B;\quad \lg(101.325\times10^3)=-\frac{A}{373.15\text{ K}}+B$$

则　　　　　　　　　　　$A=2\ 179.133\text{ K}；\quad B=10.846$

（2）根据克劳修斯-克拉佩龙方程：$\ln p=-\dfrac{\Delta_{\text{vap}}H_{\text{m}}}{RT}+C$

并与（1）中方程对比，则　　　$\dfrac{\Delta_{\text{vap}}H_{\text{m}}}{RT}=\dfrac{A\times2.303}{T}$

$$\Delta_{\text{vap}}H_{\text{m}}=2.303RA=(2.303\times8.314\times2\ 179.133)\text{ J}\cdot\text{mol}^{-1}=41.724\text{ kJ}\cdot\text{mol}^{-1}$$

（3）将水的沸点为 105 ℃，即 $T=378.15$ K 以及参数 A,B 数值代入题给方程，有

$$\lg(p/\text{Pa})=-\frac{2\ 179.133}{378.15}+10.846,\quad p=121.060\text{ kPa}$$

试题分析

3.29　水（H_2O）和氯仿（$CHCl_3$）在 101.325 kPa 下的正常沸点分别为 100 ℃和 61.5 ℃，摩尔蒸发焓分别为 $\Delta_{\text{vap}}H_{\text{m}}(H_2O)=40.668$ kJ·mol^{-1} 和 $\Delta_{\text{vap}}H_{\text{m}}(CHCl_3)=29.50$ kJ·mol^{-1}。求两液体具有相同饱和蒸气压时的温度。

解：设它们具有相同饱和蒸气压时的温度为 T，根据克劳修斯-克拉佩龙方程：

H_2O　　　　　$\ln\dfrac{p}{101.325\times10^3}=-\dfrac{40.668\times10^3}{R}\left(\dfrac{1}{T}-\dfrac{1}{373.15}\right)$

$CHCl_3$　　　　$\ln\dfrac{p}{101.325\times10^3}=-\dfrac{29.50\times10^3}{R}\left(\dfrac{1}{T}-\dfrac{1}{334.65}\right)$

两者具有相同的饱和蒸气压，即

$$-\frac{40.668\times10^3}{R}\left(\frac{1}{T}-\frac{1}{373.15}\right)=-\frac{29.50\times10^3}{R}\left(\frac{1}{T}-\frac{1}{334.65}\right)$$

解得　　　　　　　　　$T=536.05\text{ K}=262.9\ ℃$

第四章　多组分系统热力学

第1节　概念、主要公式及其适用条件

1. 偏摩尔量

$$X_B = \left(\frac{\partial X}{\partial n_B}\right)_{T,p,n_C}$$

式中，X 为广度量，如 $V,U,S,\cdots$；n_C 表示除了组分 B 以外其余各组分的物质的量均不变。

全微分式：　$dX = \left(\frac{\partial X}{\partial T}\right)_{p,n_B} dT + \left(\frac{\partial X}{\partial p}\right)_{T,n_B} dp + \sum_B X_B dn_B$

加和公式：　　　　　$X = \sum_B n_B X_B$

2. 吉布斯-杜亥姆方程

在 T,p 一定的条件下，$\sum_B n_B dX_B = 0$　　或　　$\sum_B x_B dX_B = 0$

式中，x_B 为 B 的摩尔分数；X_B 为 B 的偏摩尔量。

当二组分混合物的组成发生微小变化时，若一组分的偏摩尔量增加，另一组分的偏摩尔量必将减少。

3. 偏摩尔量间的关系

广度热力学函数间原有的关系在广度量分别取了其偏摩尔量后依然成立。

例：　　　　$H = U + pV$　　$\rightarrow$　　$H_B = U_B + pV_B$

　　　　　　$A = U - TS$　　$\rightarrow$　　$A_B = U_B - TS_B$

　　　　　　$G = H - TS$　　$\rightarrow$　　$G_B = H_B - TS_B$

$$\left(\frac{\partial G}{\partial p}\right)_T = V \quad \Rightarrow \quad \left(\frac{\partial G_B}{\partial p}\right)_T = V_B$$

$$\left(\frac{\partial G}{\partial T}\right)_p = -S \quad \Rightarrow \quad \left(\frac{\partial G_B}{\partial T}\right)_p = -S_B$$

4. 化学势

$$\mu_B = G_B = \left(\frac{\partial G}{\partial n_B}\right)_{T,p,n_C}$$

纯物质的化学势就等于其摩尔吉布斯函数。

5. 单相多组分系统的热力学基本方程

$$dU = TdS - pdV + \sum_B \mu_B dn_B$$

$$dH = TdS + Vdp + \sum_B \mu_B dn_B$$

$$dA = -SdT - pdV + \sum_B \mu_B dn_B$$

$$dG = -SdT + Vdp + \sum_B \mu_B dn_B$$

方程适用条件:处于热平衡、力平衡及非体积功为零的系统。

$$\mu_B = \left(\frac{\partial U}{\partial n_B}\right)_{S,V,n_C} = \left(\frac{\partial H}{\partial n_B}\right)_{S,p,n_C} = \left(\frac{\partial A}{\partial n_B}\right)_{T,V,n_C} = \left(\frac{\partial G}{\partial n_B}\right)_{T,p,n_C}$$

按照定义,上述四个偏导数中,只有 $\left(\dfrac{\partial G}{\partial n_B}\right)_{T,p,n_C}$ 为偏摩尔量。

6. 化学势判据

在 T,p 或 T,V 恒定,且 $W'=0$ 的条件下,

$$\sum_\alpha \sum_B \mu_{B(\alpha)} dn_{B(\alpha)} \leqslant 0 \quad \left(\begin{matrix} < \text{自发} \\ = \text{平衡} \end{matrix}\right)$$

式中,$\sum\limits_\alpha$ 指多相共存;$\mu_{B(\alpha)}$ 指 α 相内 B 物质的化学势。

7. 气体组分在温度 T、压力 p 时的化学势

（1）纯理想气体的化学势

$$\mu^*(\text{pg}) = \mu^{\ominus}(\text{g}) + RT\ln\frac{p}{p^{\ominus}}$$

（2）理想气体混合物中任一组分 B 的化学势

$$\mu_{B(pg)} = \mu_{B(g)}^{\ominus} + RT\ln\frac{p_B}{p^{\ominus}}$$

式中，$p_B = py_B$ 为组分 B 的分压。

（3）纯真实气体的化学势

$$\mu^*(g) = \mu^{\ominus}(g) + RT\ln\frac{p}{p^{\ominus}} + \int_0^p\left[V_m^*(g) - \frac{RT}{p}\right]dp$$

式中，$V_m^*(g)$ 为纯真实气体的摩尔体积。

低压下的真实气体可视为理想气体，故积分项为零。

（4）真实气体混合物中任一组分 B 的化学势

$$\mu_{B(g)} = \mu_{B(g)}^{\ominus} + RT\ln\frac{p_B}{p^{\ominus}} + \int_0^p\left[V_{B(g)} - \frac{RT}{p}\right]dp$$

式中，$V_{B(g)}$ 为真实气体混合物中组分 B 在温度 T、总压 p 下的偏摩尔体积。

低压下的真实气体混合物可视为理想气体混合物，故积分项为零。

8. 稀溶液中的经验定律（对非电解质溶液）

（1）拉乌尔定律

稀溶液中溶剂的蒸气压等于同一温度下纯溶剂的饱和蒸气压与溶液中溶剂的摩尔分数的乘积。

$$p_A = p_A^* x_A$$

式中，p_A^* 为纯溶剂 A 的饱和蒸气压；p_A 为稀溶液中溶剂 A 的蒸气压；x_A 为稀溶液中溶剂 A 的摩尔分数。

此式适用于理想液态混合物中的任一组分或理想稀溶液中的溶剂 A。

（2）亨利定律

一定温度下，稀溶液中挥发性溶质在气相中的平衡分压与其在溶液中的摩尔分数（或质量摩尔浓度、物质的量浓度）成正比。

$$p_B = k_{x,B}x_B = k_{b,B}b_B = k_{c,B}c_B$$

式中，p_B 为稀溶液中挥发性溶质 B 在气相中的分压；$k_{x,B}$，$k_{b,B}$，$k_{c,B}$ 为用不同浓度单位表示时的亨利系数，其数值和单位均不同；x_B，b_B，c_B 为用不同浓度单位表示时的溶液浓度。

此式适用于理想稀溶液中的溶质。

9. 理想液态混合物及理想液态混合物中任一组分 B 的化学势

理想液态混合物定义：任一组分在全部浓度范围内均符合拉乌尔定律的液态混合物。

理想液态混合物中任一组分 B 的化学势

$$\mu_{B(1)} = \mu_{B(1)}^{*} + RT\ln x_{B}$$

式中，$\mu_{B(1)}^{*}$ 为纯液体 B 在温度 T、压力 p 下的化学势。

若纯液体在温度 T、压力 $p^{\ominus}$ 下的标准化学势为 $\mu_{B(1)}^{\ominus}$，则 p 与 $p^{\ominus}$ 相差不大时，有

$$\mu_{B(1)}^{*} = \mu_{B(1)}^{\ominus} + \int_{p^{\ominus}}^{p} V_{m,B(1)}^{*} \, \mathrm{d}p \approx \mu_{B(1)}^{\ominus}$$

则

$$\mu_{B(1)} = \mu_{B(1)}^{\ominus} + RT\ln x_{B}$$

式中，$V_{m,B(1)}^{*}$ 为纯液体 B 在温度 T、压力 p 下的摩尔体积。

10. 理想液态混合物的混合性质

$$\Delta_{mix} V = 0$$

$$\Delta_{mix} H = 0$$

$$\Delta_{mix} U = 0$$

$$\Delta_{mix} S = -R \sum_{B} (n_{B}\ln x_{B}) = -nR \sum_{B} (x_{B}\ln x_{B})$$

$$\Delta_{mix} G = RT \sum_{B} (n_{B}\ln x_{B}) = nRT \sum_{B} (x_{B}\ln x_{B}) = -T\Delta_{mix} S$$

$$\Delta_{mix} A = RT \sum_{B} (n_{B}\ln x_{B}) = nRT \sum_{B} (x_{B}\ln x_{B}) = -T\Delta_{mix} S$$

11. 理想稀溶液

（1）溶剂 A 的化学势

$$\mu_{A(1)} = \mu_{A(1)}^{*} + RT\ln x_{A}$$

$$\mu_{A(1)} = \mu_{A(1)}^{\ominus} + RT\ln x_{A}$$

式中，$\mu_{A(1)}^{\ominus}$ 为纯液体 A 在温度 T、压力 $p^{\ominus}$ 下的化学势。溶液中溶剂 A 的标准态为温度 T、压力 $p^{\ominus}$ 下的纯液体 A。

（2）溶质 B 的化学势

$$\mu_{B(溶质)} = \mu^{\ominus}_{B(溶质)} + RT\ln\frac{b_B}{b^{\ominus}}$$

$$= \mu^{\ominus}_{c,B(溶质)} + RT\ln\frac{c_B}{c^{\ominus}}$$

$$= \mu^{\ominus}_{x,B(溶质)} + RT\ln x_B$$

注：若浓度以不同组成标度表示时，溶质 B 的标准态也不同，分别为

（1）$\mu^{\ominus}_{B(溶质)}$：标准压力 $p^{\ominus}$，标准质量摩尔浓度 $b^{\ominus} = 1\ mol \cdot kg^{-1}$ 下具有理想稀溶液性质（即符合亨利定律）的状态。

（2）$\mu^{\ominus}_{c,B(溶质)}$：标准压力 $p^{\ominus}$，标准浓度 $c^{\ominus} = 1\ mol \cdot dm^{-3}$ 下具有理想稀溶液性质（即符合亨利定律）的状态。

（3）$\mu^{\ominus}_{x,B(溶质)}$：标准压力 $p^{\ominus}$，$x_B = 1$ 下具有理想稀溶液性质（即符合亨利定律）的状态。

12. 分配定律

在一定温度与压力下，当溶质 B 在两种共存的不互溶的液体 α, β 间达到两相平衡时，若 B 在 α, β 两相的分子形式相同，且在两相间均形成理想稀溶液，则 B 在两相中的质量摩尔浓度之比为一常数。此即能斯特分配定律。

$$K = \frac{b_{B(\alpha)}}{b_{B(\beta)}}$$

式中，K 称为分配系数。若溶液组成用溶质 B 的物质的量浓度 c_B 表示，则 $K_c = \frac{c_{B(\alpha)}}{c_{B(\beta)}}$。

13. 稀溶液的依数性

（1）溶剂蒸气压下降

$$\Delta p_A = p_A^* - p_A = p_A^* x_B$$

此式适用于只有 A 和 B 两个组分形成的理想液态混合物或理想稀溶液中的溶剂。

（2）凝固点降低（析出固态纯溶剂）

$$\Delta T_f = K_f b_B$$

式中,凝固点降低系数 $K_f = \dfrac{R(T_f^*)^2 M_A}{\Delta_{fus}H_{m,A}^\ominus}$,其数值仅与溶剂的性质有关。

此式适用于凝固时溶质不与溶剂形成固态溶液,析出固体纯溶剂 A(s) 的稀溶液。

（3）沸点升高（溶质不挥发）

$$\Delta T_b = K_b b_B$$

式中,沸点升高系数 $K_b = \dfrac{R(T_b^*)^2 M_A}{\Delta_{vap}H_{m,A}^\ominus}$,其数值仅与溶剂的性质有关。

此式适用于溶质不挥发的稀溶液。

（4）渗透压

$$\Pi V = n_B RT \text{ 或 } \Pi = c_B RT$$

式中,Π 为渗透压;c_B 是溶质 B 的物质的量浓度。

14. 逸度与逸度因子

气体 B 的逸度 $\widetilde{p}_B$ 是在温度 T、压力 p 下,满足关系式

$$\mu_{B(g)} = \mu_{B(g)}^\ominus + RT\ln\left(\frac{\widetilde{p}_B}{p^\ominus}\right)$$

的物理量,它具有压力的量纲。其计算式为

$$\widetilde{p}_B = p_B \exp\int_0^p\left[\frac{V_{B(g)}}{RT} - \frac{1}{p}\right]dp$$

逸度因子为气体 B 的逸度与其分压之比:

$$\varphi_B = \widetilde{p}_B/p_B$$

逸度因子有修正真实气体对理想气体偏差的作用,理想气体的逸度因子恒等于 1。

15. 真实液态系统的活度、活度因子与化学势

（1）真实液态混合物中的任一组分 B 的化学势

$$\mu_{B(l)} = \mu_{B(l)}^* + RT\ln a_B = \mu_{B(l)}^* + RT\ln(x_B f_B),\ 且 \lim_{x_B\to1}f_B = 1$$

式中,a_B 为组分 B 的活度,相当于有效的摩尔分数;f_B 为组分 B 的活度因子,

描述组分 B 偏离理想情况的程度。

若 B 为挥发性物质,与液态混合物平衡的气相中 B 的分压为 p_B,则

$$a_B = \frac{p_B}{p_B^*}, \quad f_B = \frac{p_B}{p_B^* x_B}$$

式中,p_B^* 为纯液体 B 在相同温度 T 下的饱和蒸气压。

当 p 与 $p^\ominus$ 相差不大时,$\mu_{B(1)} \approx \mu_{B(1)}^\ominus + RT\ln a_B$。

(2)真实溶液中溶剂 A 的化学势

$$\mu_{A(1)} \approx \mu_{A(1)}^\ominus + RT\ln a_A, \text{其中 } a_A = f_A x_A$$

式中,a_A 为溶剂的活度;f_A 为溶剂 A 的活度因子。

真实溶液中的溶质 B 的化学势

$$\mu_{B(溶质)} = \mu_{B(溶质)}^\ominus + RT\ln a_B + \int_{p^\ominus}^p V_{B(溶质)}^\infty \mathrm{d}p$$

或

$$\mu_{B(溶质)} = \mu_{B(溶质)}^\ominus + RT\ln \frac{\gamma_B b_B}{b^\ominus} + \int_{p^\ominus}^p V_{B(溶质)}^\infty \mathrm{d}p$$

式中,$\gamma_B = \dfrac{a_B}{b_B/b^\ominus}$ 为组分 B 的活度因子,且 $\lim\limits_{\sum\limits_B b_B \to 0} \gamma_B = 1$。

当 p 与 $p^\ominus$ 相差不大时,可忽略压力的积分项,则

$$\mu_{B(溶质)} = \mu_{B(溶质)}^\ominus + RT\ln a_B$$

或

$$\mu_{B(溶质)} = \mu_{B(溶质)}^\ominus + RT\ln(\gamma_B b_B/b^\ominus)$$

若 B 为挥发性溶质,其在与液态混合物平衡的气相中的分压为 p_B,则

$$a_B = \frac{p_B}{k_{b,B} b^\ominus}, \gamma_B = \frac{p_B}{k_{b,B} b_B}$$

式中,$k_{b,B}$ 为溶质 B 在相同温度 T 下的亨利系数。

第 2 节 概 念 题

4.2.1 填空题

1. 已知二组分溶液中溶剂 A 的摩尔质量为 M_A,溶质 B 的质量摩尔浓度为 b_B,则 B 的摩尔分数 $x_B = ($ $)$。

2. 在纯水中加入少量葡萄糖形成稀溶液,与纯水相比较,其饱和蒸气压将(   ),沸点将(   ),凝固点将(   )。

3. 在常温真实溶液中,溶质 B 的化学势可表示为 $\mu_{b,B} = \mu_{b,B}^{\ominus} + RT\ln\dfrac{b_B\gamma_B}{b^{\ominus}}$,其中 B 的标准态为温度 T、压力 $p = p^{\ominus} = 100$ kPa 下,$b_B/b^{\ominus} = ($ $)$,$\gamma_B = ($ $)$,同时又遵循亨利定律的假想态。

4. 理想液态混合物中的任一组分在全部组成范围内均符合(   )定律。

5. 298 K 时,A 和 B 两种气体溶解在某种溶剂中的亨利系数分别为 $k_{c,A}$ 和 $k_{c,B}$,且 $k_{c,A} > k_{c,B}$。当气相中两气体的分压 $p_A = p_B$ 时,在 1 m^3 该溶剂中溶解的 A 的物质的量(   ) B 的物质的量。

6. 已知 100 ℃时液体 A 的饱和蒸气压为 133.322 kPa,液体 B 的饱和蒸气压为 66.661 kPa,假设 A 和 B 构成理想液态混合物,则当 A 在液态混合物中的摩尔分数为 0.5 时,在气相中 A 的摩尔分数为(   )。

7. 在一定的温度与压力下,理想稀溶液中挥发性溶质 B 的化学势 $\mu_{B(溶质)}$ 与平衡气相中 B 的化学势 $\mu_{B(g)}$ 的关系是(   );$\mu_{B(g)}$ 的表达式是 $\mu_{B(g)} = ($ $)$。

试题分析

8. 在温度 T 时,某纯液体的饱和蒸气压为 11 732 Pa。当 0.2 mol 不挥发性溶质溶于 0.8 mol 该液体时,溶液的蒸气压为 5 333 Pa。假设蒸气为理想气体,则该溶液中溶剂的活度 $a_A = ($ $)$,活度因子 $f_A = ($ $)$。

9. 在 288 K 时纯水的饱和蒸气压为 1 703.6 Pa。当 1 mol 不挥发性溶质溶解在 4.559 mol 水中形成溶液时,溶液的蒸气压为 596.7 Pa。则在溶液及纯水中,水的化学势的差 $\mu(H_2O) - \mu^*(H_2O) = ($ $)$。

4.2.2 选择题

1. 由水(1)与乙醇(2)组成的二组分溶液,下列各偏导数中不是乙醇化学势的有(   );不是偏摩尔量的有(   )。

(a) $\left(\dfrac{\partial H}{\partial n_2}\right)_{S,p,n_1}$;
(b) $\left(\dfrac{\partial G}{\partial n_2}\right)_{T,p,n_1}$;

(c) $\left(\dfrac{\partial A}{\partial n_2}\right)_{T,V,n_1}$;
(d) $\left(\dfrac{\partial U}{\partial n_2}\right)_{T,p,n_1}$ 。

2. 在某一温度下,由纯 A 与纯 B 形成理想液态混合物。已知 $p_A^* < p_B^*$,当气、液两相平衡时,气相组成 y_B 总是(   )液相组成 x_B。

(a) >;   (b) <;   (c) =;   (d) 无法判断。

3. 在水中加入少量非挥发性溶质形成理想稀溶液,此时溶剂水的化学势 μ_A( )同温度下纯水的化学势 μ_A^*;理想稀溶液的正常沸点 T_b( )纯水的正常沸点 T_b^*。

(a) >;   (b) <;   (c) =;   (d) 无法判断。

4. 在 α、β 两相中都含有 A 和 B 两种物质,当达到相平衡时,下列描述正确的是( )。

(a) $\mu_A^\alpha = \mu_B^\alpha$;   (b) $\mu_A^\alpha = \mu_A^\beta$;   (c) $\mu_A^\alpha = \mu_B^\beta$;   (d) 不能确定。

5. 下列气体溶于水中,( )气体不能使用亨利定律。

(a) N_2;   (b) O_2;   (c) H_2;   (d) HCl。

6. 在 T, p 及组成一定的真实溶液中,溶质的化学势可表示为 $\mu_B = \mu_B^\ominus + RT\ln a_B$。当采用不同的标准态($x_B = 1, b_B = b^\ominus, c_B = c^\ominus, \cdots$)时,上式中的 $\mu_B^\ominus$( ); a_B( ); μ_B( )。

(a) 变;   (b) 不变;   (c) 变大;   (d) 变小。

概念题答案

4.2.1 填空题

1. $b_B / (b_B + 1 / M_A)$

2. 下降;升高;降低

3. 1;1

4. 拉乌尔

5. 小于

因为 $p_A = k_{c,A} c_A = p_B = k_{c,B} c_B$,且 $k_{c,A} > k_{c,B}$,所以 $c_A < c_B$。

6. 0.667

$$x_B = 1 - x_A = 0.5 = x_A$$

$$y_A = \frac{p_A}{p_A + p_B} = \frac{p_A^* x_A}{p_A^* x_A + p_B^* x_B} = \frac{p_A^*}{p_A^* + p_B^*} = \frac{133.322}{133.322 + 66.661} = 0.667$$

7. $\mu_{B(溶质)} = \mu_{B(g)}$; $\mu_{B(g)}^\ominus + RT\ln(p_B / p^\ominus)$

8. 0.454 6;0.568 2

$$a_{溶剂} = \frac{p_{溶液}}{p_{溶剂}^*} = \frac{5\ 333}{11\ 732} = 0.454\ 6$$

$$f = \frac{a_{溶剂}}{x_{溶剂}} = \frac{a_{溶剂}}{n_{溶剂} / (n_{溶质} + n_{溶剂})} = \frac{0.454\ 6}{0.8 / (0.8 + 0.2)} = 0.568\ 2$$

9. $-2\,512.0$ J·mol^{-1}

$$\mu(H_2O)-\mu^*(H_2O)=RT\ln a(H_2O)=RT\ln\frac{p_{溶液}}{p^*(H_2O)}$$

$$=\left(8.314\times288\times\ln\frac{596.7}{1\,703.6}\right)\,J\cdot mol^{-1}=-2\,512.0\,J\cdot mol^{-1}$$

4.2.2 选择题

1. (d);(a),(c)

$$\mu_B=\left(\frac{\partial U}{\partial n_B}\right)_{S,V,n_C}=\left(\frac{\partial H}{\partial n_B}\right)_{S,p,n_C}=\left(\frac{\partial A}{\partial n_B}\right)_{T,V,n_C}=\left(\frac{\partial G}{\partial n_B}\right)_{T,p,n_C}$$

但只有恒温恒压条件下的偏导数才是偏摩尔量。

2. (a)

因为 $p_B=py_B=p_B^*x_B$,$p_A=py_A=p_A^*x_A$,即 $p_A=P(1-y_B)=p_A^*(1-x_B)$

所以 $\dfrac{1-y_B}{y_B}=\dfrac{p_A^*}{p_B^*}\dfrac{1-x_B}{x_B}$

又因为 $p_A^*<p_B^*$,即$\dfrac{p_A^*}{p_B^*}<1$

所以 $\dfrac{1-y_B}{y_B}<\dfrac{1-x_B}{x_B}$,即 $\dfrac{1}{y_B}<\dfrac{1}{x_B}$,$y_B>x_B$

3. (b);(a)

由理想稀溶液中溶剂化学势的表达式 $\mu_{A(l)}=\mu_{A(l)}^*+RT\ln x_A$ 及 $x_A<1$ 可知,溶剂水的化学势 μ_A 小于纯水的化学势 μ_A^*;沸点升高是稀溶液的依数性之一,故理想稀溶液的 T_b 大于纯水的 T_b^*。

4. (b)

相平衡时处于两相中的同一物质的化学势相等。

5. (d)

6. (a);(a);(b)

在 T,p 及组成一定的真实溶液中,溶质的化学势可表示为 $\mu_B=\mu_B^\ominus+RT\ln a_B$。当采用不同标准态时,$\mu_B^\ominus$ 会随标准态的不同而不同,活度随浓度的不同而不同,但组分的化学势具有唯一确定的值,故 μ_B 相同。

第 3 节 习 题 解 答

4.1 由溶剂 A 与溶质 B 形成一定组成的溶液。此溶液浓度为 c_B,质量

摩尔浓度为 b_B,密度为 ρ。以 M_A,M_B 分别代表溶剂和溶质的摩尔质量,若溶液的组成用摩尔分数 x_B 表示时,试导出 x_B 与 c_B,x_B 与 b_B 之间的关系。

解: 根据各组成表示的定义:

$$c_B = \frac{n_B}{V} = (x_B n_总)\Big/\Big(\sum_B M_B n_B/\rho\Big) = \rho x_B\Big/\Big(\sum_B x_B M_B\Big)$$

$$b_B = \frac{n_B}{m_A} = \frac{x_B}{x_A M_A}$$

对于二组分系统:

$$c_B = \frac{\rho x_B}{x_A M_A + x_B M_B} = \frac{\rho x_B}{M_A + x_B(M_B - M_A)}$$

$$b_B = \frac{x_B}{x_A M_A} = \frac{x_B}{(1-x_B)M_A}$$

4.2 在 25 ℃,1 kg 水(A)中溶有醋酸(B),当醋酸的质量摩尔浓度 b_B 介于 0.16 mol·kg^{-1} 和 2.5 mol·kg^{-1} 之间时,溶液的总体积

$V/cm^3 = 1\,002.935 + 51.832[b_B/(mol·kg^{-1})] + 0.139\,4[b_B/(mol·kg^{-1})]^2$

求:(1) 把水(A)和醋酸(B)的偏摩尔体积分别表示成 b_B 的函数关系式;

(2) $b_B = 1.5$ mol·kg^{-1} 时水和醋酸的偏摩尔体积。

解: (1) 根据偏摩尔量定义有

$$V_B = \left(\frac{\partial V}{\partial n_B}\right)_{T,p,n_A} = \left(\frac{\partial V}{\partial b_B}\right)_{T,p,n_A}\left(\frac{\partial b_B}{\partial n_B}\right)_{T,p,n_A}$$

其中
$$\left(\frac{\partial b_B}{\partial n_B}\right)_{T,p,n_A} = \frac{1}{m_A} = 1 \text{ kg}^{-1}$$

$$\left(\frac{\partial V}{\partial b_B}\right)_{T,p,n_A} = \{51.832 + 0.278\,8[b_B/(mol·kg^{-1})]\}\ cm^3·kg·mol^{-1}$$

所以

$$V_B = \left(\frac{\partial V}{\partial b_B}\right)_{T,p,n_A}\left(\frac{\partial b_B}{\partial n_B}\right)_{T,p,n_A} = \{51.832 + 0.278\,8[b_B/(mol·kg^{-1})]\}cm^3·mol^{-1}$$

$$V_A = \frac{V - n_B V_B}{n_A}$$

$$= \frac{V - (1\text{ kg}\times b_B)V_B}{m_A/M_A}$$

$$= \frac{\{1\,002.935+51.832[\,b_B/(\text{mol}\cdot\text{kg}^{-1})\,]+0.139\,4[\,b_B/(\text{mol}\cdot\text{kg}^{-1})\,]^2\}\ \text{cm}^3}{(1\,000/18.015)\ \text{mol}} -$$

$$\frac{(1\ \text{kg}\times b_B)\{51.832+0.278\,8[\,b_B/(\text{mol}\cdot\text{kg}^{-1})\,]\}\ \text{cm}^3\cdot\text{mol}^{-1}}{(1\,000/18.015)\ \text{mol}}$$

$$= \frac{18.015}{1\,000}\{1\,002.935-0.139\,4[\,b_B/(\text{mol}\cdot\text{kg}^{-1})\,]^2\}\ \text{cm}^3\cdot\text{mol}^{-1}$$

$$= \{18.067\,9-0.002\,5[\,b_B/(\text{mol}\cdot\text{kg}^{-1})\,]^2\}\ \text{cm}^3\cdot\text{mol}^{-1}$$

（2）当 $b_B=1.5\ \text{mol}\cdot\text{kg}^{-1}$ 时,有

$$V_B=(51.832+0.278\,8\times1.5)\ \text{cm}^3\cdot\text{mol}^{-1}=52.250\ \text{cm}^3\cdot\text{mol}^{-1}$$

$$V_A=(18.067\,9-0.002\,5\times1.5^2)\ \text{cm}^3\cdot\text{mol}^{-1}=18.062\,3\ \text{cm}^3\cdot\text{mol}^{-1}$$

试题分析

4.3   60 ℃时甲醇（A）的饱和蒸气压是 83.4 kPa,乙醇（B）的饱和蒸气压是 47.0 kPa。二者可形成理想液态混合物。若混合物中二者的质量分数均为0.5,求 60 ℃时此混合物的平衡蒸气组成,以摩尔分数表示。

解: $M_A=32.042\ \text{g}\cdot\text{mol}^{-1}$, $M_B=46.068\ \text{g}\cdot\text{mol}^{-1}$

$$x_A=\frac{n_A}{n_A+n_B}=\frac{m_A/M_A}{m_A/M_A+m_B/M_B}=\frac{mw_A/M_A}{mw_A/M_A+mw_B/M_B}$$

$$=\frac{w_A/M_A}{w_A/M_A+w_B/M_B}$$

$$=\frac{0.5/32.042}{0.5/32.042+0.5/46.068}=0.589\,8$$

根据拉乌尔定律有

$$y_A=\frac{p_A}{p}=\frac{p_A}{p_A+p_B}=\frac{x_Ap_A^*}{x_Ap_A^*+(1-x_A)p_B^*}$$

$$=\frac{0.589\,8\times83.4}{0.589\,8\times83.4+(1-0.589\,8)\times47.0}=0.718\,4$$

$$y_B=1-y_A=1-0.718\,4=0.281\,6$$

4.4   80 ℃时纯苯的饱和蒸气压为 100 kPa,纯甲苯的饱和蒸气压为 38.7 kPa。两液体可形成理想液态混合物。若有苯-甲苯的气液平衡混合物,80 ℃时气相中苯的摩尔分数 y(苯)= 0.300,求液相的组成。

解: 设苯为 A,甲苯为 B,根据拉乌尔定律

$$y_A = \frac{p_A}{p_A + p_B} = \frac{p_A^* x_A}{p_A^* x_A + p_B^* x_B}, \qquad y_B = \frac{p_B}{p_A + p_B} = \frac{p_B^* x_B}{p_A^* x_A + p_B^* x_B}$$

所以
$$\frac{y_A}{y_B} = \frac{x_A p_A^*}{x_B p_B^*} = \frac{0.3}{1 - 0.3} = \frac{3}{7}$$

即
$$\frac{x_A}{x_B} = \frac{y_A p_B^*}{y_B p_A^*} = \frac{3 \times 38.7}{7 \times 100} = 0.165\ 9$$

又因为 $x_A + x_B = 1$，所以　　　$x_B = 1 - x_A = 1 - 0.165\ 9 x_B$

即
$$x_B = \frac{1}{1 + 0.165\ 9} = 0.857\ 7, \qquad x_A = 1 - x_B = 0.142\ 3$$

4.5　H_2，N_2 与 100 g 水在 40 ℃ 时处于平衡，平衡总压为 105.4 kPa。平衡气体经干燥后的体积分数 $\varphi(H_2) = 0.40$。假设平衡气体中水蒸气的分压等于纯水的饱和蒸气压，即 40 ℃ 时的 7.33 kPa。已知 40 ℃ 时 H_2 和 N_2 在水中的亨利系数分别为 7.61 GPa 及 10.5 GPa，求 40 ℃ 时水中能溶解的 H_2，N_2 的质量。

解：$M(H_2) = 2.015\ 8\ \mathrm{g \cdot mol^{-1}}$，$M(N_2) = 28.013\ 4\ \mathrm{g \cdot mol^{-1}}$，$M(H_2O) = 18.015\ \mathrm{g \cdot mol^{-1}}$

水溶液的平衡总压：$p = p(H_2O) + p(H_2) + p(N_2) = p^*(H_2O) + p(H_2) + p(N_2)$

$$\frac{p(H_2)}{p(N_2)} = \frac{\varphi(H_2)}{\varphi(N_2)} = \frac{0.4}{1 - 0.4} = \frac{2}{3}, \qquad p(H_2) + p(N_2) = p - p^*(H_2O)$$

联立得　　$p(H_2) = \frac{2[p - p^*(H_2O)]}{5}, \qquad p(N_2) = \frac{3[p - p^*(H_2O)]}{5}$

H_2，N_2 在水中的溶解符合亨利定律：$p(H_2) = k_x(H_2) x(H_2)$，$p(N_2) = k_x(N_2) x(N_2)$

$$x(H_2) = \frac{p(H_2)}{k_x(H_2)} = \frac{2[p - p^*(H_2O)]}{5 k_x(H_2)} = \frac{2 \times (105.4 - 7.33)}{5 \times (7.61 \times 10^6)} = 5.154\ 8 \times 10^{-6}$$

$$x(N_2) = \frac{p(N_2)}{k_x(N_2)} = \frac{3[p - p^*(H_2O)]}{5 k_x(N_2)} = \frac{3 \times (105.4 - 7.33)}{5 \times (10.5 \times 10^6)} = 5.604 \times 10^{-6}$$

因为
$$x(H_2) = \frac{n(H_2)}{n(H_2) + n(N_2) + n(H_2O)} \approx \frac{n(H_2)}{n(H_2O)}$$

$$x(N_2) = \frac{n(N_2)}{n(H_2) + n(N_2) + n(H_2O)} \approx \frac{n(N_2)}{n(H_2O)}$$

所以 $m(H_2) = n(H_2)M(H_2) = [x(H_2)n(H_2O)]M(H_2)$

$$= \left[x(H_2)\frac{m(H_2O)}{M(H_2O)} \right] M(H_2)$$

$$= \left[\left(5.154\ 8 \times 10^{-6} \times \frac{100}{18.015} \right) \times 2.015\ 8 \right] g = 57.68 \times 10^{-6} g = 57.68\ \mu g$$

同理 $m(N_2) = n(N_2)M(N_2) = [x(N_2)n(H_2O)]M(N_2)$

$$= \left[x(N_2)\frac{m(H_2O)}{M(H_2O)} \right] M(N_2)$$

$$= \left[\left(5.604 \times 10^{-6} \times \frac{100}{18.015} \right) \times 28.013\ 4 \right] g = 871.4 \times 10^{-6} g = 871.4\ \mu g$$

4.6 已知 20 ℃时,压力为 101.325 kPa 的 $CO_2(g)$在 1 kg 水中可溶解 1.7 g,40 ℃时同样压力的 $CO_2(g)$在 1 kg 水中可溶解 1.0 g。如果用只能承受 202.65 kPa 的瓶子充装溶有 $CO_2(g)$的饮料,则在 20 ℃条件下充装时,CO_2的最大压力为多少才能保证此瓶装饮料可以在 40 ℃条件下安全存放。设 CO_2溶质服从亨利定律。

解:以 B 表示 CO_2。由亨利定律得

$$p_B = k_{x,B}x_B = k_{x,B}\frac{m_B/M_B}{n_{总}} = k_{x,B}\frac{m_B/M_B}{n_A+n_B} \approx k_{x,B}\frac{m_B/M_B}{n_A} = k_{x,B}\frac{m_B}{n_A M_B}$$

而 M_B, n_A一定,于是

$$\frac{k_{x,B}(293.15\ K)}{k_{x,B}(313.15\ K)} = \frac{p_B(293.15\ K)n_A M_B/m_B(293.15\ K)}{p_B(313.15\ K)n_A M_B/m_B(313.15\ K)}$$

$$= \frac{p_B(293.15\ K)/m_B(293.15\ K)}{p_B(313.15\ K)/m_B(313.15\ K)} = 1.0/1.7 = 0.588$$

瓶中饮料 x_B不随温度而变化,为一定值,故

$$\frac{p_B(293.15\ K)}{p_B(313.15\ K)} = \frac{k_{x,B}(293.15\ K)x_B}{k_{x,B}(313.15\ K)x_B} = \frac{k_{x,B}(293.15\ K)}{k_{x,B}(313.15\ K)} = 0.588$$

所以 $p_B(293.15\ K) = p_B(313.15\ K) \times 0.588 = 202.65\ kPa \times 0.588 = 119.2\ kPa$
即在 20 ℃条件下充装时,CO_2的最大压力为 119.2 kPa。

试题分析

4.7 A,B 两液体能形成理想液态混合物。已知在温度 t 时纯 A 的饱和

蒸气压 $p_A^* = 40$ kPa,纯 B 的饱和蒸气压 $p_B^* = 120$ kPa。

（1）在温度 t 下,于汽缸中将组成为 $y_A = 0.4$ 的 A,B 混合气体恒温缓慢压缩,求凝结出第一滴微小液滴时系统的总压及该液滴的组成（以摩尔分数表示）;

（2）若将 A,B 两液体混合,并使此混合物在 100 kPa、温度 t 下开始沸腾,求该液态混合物的组成及沸腾时饱和蒸气的组成（以摩尔分数表示）。

解:（1）由于形成理想液态混合物,每个组分均服从拉乌尔定律;并且凝结出第一滴微小液滴时气相组成可视为不变。因此在温度 t 时,有

$$p_A = y_A p = x_A p_A^* , \quad p_B = y_B p = x_B p_B^*$$

故

$$x_A = x_B \frac{y_A p_B^*}{y_B p_A^*} = x_B \frac{0.4 \times 120 \text{ kPa}}{0.6 \times 40 \text{ kPa}} = 2 x_B = 2(1 - x_A)$$

即

$$x_A = 0.667 , \quad x_B = 0.333$$

$$p = \frac{p_A}{y_A} = \frac{x_A p_A^*}{y_A} = \left(\frac{0.667 \times 40}{0.4} \right) \text{ kPa} = 66.7 \text{ kPa}$$

（2）混合物在 100 kPa、温度 t 下开始沸腾,则

$$p = p_A + p_B = x_A p_A^* + x_B p_B^* = 100 \text{ kPa}$$

故

$$x_A = \frac{p - p_B^*}{p_A^* - p_B^*} = \frac{(100 - 120) \text{ kPa}}{(40 - 120) \text{ kPa}} = 0.25 , \quad x_B = 1 - x_A = 0.75$$

$$y_A = \frac{p_A}{p} = \frac{x_A p_A^*}{p} = \frac{0.25 \times 40 \text{ kPa}}{100 \text{ kPa}} = 0.1 , \quad y_B = 1 - y_A = 0.9$$

4.8　液体 B 与液体 C 可形成理想液态混合物。在常压及 25 ℃下,向总量 $n = 10$ mol,组成 $x_C = 0.4$ 的 B,C 液态混合物中加入 14 mol 的纯液体 C,形成新的混合物。求过程的 ΔG, ΔS。

试题分析

解:原液态混合物中 $x_C = 0.4$, $x_B = 1 - x_C = 1 - 0.4 = 0.6$

$$n_C = n x_C = 10 \text{ mol} \times 0.4 = 4 \text{ mol} , \quad n_B = n - n_C = (10 - 4) \text{ mol} = 6 \text{ mol}$$

加入纯 C 后:

$$n_C' = n_C + \Delta n_C = (4 + 14) \text{ mol} = 18 \text{ mol}$$

$$x_C' = \frac{n_C'}{n_B + n_C'} = \frac{18 \text{mol}}{(6 + 18) \text{ mol}} = 0.75 , \quad x_B' = 1 - x_C' = 1 - 0.75 = 0.25$$

理想液态混合物中,组分 i 的化学势为

$$\mu_i = \mu_i^\ominus + RT \ln x_i$$

因此
$$\Delta G = G_2 - G_1 = (n_B \mu_B' + n_C' \mu_C') - \left[(n_B \mu_B + n_C \mu_C) + \Delta n_C \mu_C^*\right]$$

$$= \left[6 \text{ mol}(\mu_B^\ominus + RT \ln x_B') + 18 \text{ mol}(\mu_C^\ominus + RT \ln x_C')\right] -$$

$$\left[6 \text{ mol}(\mu_B^\ominus + RT \ln x_B) + 4 \text{ mol}(\mu_C^\ominus + RT \ln x_C) + 14 \text{ mol}\mu_C^\ominus\right]$$

$$= RT\left[\left(6\ln \frac{x_B'}{x_B} + 18\ln x_C' - 4\ln x_C\right) \text{ mol}\right]$$

$$= \left[8.314 \times 298.15 \times \left(6\ln \frac{0.25}{0.6} + 18\ln 0.75 - 4\ln 0.4\right)\right] \text{ J}$$

$$= -16.77 \text{ kJ}$$

$$\Delta S = -\left(\frac{\partial \Delta G}{\partial T}\right)_p = -R\left[\left(6\ln \frac{x_B'}{x_B} + 18\ln x_C' - 4\ln x_C\right) \text{ mol}\right]$$

$$= -\left[8.314 \times \left(6\ln \frac{0.25}{0.6} + 18\ln 0.75 - 4\ln 0.4\right)\right] \text{ J}\cdot\text{K}^{-1} = 56.25 \text{ J}\cdot\text{K}^{-1}$$

或
$$\Delta S = \frac{\Delta H - \Delta G}{T} = \left[\frac{0 - (-16.77)}{298.15}\right] \text{ kJ}\cdot\text{K}^{-1} = 56.25 \text{ J}\cdot\text{K}^{-1}$$

4.9   液体 B 和液体 C 可形成理想液态混合物。在 25 ℃ 下,向无限大量组成 $x_C = 0.4$ 的混合物中加入 5 mol 的纯液体 C。求过程的 $\Delta G, \Delta S$。

解: 由于是向无限大量的溶液中加入有限量的纯 C,可认为溶液的组成不变,因此该过程仅是 5 mol 的纯液体 C 变成 $x_C = 0.4$ 的液态混合物的过程。

$$\Delta G = n(\mu_C^\ominus + RT \ln x_C) - n\mu_C^\ominus = nRT \ln x_C$$

$$= (5 \times 8.314 \times 298.15 \times \ln 0.4) \text{ J} = -11.36 \text{ kJ}$$

$$\Delta S = -\left(\frac{\partial \Delta G}{\partial T}\right)_p = -nR\ln x_C = -(5 \times 8.314 \times \ln 0.4) \text{ J}\cdot\text{K}^{-1} = 38.09 \text{ J}\cdot\text{K}^{-1}$$

4.10   25 ℃ 时 0.1 mol NH_3 溶于 1 dm^3 三氯甲烷中,此溶液 NH_3 的蒸气分压为 4.433 kPa,同温度下当 0.1 mol NH_3 溶于 1 dm^3 水中时,NH_3 的蒸气分压为 0.887 kPa。求 NH_3 在水与三氯甲烷中的分配系数 $K = c(NH_3, H_2O \text{ 相})/c(NH_3, CHCl_3 \text{ 相})$。

解: 在水与三氯甲烷中 NH_3 分配达平衡时,也与气相中 NH_3 成平衡。

根据亨利定律,三相平衡时气相的分压为

$$p(NH_3) = k_c(NH_3, H_2O\ 相)c(NH_3, H_2O\ 相)$$
$$= k_c(NH_3, CHCl_3\ 相)c(NH_3, CHCl_3\ 相)$$

其中,亨利系数 $k_c(NH_3, H_2O\ 相)$,$k_c(NH_3, CHCl_3\ 相)$ 可利用 25 ℃的已知数据由亨利定律计算出。

分配系数 K

$$K = \frac{c(NH_3, H_2O\ 相)}{c(NH_3, CHCl_3\ 相)} = \frac{k_c(NH_3, CHCl_3\ 相)}{k_c(NH_3, H_2O\ 相)}$$

$$= \frac{p'(NH_3, CHCl_3\ 相)/c'(NH_3, CHCl_3\ 相)}{p'(NH_3, H_2O\ 相)/c'(NH_3, H_2O\ 相)}$$

$$= \frac{4.433 \times 10^3/(0.1/1)}{0.887 \times 10^3/(0.1/1)} = 5$$

4.11　20 ℃某有机酸在水和乙醚中的分配系数为 0.4。将该有机酸 5 g 溶于 100 cm^3 水中形成溶液。

（1）若用 40 cm^3 乙醚一次萃取（所用乙醚已事先被水饱和,因此萃取时不会有水溶于乙醚）,求水中还剩下多少有机酸？

（2）将 40 cm^3 乙醚分为两份,每次用 20 cm^3 乙醚萃取,连续萃取两次,问水中还剩下多少有机酸？

解：设初始有机酸为 m_0,分配平衡时,水中的有机酸还剩 m,则

$$c_{酸}(水相) \approx \frac{m}{V_{水}\ M}, \quad c_{酸}(乙醚相) \approx \frac{m_0 - m}{V_{醚}\ M}$$

$$K = \frac{c_{酸}(水相)}{c_{酸}(乙醚相)} = \frac{V_{醚}}{V_{水}} \frac{m}{m_0 - m} = 0.4$$

则

$$m_1 = \frac{0.4 m_0}{0.4 + V_{醚}/V_{水}}$$

用同样体积的乙醚萃取第 2 次时,$m_2 = \dfrac{0.4 m_1}{0.4 + V_{醚}/V_{水}} = \left(\dfrac{0.4}{0.4 + V_{醚}/V_{水}}\right)^2 m_0$

用同样体积的乙醚萃取第 n 次时,则有

$$m_n = \frac{0.4 m_{n-1}}{0.4 + V_{醚}/V_{水}} = \left(\frac{0.4}{0.4 + V_{醚}/V_{水}}\right)^n m_0$$

（1）用 40 cm³ 乙醚萃取一次

$$m_1 = \frac{0.4 m_0}{0.4 + V_{醚}/V_{水}} = \left(\frac{0.4 \times 5}{0.4 + 40/100}\right) \text{ g} = 2.5 \text{ g}$$

（2）每次用 20 cm³ 乙醚萃取，连续萃取两次

$$m_2 = \left(\frac{0.4}{0.4 + V_{醚}/V_{水}}\right)^2 m_0 = \left[\left(\frac{0.4}{0.4 + 20/100}\right)^2 \times 5\right] \text{ g} = 2.22 \text{ g}$$

4.12　在某一温度下，将碘溶解于 CCl_4 中。当碘的摩尔分数 $x(I_2)$ 在 0.01~0.04 范围内时，此溶液符合稀溶液规律。今测得平衡时气相中碘的蒸气压与液相中碘的摩尔分数的两组数据如下：

$p(I_2)/kPa$	1.638	16.72
$x(I_2)$	0.03	0.5

求 $x(I_2) = 0.5$ 时溶液中碘的活度及活度因子。

解： 由于 $x(I_2)$ 在 0.01~0.04 范围内时，此溶液符合稀溶液规律，即溶质碘服从亨利定律

$$p(I_2) = k_x(I_2) x(I_2)$$

则

$$k_x(I_2) = \frac{p(I_2)}{x(I_2)} = (1.638/0.03) \text{ kPa} = 54.6 \text{ kPa}$$

当 $x(I_2) = 0.5$ 时，亨利定律形式为 $p(I_2) = k_x(I_2) a(I_2)$。

$$a(I_2) = \frac{p(I_2)}{k_x(I_2)} = \frac{16.72}{54.6} = 0.306\,2$$

$$\gamma(I_2) = \frac{a(I_2)}{x(I_2)} = \frac{0.306\,2}{0.5} = 0.612\,4$$

4.13　实验测得 50 ℃时乙醇（A）-水（B）液态混合物的液相组成 $x_B = 0.556\,1$，平衡气相组成 $y_B = 0.428\,9$ 及气相总压 $p = 24.832$ kPa，试计算水的活度及活度因子。假设水的摩尔蒸发焓在 50~100 ℃范围内可按常数处理。已知 $\Delta_{vap}H_m(H_2O, l) = 42.23$ kJ·mol⁻¹。

解： 根据克劳修斯-克拉佩龙方程有

$$\ln\frac{p_2}{p_1} = \frac{-\Delta_{vap}H_m}{R}\left(\frac{1}{T_2} - \frac{1}{T_1}\right)$$

已知 100 ℃时水的饱和蒸气压 $p_B^* = 101.325\ kPa$，则

$$\ln\frac{101.325\ kPa}{p_B^*(323.15\ K)} = \frac{-42\ 230}{8.314} \times \left(\frac{1}{373.15} - \frac{1}{323.15}\right)$$

得 $\qquad p_B^*(323.15\ K) = 12.33\ kPa$

323.15 K 时，有

$$a_B = \frac{p_B(323.15\ K)}{p_B^*(323.15\ K)} = \frac{p(323.15\ K)y_B}{p_B^*(323.15\ K)} = \frac{24.832 \times 0.428\ 9}{12.33} = 0.863\ 8$$

$$f_B = \frac{a_B}{x_B} = \frac{0.863\ 8}{0.556\ 1} = 1.553$$

4.14 10 g 葡萄糖($C_6H_{12}O_6$)溶于 400 g 乙醇中，溶液的沸点较纯乙醇的上升 0.142 8 ℃。另外有 2 g 有机物质溶于 100 g 乙醇中，此溶液的沸点则上升 0.125 0 ℃。求此有机物质的相对分子质量。

解：10 g 葡萄糖溶于 400 g 乙醇中：

$$\Delta T_b = K_b b_B$$

$$K_b = \frac{\Delta T_b}{b_B} = \frac{\Delta T_b}{(m_B/M_B)/m_A}$$

$$= \left[\frac{0.142\ 8}{(10/180.16)/400}\right] K \cdot mol^{-1} \cdot g = 1.029\ 1 \times 10^3\ K \cdot mol^{-1} \cdot g$$

2 g 有机物质溶于 100 g 乙醇中：

$$b_B = \frac{m_B/M_B}{m_A} = \frac{\Delta T_b}{K_b}$$

$$M_B = \frac{K_b m_B}{m_A \Delta T_b} = \left[\frac{(1.029\ 1 \times 10^3) \times 2}{100 \times 0.125\ 0}\right] g \cdot mol^{-1} = 164.66\ g \cdot mol^{-1}$$

此有机物质的相对分子质量为 164.66。

4.15 在 100 g 苯中加入 13.76 g 联苯($C_6H_5C_6H_5$)，所形成溶液的沸点为 82.4 ℃。已知纯苯的沸点为 80.1 ℃。求：

（1）苯的沸点升高系数；

（2）苯的摩尔蒸发焓。

解：$\Delta T_b = (82.4-80.1)\ ℃ = 2.3\ ℃ = 2.3\ K$

$$K_b = \frac{\Delta T_b}{b_B} = \frac{\Delta T_b}{(m_B/M_B)/m_A} = \left[\frac{2.3}{(13.76/154.211)/(100\times10^{-3})}\right]\ K\cdot mol^{-1}\cdot kg$$

$$= 2.578\ K\cdot mol^{-1}\cdot kg$$

又因为
$$K_b = \frac{R(T_b^*)^2 M_A}{\Delta_{vap}H_{m,A}^*}$$

所以

$$\Delta_{vap}H_{m,A}^* = \frac{R(T_b^*)^2 M_A}{K_b}$$

$$= \left[\frac{8.314\times(273.15+80.1)^2\times78.114\times10^{-3}}{2.578}\right]\ J\cdot mol^{-1}$$

$$= 31.44\ kJ\cdot mol^{-1}$$

4.16 已知 0 ℃,101.325 kPa 时,O_2在水中的溶解度为 4.49 cm^3/100 g;N_2在水中的溶解度为 2.35 cm^3/100 g。试计算被 101.325 kPa 的空气所饱和了的水的凝固点较纯水的凝固点降低了多少？已知空气的体积分数 $\varphi(N_2)=0.79,\varphi(O_2)=0.21$。

解：先计算被空气饱和了的水中气体的质量摩尔浓度 b。有两种解法。

解法一：被 101.325 kPa 的空气所饱和了的水中溶解的 O_2 和 N_2 均服从亨利定律：

$$p(O_2)=k_b(O_2)b(O_2),\quad p(N_2)=k_b(N_2)b(N_2)$$

对于 O_2 有
$$\frac{b_2(O_2)}{b_1(O_2)}=\frac{p_2(O_2)}{p_1(O_2)}$$

$$b_1(O_2)=\frac{n_1(O_2)}{m(H_2O)}=\frac{p_1(O_2)V_1(O_2)}{RTm(H_2O)}=\left[\frac{(101.325\times10^3)\times(4.49\times10^{-6})}{8.314\times273.15\times(100\times10^{-3})}\right]\ mol\cdot kg^{-1}$$

$$=2.0033\times10^{-3}\ mol\cdot kg^{-1}$$

$$b_2(O_2)=\frac{p_2(O_2)}{p_1(O_2)}b_1(O_2)=\left[\frac{(101.325\times10^3)\times0.21}{101.325\times10^3}\times(2.0033\times10^{-3})\right]\ mol\cdot kg^{-1}$$

$$=4.207\times10^{-4}\ mol\cdot kg^{-1}$$

或

$$b_2(O_2) = \frac{p_2(O_2)V_1(O_2)}{RTm(H_2O)} = \left[\frac{(101.325\times10^3)\times0.21\times(4.49\times10^{-6})}{8.314\times273.15\times(100\times10^{-3})} \right] \text{mol·kg}^{-1}$$

$$= 4.207\times10^{-4} \text{ mol·kg}^{-1}$$

同理,对于 N_2 有

$$b_2(N_2) = \frac{p_2(N_2)V_1(N_2)}{RTm(H_2O)} = \left[\frac{(101.325\times10^3)\times0.79\times(2.35\times10^{-6})}{8.314\times273.15\times(100\times10^{-3})} \right] \text{mol·kg}^{-1}$$

$$= 8.283\times10^{-4} \text{ mol·kg}^{-1}$$

所以 $b = b_2(O_2) + b_2(N_2) = \left[(4.207+8.283)\times10^{-4} \right] \text{ mol·kg}^{-1}$

$$= 1.249\times10^{-3} \text{ mol·kg}^{-1}$$

解法二:

$$b = b_2(O_2) + b_2(N_2) = \frac{n_2(O_2) + n_2(N_2)}{m(H_2O)} = \frac{p[V_2(O_2) + V_2(N_2)]/(RT)}{m(H_2O)}$$

$$= \frac{p[V_1(O_2)\varphi(O_2) + V_1(N_2)\varphi(N_2)]}{RTm(H_2O)}$$

$$= \left[\frac{101.325\times10^3\times(0.21\times4.49+0.79\times2.35)\times10^{-6}}{8.314\times273.15\times100\times10^{-3}} \right] \text{mol·kg}^{-1}$$

$$= 1.249\times10^{-3} \text{ mol·kg}^{-1}$$

查表知水的凝固点降低系数为 $K_f = 1.86 \text{ K·mol}^{-1}\text{·kg}$,因此

$$\Delta T_f = K_f b = (1.86\times1.249\times10^{-3}) \text{ K} = 2.323\times10^{-3} \text{ K}$$

4.17 已知樟脑($C_{10}H_{16}O$)的凝固点降低系数为 $40 \text{ K·mol}^{-1}\text{·kg}$。

(1)某一溶质相对分子质量为 210,溶于樟脑形成质量分数为 0.05 的溶液,求凝固点降低多少?

(2)另一溶质相对分子质量为 9 000,溶于樟脑形成质量分数为 0.05 的溶液,求凝固点降低多少?

解:质量分数和质量摩尔浓度间的关系为

$$w_B = \frac{m_B}{m_A+m_B} = \frac{b_B M_B m_A}{m_A + b_B M_B m_A} = \frac{b_B M_B}{1+b_B M_B}$$

$$b_B = \frac{w_B}{M_B(1-w_B)}$$

因此

$$（1）\Delta T_f = K_f b_B = \frac{K_f w_B}{M_B(1-w_B)} = \left[\frac{40 \times 0.05}{210 \times 10^{-3} \times (1-0.05)} \right] \text{K} = 10.03 \text{ K}$$

$$（2）\Delta T_f = K_f b_B = \frac{K_f w_B}{M_B(1-w_B)} = \left[\frac{40 \times 0.05}{9\,000 \times 10^{-3} \times (1-0.05)} \right] \text{K} = 0.234 \text{ K}$$

试题分析

4.18 现有蔗糖($C_{12}H_{22}O_{11}$)溶于水形成某一浓度的稀溶液,其凝固点为 -0.200 ℃,计算此溶液在 25 ℃时的蒸气压。已知水的 $K_f = 1.86 \text{ K} \cdot \text{mol}^{-1} \cdot \text{kg}$,纯水在 25 ℃时的蒸气压为 $p^* = 3.167 \text{ kPa}$。

解: 首先由凝固点降低公式计算蔗糖的质量摩尔浓度:

$$b_B = \frac{\Delta T_f}{K_f} = \left(\frac{0.200}{1.86} \right) \text{mol} \cdot \text{kg}^{-1} = 0.107\,5 \text{ mol} \cdot \text{kg}^{-1}$$

由题 4.1 结论知:

$$b_B = \frac{x_B}{(1-x_B)M_A}$$

则

$$x_B = \frac{b_B M_A}{1+b_B M_A} = \frac{0.107\,5 \times (18.015 \times 10^{-3})}{1+0.107\,5 \times (18.015 \times 10^{-3})} = 1.933 \times 10^{-3}$$

假设溶剂服从拉乌尔定律,溶质为非挥发性物质,则 25 ℃时溶液的蒸气压为

$$p = p_A = p_A^* x_A = p_A^*(1-x_B) = \left[3.167 \times (1-1.933 \times 10^{-3}) \right] \text{kPa} = 3.161 \text{ kPa}$$

4.19 在 25 ℃时,10 g 某溶质溶于 1 dm^3 溶剂中,测出该溶液的渗透压为 $\Pi = 0.400\,0 \text{ kPa}$,试确定该溶质的相对分子质量。

解: 稀溶液的渗透压公式为

$$\Pi = c_B RT = \frac{n_B}{V}RT \approx \frac{m_B/M_B}{V_A}RT$$

所以

$$M_B = \frac{m_B RT}{\Pi V_A} = \left(\frac{10 \times 8.314 \times 298.15}{0.400\,0 \times 10^3 \times 1 \times 10^{-3}} \right) \text{g} \cdot \text{mol}^{-1} = 6.197 \times 10^4 \text{ g} \cdot \text{mol}^{-1}$$

即溶质的相对分子质量为 6.197×10^4。

4.20 在 20 ℃下将 68.4 g 蔗糖($C_{12}H_{22}O_{11}$)溶于 1 kg 的水中。求:

（1）此溶液的蒸气压;

（2）此溶液的渗透压。

已知 20 ℃下此溶液的密度为 1.024 $\text{g} \cdot \text{cm}^{-3}$。纯水的饱和蒸气压 $p^* = 2.339 \text{ kPa}$。

试题分析

解：以 A 表示水，以 B 表示蔗糖。

（1）溶液的蒸气压

$$p = p_A = p_A^* x_A = p_A^* \frac{m_A/M_A}{m_A/M_A + m_B/M_B}$$

$$= \left(2.339 \times \frac{1\,000/18.015}{1\,000/18.015 + 68.4/342.3}\right) \text{kPa} = 2.33 \text{ kPa}$$

（2）溶液的渗透压

$$\Pi = c_B RT = \frac{n_B}{V} RT = \frac{m_B/M_B}{(m_A + m_B)/\rho} RT$$

$$= \left[\frac{68.4/342.3}{(1\,000 + 68.4)/(1.024 \times 10^6)} \times 8.314 \times 293.15\right] \text{Pa} = 466.8 \text{ kPa}$$

4.21 人的血液（可视为水溶液）在 101.325 kPa 下于 −0.56 ℃ 凝固。已知水的 $K_f = 1.86$ K·mol^{-1}·kg。求：

（1）血液在 37 ℃ 时的渗透压；

（2）在相同温度下，1 dm^3 蔗糖（$C_{12}H_{22}O_{11}$）水溶液中需含有多少克蔗糖才能与血液有相同的渗透压？

解：（1）设血液的质量摩尔浓度为 b_B，则

$$b_B = \frac{\Delta T_f}{K_f} = \left(\frac{0.56}{1.86}\right) \text{mol·kg}^{-1} = 0.301\,1 \text{ mol·kg}^{-1}$$

稀水溶液条件下　　　　$c_B/(\text{mol·dm}^{-3}) \approx b_B/(\text{mol·kg}^{-1})$

因此　　　　　　　　　$c_B = 0.301\,1 \text{ mol·dm}^{-3}$

$$\Pi = c_B RT = (0.301\,1 \times 10^3 \times 8.314 \times 310.15) \text{ Pa} = 776.4 \text{ kPa}$$

（2）渗透压大小与溶质种类无关，渗透压相同则溶质浓度相等，即蔗糖水溶液的浓度为 0.301 1 mol·dm^{-3}。

$$m_B = c_B V M_B = (0.301\,1 \times 1 \times 342.3) \text{ g} = 103.1 \text{ g}$$

即水溶液中含有 103.1 g 蔗糖才能与血液有相同的渗透压。

第五章 化学平衡

第1节 概念、主要公式及其适用条件

1. 摩尔反应吉布斯函数

$$(\partial G / \partial \xi)_{T,p} = \sum_{B} \nu_{B} \mu_{B} = \Delta_{r} G_{m}$$

式中，$(\partial G / \partial \xi)_{T,p}$ 表示在一定温度、压力和组成的条件下，反应进行了 $d\xi$ 的微量进度折合成每摩尔进度时所引起系统吉布斯函数的变化；也可以说是在反应系统为无限大量时进行了 1 mol 进度化学反应所引起系统吉布斯函数的改变，简称摩尔反应吉布斯函数，通常用 $\Delta_{r} G_{m}$ 表示。

2. 化学反应方向及平衡条件

在 T, p 恒定时，反应自发进行的热力学判据为

$$dG = \sum_{B} \mu_{B} dn_{B} < 0$$

反应达到平衡时

$$dG = \sum_{B} \mu_{B} dn_{B} = 0$$

3. 理想气体反应等温方程

$$\Delta_{r} G_{m} = \Delta_{r} G_{m}^{\ominus} + RT \ln J_{p}$$

式中，$\Delta_{r} G_{m}^{\ominus} = \sum_{B} \nu_{B} \mu_{B}^{\ominus}$，称为标准摩尔反应吉布斯函数；$J_{p} = \prod_{B} (p_{B}/p^{\ominus})^{\nu_{B}}$，称为反应的压力商，其量纲为 1。

等温方程可用于计算理想气体（或低压下的真实气体）在 T, p 及组成一定、反应进度为 1 mol 时的吉布斯函数变化，用于反应方向的判断。

4. 标准平衡常数的计算式

$$K^{\ominus} = \prod_{B} (p_B^{eq}/p^{\ominus})^{\nu_B} \quad (\text{理想气体})$$

式中, p_B^{eq} 为组分 B 的平衡分压; ν_B 为 B 的化学计量数。$K^{\ominus}$ 的量纲为 1。此式只适用于理想气体。

5. 标准平衡常数定义式

$$\ln K^{\ominus} = -\Delta_r G_m^{\ominus}/(RT)$$

或

$$K^{\ominus} = \exp\left[-\Delta_r G_m^{\ominus}/(RT)\right]$$

此式是一个普遍的公式,不仅适用于理想气体化学反应,也适用于真实气体、液态混合物及溶液中的化学反应。

6. 理想气体反应的其他平衡常数

$$K_p = \prod_{B} p_B^{\nu_B}, \quad K_c^{\ominus} = \prod_{B} (c_B/c^{\ominus})^{\nu_B}, \quad K_y = \prod_{B} y_B^{\nu_B}, \quad K_n = \prod_{B} n_B^{\nu_B}$$

式中, p_B, c_B, y_B 和 n_B 分别为 B 组分的分压、浓度、摩尔分数和物质的量。

各平衡常数之间的关系为

$$K^{\ominus} = K_p (p^{\ominus})^{-\sum \nu_B(g)} = K_c^{\ominus} (c^{\ominus}RT/p^{\ominus})^{\sum \nu_B(g)}$$
$$= K_y (p/p^{\ominus})^{\sum \nu_B(g)} = K_n \left[p/(p^{\ominus} \sum n_B)\right]^{\sum \nu_B(g)}$$

式中, $\sum \nu_B(g)$ 为参加反应的气态化学物质化学计量数的代数和。

各平衡常数中, $K^{\ominus}$, K_p 和 $K_c^{\ominus}$ 都只是温度的函数; K_y 和 K_n 除了是温度的函数外,还是总压 p 的函数;而 K_n 还与系统中总的气相组分物质的量有关。不过当反应方程式中气体的计量系数之和 $\sum \nu_B(g) = 0$ 时,

$$K^{\ominus} = K_p = K_c^{\ominus} = K_y = K_n$$

7. $K^{\ominus}$ 的计算

计算 $K^{\ominus}$ 有两条思路。

其一,通过热力学量 $\Delta_r G_m^{\ominus}$ 来计算 $K^{\ominus}$: $\Delta_r G_m^{\ominus} = -RT \ln K^{\ominus}$。计算 $\Delta_r G_m^{\ominus}$ 的方法常用的有三种。

(1) 通过化学反应的 $\Delta_r H_m^{\ominus}$ 和 $\Delta_r S_m^{\ominus}$ 来计算 $\Delta_r G_m^{\ominus}$

$$\Delta_r G_m^{\ominus} = \Delta_r H_m^{\ominus} - T\Delta_r S_m^{\ominus}$$

式中，$\Delta_r H_m^\ominus = \sum_B \nu_B \Delta_f H_m^\ominus(B) = - \sum_B \nu_B \Delta_c H_m^\ominus(B)$，$\Delta_r S_m^\ominus = \sum_B \nu_B S_m^\ominus(B)$。

（2）通过 $\Delta_f G_m^\ominus$ 计算 $\Delta_r G_m^\ominus$

$$\Delta_r G_m^\ominus = \sum_B \nu_B \Delta_f G_m^\ominus(B)$$

（3）通过相关反应计算 $\Delta_r G_m^\ominus$

如果一个反应可由其他反应线性组合得到，那么该反应的 $\Delta_r G_m^\ominus$ 也可由相应反应的 $\Delta_r G_m^\ominus$ 线性组合得到。

其二，可由实验测得的平衡组成的数据计算 $K^\ominus$：$K^\ominus = \prod_B (p_B^{eq}/p^\ominus)^{\nu_B}$（理想气体）。

8. 温度对 $K^\ominus$ 的影响——范特霍夫方程

微分式
$$\frac{\mathrm{d}\ln K^\ominus}{\mathrm{d}T} = \frac{\Delta_r H_m^\ominus}{RT^2}$$

当 $\Delta_r H_m^\ominus$ 为常数时，积分上式得

定积分式
$$\ln\frac{K_2^\ominus}{K_1^\ominus} = -\frac{\Delta_r H_m^\ominus}{R}\left(\frac{1}{T_2} - \frac{1}{T_1}\right)$$

不定积分式
$$\ln K^\ominus = -\Delta_r H_m^\ominus/(RT) + C$$

若 $\Delta_r H_m^\ominus$ 随温度变化，则需将其函数关系代入微分式进行积分，以得到 $\ln K^\ominus$ 与 T 的关系式。也可利用热力学方法，先求得 T_2 下的 $\Delta_r G_m^\ominus(T_2)$，再计算 $K^\ominus(T_2)$。

9. 压力、惰性组分及反应物的量对平衡移动的影响

平衡常数 $K^\ominus$ 只是温度的函数。温度不变的情况下改变其他反应条件，不能改变 $K^\ominus$，但对于 $\sum \nu_B(g) \neq 0$ 的反应，却可以通过改变 K_y，K_n 等使平衡发生移动，进而影响反应物的平衡转化率。

（1）压力对理想气体反应平衡移动的影响

利用 $K^\ominus = K_y(p/p^\ominus)^{\sum \nu_B(g)}$ 进行判断。增大总压 p，平衡向生成气体物质的量较小的方向移动，因此对 $\sum \nu_B(g) < 0$ 的反应有利。

（2）惰性组分对平衡移动的影响（注意不限于惰性气体）

T，p 一定时，加入惰性组分，平衡向生成气体物质的量较大 $[\sum \nu_B(g) > 0]$ 的方向移动；若 T，V 一定时，加入惰性组分，平衡将不发生移动。

（3）反应物的量对平衡移动的影响

T,V 一定时,增加反应物的量则平衡向右移动,对产物的生成有利;T,p 一定时,增加反应物的量却不一定总使平衡向右移动。当起始原料气中两组分 A,B 的摩尔比等于其化学计量数之比,即 $r=\dfrac{n_B}{n_A}=\dfrac{b}{a}$ 时,产物在混合气中的含量(摩尔分数)最大。

10. 真实气体反应的化学平衡

$$K^{\ominus}=\prod_B(\tilde{p}_B^{eq}/p^{\ominus})^{\nu_B}=\prod_B(\varphi_B^{eq})^{\nu_B}\prod_B(p_B^{eq}/p^{\ominus})^{\nu_B}=K_{\varphi}K_p^{\ominus}$$

式中,$\tilde{p}_B^{eq},\varphi_B^{eq},p_B^{eq}$ 分别为气体 B 在化学反应达到平衡时的逸度、逸度因子和分压,且 $\tilde{p}_B^{eq}=p_B^{eq}\varphi_B^{eq}$。$K^{\ominus}$ 为用逸度表示的标准平衡常数,与 $\Delta_r G_m^{\ominus}$ 相关,$\Delta_r G_m^{\ominus}=-RT\ln K^{\ominus}=-RT\ln\prod_B(\tilde{p}_B/p^{\ominus})^{\nu_B}$;$K_p^{\ominus}$ 为用平衡分压表示的标准平衡常数。

第 2 节 概 念 题

5.2.1 填空题

1. 在 T,p 及组成一定的条件下,反应 $0=\sum\nu_B B$ 的 $\Delta_r G_m$ 与反应进度 ξ,化学势 μ_B,$\Delta_r H_m$,$\Delta_r S_m$ 及 $K^{\ominus}$,J_p 之间的关系式为

$$\Delta_r G_m=(\quad)=(\quad)=(\quad)=(\quad)$$

2. 25 ℃时,反应 $N_2O_4(g)\Longrightarrow 2NO_2(g)$ 的 $K^{\ominus}=0.147\ 2$,当 $p(N_2O_4)=p(NO_2)=10$ kPa 时,反应将向(　　)方向进行。

3. 500.15 K 时,反应 $2CO(g)+O_2(g)\Longrightarrow 2CO_2(g)$ 的 $\Delta_r G_m^{\ominus}=-433.12$ kJ·mol^{-1},则反应的标准平衡常数 $K^{\ominus}=(\quad)$。

4. 温度为 T 的某抽空容器中,$NH_4HCO_3(s)$ 发生下列分解反应:

$$NH_4HCO_3(s)\Longrightarrow NH_3(g)+CO_2(g)+H_2O(g)$$

反应达到平衡时,气体的总压为 60 kPa,则此反应的标准平衡常数 $K^{\ominus}=(\quad)$。

5. 某化学反应 $\Delta_r C_{p,m}=0$,298 K 时 $\Delta_r H_m^{\ominus}<0$,$\Delta_r S_m^{\ominus}>0$,那么

$$\left(\frac{\partial \Delta_r H_m^{\ominus}}{\partial T}\right)_p (\qquad)$$

$$\left(\frac{\partial \Delta_r S_m^{\ominus}}{\partial T}\right)_p (\qquad)$$

$$\left(\frac{\partial \ln K^{\ominus}}{\partial T}\right)_p (\qquad)$$

（填>0,<0 或 =0。）

6. 已知 1 000 K 时下列三个反应：

（1）$CO(g) + \frac{1}{2}O_2(g) \Longrightarrow CO_2(g)$, $\quad K_1^{\ominus} = 1.659 \times 10^{10}$

（2）$C(s) + CO_2(g) \Longrightarrow 2CO(g)$, $\quad K_2^{\ominus} = 1.719$

（3）$C(s) + \frac{1}{2}O_2(g) \Longrightarrow CO(g)$, $\quad K_3^{\ominus}$

则 $K_3^{\ominus} = ($　　　$)$。

试题分析

7. 25 ℃ 时, 水蒸气的标准生成吉布斯函数 $\Delta_f G_m^{\ominus}(H_2O, g) = -228.572 \text{ kJ} \cdot \text{mol}^{-1}$。同样温度下, 反应 $2H_2O(g) \Longrightarrow 2H_2(g) + O_2(g)$ 的标准平衡常数 $K^{\ominus} = ($　　　$)$。

8. 温度 T 时, 理想气体反应 $CO(g) + \frac{1}{2}O_2(g) \Longrightarrow CO_2(g)$ 达到平衡, 标准平衡常数为 $K^{\ominus}$。现维持温度不变, 增加 $CO(g)$ 的压力, 则反应的 $K^{\ominus}$ 将（　　　）。

相关资料

9. 反应系统中有 $2NO(g) + O_2(g) \Longrightarrow 2NO_2(g)$ 反应存在, 在一定条件下反应达到平衡。已知该反应的 $\Delta_r H_m^{\ominus} < 0$, 若温度不变增大压力, 则平衡（　　　）；若温度、体积不变, 加入惰性气体, 则平衡（　　　）；若压力不变, 降低温度, 则平衡（　　　）。（填向左移动、向右移动或不变。）

10. 在 $T = 380$ K, $p = 2.00$ kPa 下, 反应 $C_6H_5C_2H_5(g) \Longrightarrow C_6H_5C_2H_3(g) + H_2(g)$ 达到平衡。此时, 向反应系统中加入一定量的惰性组分 $H_2O(g)$, 则标准平衡常数 $K^{\ominus}($　　　$)$, $C_6H_5C_2H_5(g)$ 的平衡转化率 $\alpha($　　　$)$, $C_6H_5C_2H_3(g)$ 的摩尔分数 $y(C_6H_5C_2H_3)($　　　$)$。（填增大、减小或不变。）

5.2.2　选择题

1. 恒温恒压下化学反应达到平衡时 $\Delta_r G_m = ($　　　$)$, $\sum \nu_B \mu_B = ($　　　$)$, $\Delta_r G_m^{\ominus} = ($　　　$)$。

（a）>0；　　　（b）= 0；　　　（c）<0；　　　（d）无法确定。

2. 25 ℃ 时,某反应的标准平衡常数 $K^{\ominus} = 4.18 \times 10^7$,则反应的 $\Delta_r G_m^{\ominus} = ($ $)$ kJ·mol^{-1}。

(a) 43.5;   (b) −43.5;   (c) 0.145 9;   (d) −0.145 9。

3. 某化学反应 $2A(g) + B(s) \Longrightarrow 3D(g)$ 在一定温度下达到平衡,则各物质的化学势之间的关系是(   )。

(a) $\mu_D(g) - 2\mu_A(g) - \mu_B(s) = 0$;   (b) $3\mu_D(g) - 2\mu_A(g) = 0$;

(c) $3\mu_D(g) - 2\mu_A(g) + \mu_B(s) = 0$;   (d) $3\mu_D(g) - 2\mu_A(g) - \mu_B(s) = 0$。

4. 某温度下,理想气体反应(1) $A(g) + B(g) \Longrightarrow C(g)$,$K_1^{\ominus} = 0.25$;则反应(2) $C(g) \Longrightarrow A(g) + B(g)$ 的 $K_2^{\ominus} = ($ $)$;反应(3) $2A(g) + 2B(g) \Longrightarrow 2C(g)$ 的 $K_3^{\ominus} = ($ $)$。

(a) 0.25;   (b) 0.062 5;   (c) 4.0;   (d) 0.50。

5. 在 $T = 293.15$ K,$V = 2.4$ dm^3 的抽空容器中装有过量的 $NH_4HS(s)$,发生分解反应 $NH_4HS(s) \Longrightarrow NH_3(g) + H_2S(g)$,平衡压力为 45.30 kPa,则此反应的 $K^{\ominus} = ($ $)$。

(a) 0.062 7;   (b) 0.102 6;   (c) 0.135 4;   (d) 0.051 3。

6. 已知下列反应的标准平衡常数与温度的关系为

(1) $A(g) + B(g) \Longrightarrow 2C(g)$,$\ln K_1^{\ominus} = \dfrac{3\ 134}{T/K} - 5.43$

(2) $C(g) + D(g) \Longrightarrow B(g)$,$\ln K_2^{\ominus} = \dfrac{-1\ 638}{T/K} - 6.02$

(3) $A(g) + D(g) \Longrightarrow C(g)$,$\ln K_3^{\ominus} = \dfrac{A}{T/K} + B$

式中,A 和 B 的量纲为 1,则 $A = ($ $)$,$B = ($ $)$。

(a) 4 772,0.95;   (b) 1 496,−11.45;

(c) −4 772,−0.95;   (d) −542,17.45。

7. 298.15 K 时,反应 $2Ag_2O(s) \Longrightarrow 4Ag(s) + O_2(g)$ 的 $\Delta_r G_m^{\ominus} = 22.40$ kJ·mol^{-1},同样温度下 $\Delta_f G_m^{\ominus}(Ag_2O, s) = ($ $)$;$\Delta_f G_m^{\ominus}(Ag, s) = ($ $)$。

(a) 11.20,11.20;   (b) −22.40,0;

(c) −11.20,11.20;   (d) −11.20,0。

8. 已知 300~400 K 时,某化学反应的标准平衡常数与温度的关系为 $\ln K^{\ominus} = \dfrac{3\ 444.7}{T/K} - 26.365$。在此温度范围内,降低温度则 $K^{\ominus}($ $)$,$\Delta_r H_m^{\ominus}($ $)$。

(a) 增大,减小;   (b) 增大,不变;

（c）减小，不变；　　　　　　　　　（d）减小，减小。

9. 已知 $2NO(g)+O_2(g) \Longrightarrow 2NO_2(g)$ 为放热反应。反应达平衡后，欲使平衡向右移动以获得更多的 $NO_2(g)$，可采取的措施有（　　）。

（a）降温和减压；　　　　　　　　　（b）降温和增压；

（c）升温和减压；　　　　　　　　　（d）升温和增压。

10. 恒温恒压下加入惰性气体，下列反应中，反应物的平衡转化率增大的反应是（　　）。

（a）$C_6H_5C_2H_5(g) \Longrightarrow C_6H_5C_2H_3(g)+H_2(g)$；

（b）$CO(g)+H_2O(g) \Longrightarrow CO_2(g)+H_2(g)$；

（c）$(3/2)H_2(g)+(1/2)N_2(g) \Longrightarrow NH_3(g)$；

（d）$CH_3COOH(l)+C_2H_5OH(l) \Longrightarrow H_2O(l)+CH_3COOC_2H_5(l)$。

概念题答案

5.2.1　填空题

1. $(\partial G/\partial \xi)_{T,p}$；$\sum_B \nu_B \mu_B$；$\Delta_r H_m - T\Delta_r S_m$；$RT\ln(J_p/K^{\ominus})$

2. 正（或者生成 NO_2 的方向）

$$J_p = \frac{[p(NO_2)/p^{\ominus}]^2}{p(N_2O_4)/p^{\ominus}} = \frac{(10/100)^2}{10/100} = 0.1 < K^{\ominus}，反应向产物方向进行。$$

3. 1.722×10^{45}

$$\Delta_r G_m^{\ominus} = -RT\ln K^{\ominus}$$

$$\ln K^{\ominus} = -\frac{\Delta_r G_m^{\ominus}}{RT} = -\frac{-433\ 120}{500.15 \times 8.314} = 104.16$$

$$K^{\ominus} = 1.722 \times 10^{45}$$

4. 8.0×10^{-3}

$$K^{\ominus} = [p/(3p^{\ominus})]^3 = (60/300)^3 = 8.0 \times 10^{-3}$$

5. $=0$；$=0$；<0

由于 $\left(\dfrac{\partial \Delta_r H_m^{\ominus}}{\partial T}\right)_p = \Delta_r C_{p,m}$，$\left(\dfrac{\partial \Delta_r S_m^{\ominus}}{\partial T}\right)_p = \dfrac{\Delta_r C_{p,m}}{T}$，$\left(\dfrac{\partial \ln K^{\ominus}}{\partial T}\right)_p = \dfrac{\Delta_r H_m^{\ominus}}{RT^2}$，因此 $\left(\dfrac{\partial \Delta_r H_m^{\ominus}}{\partial T}\right)_p = 0$，$\left(\dfrac{\partial \Delta_r S_m^{\ominus}}{\partial T}\right)_p = 0$，$\left(\dfrac{\partial \ln K^{\ominus}}{\partial T}\right)_p < 0$。

6. 2.852×10^{10}

式（3）= 式（1）+式（2），所以 $K_3^{\ominus} = K_1^{\ominus} K_2^{\ominus} = 2.852 \times 10^{10}$

7. 8.08×10^{-81}

此反应的 $\Delta_r G_m^{\ominus} = -2\Delta_f G_m^{\ominus}(H_2O, g)$，所以

$$\ln K^{\ominus} = \frac{2\Delta_f G_m^{\ominus}(H_2O, g)}{RT} = \frac{2 \times (-228.572 \times 10^3)}{298.15 \times 8.314} = -184.42$$

$$K^{\ominus} = 8.08 \times 10^{-81}$$

8. 不变

标准平衡常数 $K^{\ominus}$ 只是温度的函数，温度不变则 $K^{\ominus}$ 不变，与各组分的压力无关。

9. 向右移动；不变；向右移动

在温度不变的条件下，增大总压 p，平衡向生成气体物质的量较小的方向移动，所以平衡向右移动。

若是 T, V 一定，加入惰性气体，不改变各反应组分的分压，平衡将不发生移动。

由于该反应的 $\Delta_r H_m^{\ominus} < 0$，即反应为放热反应，降低温度，平衡向放热方向移动，因此，平衡向右移动。

10. 不变；增大；减小

指定反应的 $K^{\ominus}$ 只是 T 的函数，T 不变则 $K^{\ominus}$ 不变。

由 $K^{\ominus} = [\alpha^2/(1-\alpha)] \times (p/p^{\ominus})/[1+\alpha+n(H_2O)]$ 可知，在 T, p 恒定下，加入 $H_2O(g)$ 使气体的物质的量增大，α 必须增大，才能保证 $K^{\ominus}$ 不变。

由 $y(C_6H_5C_2H_3) = \alpha/[1+\alpha+n(H_2O)]$ 可知，$H_2O(g)$ 的稀释作用使 $y(C_6H_5C_2H_3)$ 减小。

5.2.2　选择题

1. （b）；（b）；（d）

化学反应达到平衡时，$\Delta_r G_m = 0$，$\sum \nu_B \mu_B = 0$，但 $\Delta_r G_m^{\ominus}$ 无法确定。

2. （b）

$$\begin{aligned} \Delta_r G_m^{\ominus} &= -RT\ln K^{\ominus} \\ &= [-8.314 \times 298.15 \times \ln(4.18 \times 10^7) \times 10^{-3}] \ kJ \cdot mol^{-1} \\ &= -43.5 \ kJ \cdot mol^{-1} \end{aligned}$$

3. （d）

化学反应平衡条件为 $\sum \nu_B \mu_B = 0$，即 $\sum \nu_B \mu_B = 3\mu_D - 2\mu_A - \mu_B = 0$。

4. (c); (b)

反应(2)为反应(1)的逆反应,所以 $K_2^{\ominus}=1/K_1^{\ominus}=1/0.25=4.0$;反应(1)×2=反应(3),所以 $K_3^{\ominus}=(K_1^{\ominus})^2=0.25^2=0.062\ 5$。

5. (d)

$$NH_4HS(s) \Longrightarrow NH_3(g) + H_2S\ (g) \qquad K^{\ominus}=\left(\frac{p}{2p^{\ominus}}\right)^2=\left(\frac{45.30}{200}\right)^2=0.051\ 3$$

6. (b)

反应(1)+反应(2)=反应(3),所以 $K_3^{\ominus}=K_1^{\ominus}K_2^{\ominus}$

$$\ln K_3^{\ominus}=\ln K_1^{\ominus}+\ln K_2^{\ominus}=\frac{1\ 496}{T/K}-11.45, A=1\ 496, B=-11.45。$$

7. (d)

$\Delta_f G_m^{\ominus}(Ag_2O,\ s)$ 等于反应 $2Ag(s) + 1/2O_2\ (g) \Longrightarrow Ag_2O\ (s)$ 的 $\Delta_r G_m^{\ominus}$,所以

$$\Delta_f G_m^{\ominus}(Ag_2O,s)=\left[\frac{1}{2}\times(-22.40)\right]\ kJ\cdot mol^{-1}=-11.20\ kJ\cdot mol^{-1}$$

$$\Delta_f G_m^{\ominus}(Ag,s)=0$$

8. (b)

$\ln K^{\ominus}=-\Delta_r G_m^{\ominus}/(RT)=-\Delta_r H_m^{\ominus}/(RT)+\Delta_r S_m^{\ominus}/R$,与 $\ln K^{\ominus}=\dfrac{3\ 444.7}{T/K}-$ 26.365对比可知,$\Delta_r H_m^{\ominus}=(-3\ 444.7\ K)R<0$,即反应为放热反应。降低温度平衡向放热方向移动,所以降低温度 $K^{\ominus}$ 变大。$\Delta_r H_m^{\ominus}=(-3\ 444.7\ K)R$ 为定值,$(\partial\Delta_r H_m^{\ominus}/\partial T)_p=0$,所以,降低温度 $\Delta_r H_m^{\ominus}$ 不变。

9. (b)

升高温度,平衡向吸热方向移动。题给反应为放热反应,为使反应向产物方向移动,应降低温度;增大压力,平衡向生成气体物质的量较少的方向移动。题给反应生成产物 $NO_2(g)$ 的方向正是气体物质的量较少的方向,故应增大压力。

10. (a)

恒温恒压下加入惰性气体,反应向生成气体物质的量增大的方向移动。反应(a)中,产物方向是生成气体物质的量较大的方向,故恒温恒压下加入惰性气体,反应(a)向生成产物方向移动,反应物平衡转化率增大。

第 3 节 习 题 解 答

5.1 已知四氧化二氮的分解反应如下:

$$N_2O_4(g) \rightleftharpoons 2NO_2(g)$$

试题分析

在 298.15 K 时, $\Delta_r G_m^\ominus = 4.75 \text{ kJ} \cdot \text{mol}^{-1}$。试判断在此温度及下列条件下,反应进行的方向。

(1) $N_2O_4(100 \text{ kPa})$, $NO_2(1\ 000 \text{ kPa})$;

(2) $N_2O_4(1\ 000 \text{ kPa})$, $NO_2(100 \text{ kPa})$;

(3) $N_2O_4(300 \text{ kPa})$, $NO_2(200 \text{ kPa})$。

解: 由 J_p 进行判断。根据 $\Delta_r G_m^\ominus = -RT \ln K^\ominus$, 得

$$K^\ominus = \exp\left(-\frac{\Delta_r G_m^\ominus}{RT}\right) = \exp\left(-\frac{4.75 \times 10^3}{8.314 \times 298.15}\right) = 0.147\ 2$$

$$J_p = \frac{\left[p(NO_2)/p^\ominus\right]^2}{p(N_2O_4)/p^\ominus}$$

(1) $J_p = \dfrac{(1\ 000/100)^2}{100/100} = 10^2$, $J_p > K^\ominus$, 反应向左进行。

(2) $J_p = \dfrac{(100/100)^2}{1\ 000/100} = 0.1$, $J_p < K^\ominus$, 反应向右进行。

(3) $J_p = \dfrac{(200/100)^2}{300/100} = 1.333$, $J_p > K^\ominus$, 反应向左进行。

5.2 一定条件下, Ag 与 H_2S 可能发生下列反应:

$$2Ag(s) + H_2S(g) \rightleftharpoons Ag_2S(s) + H_2(g)$$

试题分析

25 ℃, 100 kPa 下, 将 Ag 置于体积比为 10:1 的 $H_2(g)$ 与 $H_2S(g)$ 混合气体中。

(1) Ag 是否会发生腐蚀而生成 Ag_2S?

(2) 混合气体中 H_2S 气体的体积分数为多少时, Ag 不会腐蚀生成 Ag_2S?

已知 25 ℃ 时, $H_2S(g)$ 和 $Ag_2S(s)$ 的标准摩尔生成吉布斯函数分别为 $-33.56 \text{ kJ} \cdot \text{mol}^{-1}$ 和 $-40.26 \text{ kJ} \cdot \text{mol}^{-1}$。

解: (1) 对于反应 $2Ag(s) + H_2S(g) \rightleftharpoons Ag_2S(s) + H_2(g)$, 有

$$\Delta_r G_m^\ominus = \sum_B \nu_B \Delta_f G_m^\ominus(B, \beta)$$

$$= \Delta_f G_m^{\ominus}(Ag_2S,s) + \Delta_f G_m^{\ominus}(H_2,g) - 2\Delta_f G_m^{\ominus}(Ag,s) - \Delta_f G_m^{\ominus}(H_2S,g)$$

$$= (-40.26+33.56)\ kJ\cdot mol^{-1} = -6.7\ kJ\cdot mol^{-1}$$

根据化学反应等温方程

$$\Delta_r G_m = \Delta_r G_m^{\ominus} + RT \ln \prod_B (p_B/p^{\ominus})^{\nu_B}$$

在混合气体中,$p(H_2,g) = 10p(H_2S,g)$,所以

$$\Delta_r G_m = \Delta_r G_m^{\ominus} + RT \ln \frac{p(H_2,g)/p^{\ominus}}{p(H_2S,g)/p^{\ominus}} = \Delta_r G_m^{\ominus} + RT \ln 10$$

$$= (-6.7+8.314\times298.15\times10^{-3}\times\ln10)\ kJ\cdot mol^{-1} = -0.992\ kJ\cdot mol^{-1} < 0$$

$\Delta_r G_m < 0$,反应正向进行,即 Ag 会发生腐蚀,生成 Ag_2S。

（2）要使上述反应不能进行,则需 $\Delta_r G_m \geq 0$。设反应总压为 p,混合气体中 H_2S 气体的体积分数为 $\varphi(H_2S)$,则

$$\Delta_r G_m = \Delta_r G_m^{\ominus} + RT \ln \frac{p(H_2,g)/p^{\ominus}}{p(H_2S,g)/p^{\ominus}} = \Delta_r G_m^{\ominus} + RT \ln \frac{[1-\varphi(H_2S)]p/p^{\ominus}}{\varphi(H_2S)p/p^{\ominus}}$$

$$= \left[-6.7\times10^3 + 298.15\times8.314\times\ln\frac{1-\varphi(H_2S)}{\varphi(H_2S)}\right] J\cdot mol^{-1} \geq 0$$

解得　　　　　　　　　$\varphi(H_2S) \leq 0.062\ 8$

即混合气体中 H_2S 气体的体积分数小于等于 0.062 8 时,Ag 不会发生腐蚀生成Ag_2S。

5.3 已知同一温度,两反应方程及其标准平衡常数如下:

$$CH_4(g) + CO_2(g) \Longrightarrow 2CO(g) + 2H_2(g) \qquad K_1^{\ominus}$$

$$CH_4(g) + H_2O(g) \Longrightarrow CO(g) + 3H_2(g) \qquad K_2^{\ominus}$$

求下列反应的 $K^{\ominus}$:

$$CH_4(g) + 2H_2O(g) \Longrightarrow CO_2(g) + 4H_2(g)$$

解:题目给出三个反应:

（1）$CH_4(g) + CO_2(g) \Longrightarrow 2CO(g) + 2H_2(g)$

（2）$CH_4(g) + H_2O(g) \Longrightarrow CO(g) + 3H_2(g)$

（3）$CH_4(g) + 2H_2O(g) \Longrightarrow CO_2(g) + 4H_2(g)$

三个反应之间的关系为

$$反应(3) = 反应(2)×2 - 反应(1)$$

因此 $\qquad\qquad\qquad\qquad \Delta_r G_m^\ominus = 2\Delta_r G_{m,2}^\ominus - \Delta_r G_{m,1}^\ominus$

根据 $\qquad\qquad\qquad\qquad \Delta_r G_m^\ominus = -RT\ln K^\ominus$

容易推出 $\qquad\qquad\qquad\qquad K^\ominus = (K_2^\ominus)^2 / K_1^\ominus$

5.4 在一个抽空的恒容容器中引入氯和二氧化硫,若它们之间没有发生反应,则在 375.3 K 时的分压分别为 47.836 kPa 和 44.786 kPa。将容器保持在 375.3 K,经一定时间后,总压减少至 86.096 kPa,且维持不变。求下列反应的 $K^\ominus$。

试题分析

$$SO_2Cl_2(g) \Longrightarrow SO_2(g) + Cl_2(g)$$

解：设所有气体均可视为理想气体。首先进行反应各组分的物料衡算。各组分的分压为

$$SO_2Cl_2(g) \Longrightarrow SO_2(g) \qquad + \qquad Cl_2(g)$$

初始时 $\qquad\qquad\qquad\qquad p_0(SO_2) \qquad\qquad p_0(Cl_2)$

平衡时 $\qquad\quad p_x \qquad\quad p_0(SO_2) - p_x \qquad p_0(Cl_2) - p_x$

反应平衡时,系统总压为

$$p_{总} = p_x + p_0(SO_2) - p_x + p_0(Cl_2) - p_x = p_0(SO_2) + p_0(Cl_2) - p_x$$

所以

$$p_x = p_0(SO_2) + p_0(Cl_2) - p_{总}$$
$$= (47.836 + 44.786 - 86.096)\ kPa = 6.526\ kPa$$

上述反应的标准平衡常数为

$$K^\ominus = K_p(p^\ominus)^{-\Sigma \nu_B} = \frac{[p_0(SO_2) - p_x][p_0(Cl_2) - p_x]}{p_x}(p^\ominus)^{-1}$$
$$= \frac{(47.836 - 6.526)(44.786 - 6.526)}{6.526} \times (100)^{-1}$$
$$= 2.42$$

5.5 900 ℃,3×10^6 Pa 下,使物质的量之比为 3∶1 的氢、氮混合气体通过铁催化剂来合成氨。反应达到平衡时,测得混合气体的体积相当于 273.15 K,101.325 kPa 的干燥气体(不含水蒸气)2.024 dm^3,其中氨气所占的摩尔分数为 2.056×10^{-3}。求此温度下反应的 $K^\ominus$。

$$3H_2(g) + N_2(g) \Longrightarrow 2NH_3(g)$$

解：先求出平衡时混合气体中各组分的物质的量：

$$n_{总} = \frac{pV}{RT} = \left(\frac{101.325 \times 10^3 \times 2.024 \times 10^{-3}}{8.314 \times 273.15}\right) \text{ mol} = 9.031 \times 10^{-2} \text{ mol}$$

其中氨气的物质的量为

$$n(NH_3) = y(NH_3)n_{总} = (2.056 \times 10^{-3} \times 9.031 \times 10^{-2}) \text{ mol} = 1.857 \times 10^{-4} \text{ mol}$$

由于氢气与氮气的物质的量之比为 3:1，等于其化学计量数之比，因此

$$n(N_2) = \frac{n_{总} - n(NH_3)}{4} = \left(\frac{9.031 \times 10^{-2} - 1.857 \times 10^{-4}}{4}\right) \text{ mol} = 2.253 \times 10^{-2} \text{ mol}$$

$$n(H_2) = 3n(N_2) = (3 \times 2.253 \times 10^{-2}) \text{ mol} = 6.759 \times 10^{-2} \text{ mol}$$

又 $\qquad p_{总} = 3\ 000 \text{ kPa}, p^{\ominus} = 100 \text{ kPa}, \sum \nu_B = 2 - 1 - 3 = -2$

所以

$$K^{\ominus} = K_n \left(\frac{p}{p^{\ominus} \sum n_B}\right)^{\sum \nu_B} = \frac{[n(NH_3)]^2}{[n(N_2)][n(H_2)]^3} \left(\frac{p}{p^{\ominus} \sum n_B}\right)^{\sum \nu_B}$$

$$= \frac{(1.857 \times 10^{-4})^2}{(2.253 \times 10^{-2})(6.759 \times 10^{-2})^3} \times \left(\frac{3 \times 10^3}{100 \times 9.031 \times 10^{-2}}\right)^{-2}$$

$$= 4.49 \times 10^{-8}$$

5.6 PCl_5 分解反应如下：

$$PCl_5(g) \Longrightarrow PCl_3(g) + Cl_2(g)$$

在 200 ℃ 时的 $K^{\ominus} = 0.312$，计算：

（1）200 ℃，200 kPa 下 PCl_5 的解离度；

（2）物质的量之比为 1:5 的 PCl_5 与 Cl_2 的混合物，在 200℃，100 kPa 下达到平衡时 PCl_5 的解离度。

解：解法一：借助物质的量表示的平衡常数 K_n 来求解。

（1）设 200 ℃，200 kPa 下 PCl_5 的初始的物质的量为 1 mol，解离度为 α，则

$$PCl_5(g) \Longrightarrow PCl_3(g) + Cl_2(g)$$

初始时 n_B/mol	1	0	0	
平衡时 n_B/mol	$1-\alpha$	α	α	$\sum n_B$/mol $= 1+\alpha$
				$\sum \nu_B = 1 + 1 - 1 = 1$

反应的标准平衡常数为

$$K^{\ominus} = K_n\left(\frac{p}{p^{\ominus}\sum\limits_{B}n_B}\right)^{\sum\nu_B} = \frac{\alpha^2}{1-\alpha}\frac{p}{p^{\ominus}(1+\alpha)} = \frac{\alpha^2}{(1-\alpha^2)}\frac{p}{p^{\ominus}}$$

代入数据, $\dfrac{\alpha^2}{1-\alpha^2}\dfrac{200\text{ kPa}}{100\text{ kPa}} = \dfrac{2\alpha^2}{1-\alpha^2} = 0.312$, 解得 $\alpha = 0.367 = 36.7\%$。

（2）设开始时 PCl_5 的物质的量为 1 mol, 解离度为 α, 则

$$PCl_5(g) \Longrightarrow PCl_3(g) + Cl_2(g)$$

初始时 n_B/mol 　　　1　　　　　　0　　　　　　5

平衡时 n_B/mol 　　$1-\alpha$　　　　α　　　　　$5+\alpha$　　　$\sum n_B/\text{mol} = (6+\alpha)n$

$\sum\nu_B = 1+1-1 = 1$

反应的标准平衡常数为

$$K^{\ominus} = K_n\left(\frac{p}{p^{\ominus}\sum\limits_{B}n_B}\right)^{\sum\nu_B} = \frac{\alpha(5+\alpha)}{1-\alpha}\frac{p}{(6+\alpha)p^{\ominus}}$$

将各数据代入得 $1.307\,9\alpha^2 + 6.539\,6\alpha - 1.847\,5 = 0$, 解得 $\alpha = 0.268 = 26.8\%$。

解法二:利用标准平衡常数定义式求解。

（1）设 200 ℃, 200 kPa 下 PCl_5 的初始的物质的量为 1 mol, 解离度为 α, 则

$$PCl_5(g) \Longrightarrow PCl_3(g) + Cl_2(g)$$

初始时 n_B/mol 　　　1　　　　　　0　　　　　　0

平衡时 n_B/mol 　　$1-\alpha$　　　　α　　　　　α　　　$\sum n_B/\text{mol} = 1+\alpha$

平衡时分压　　　$\dfrac{1-\alpha}{1+\alpha}p$　　　$\dfrac{\alpha}{1+\alpha}p$　　　$\dfrac{\alpha}{1+\alpha}p$

反应的标准平衡常数为

$$K^{\ominus} = \prod_{B}(p_B^{eq}/p^{\ominus})^{\nu_B} = \frac{[p(PCl_3)/p^{\ominus}][p(Cl_2)/p^{\ominus}]}{p(PCl_5)/p^{\ominus}} = \frac{\left(\dfrac{\alpha}{1+\alpha}\dfrac{p}{p^{\ominus}}\right)^2}{\dfrac{1-\alpha}{1+\alpha}\dfrac{p}{p^{\ominus}}} = \frac{\alpha^2}{1-\alpha^2}\frac{p}{p^{\ominus}}$$

代入数据, $\dfrac{\alpha^2}{1-\alpha^2}\dfrac{200\text{ kPa}}{100\text{ kPa}} = \dfrac{2\alpha^2}{1-\alpha^2} = 0.312$, 解得 $\alpha = 0.367 = 36.7\%$。

（2）设开始时 PCl_5 的物质的量为 1 mol, 解离度为 α, 则

$$\text{PCl}_5(\text{g}) \Longrightarrow \text{PCl}_3(\text{g}) + \text{Cl}_2(\text{g})$$

初始时 n_B/mol	1	0	5
平衡时 n_B/mol	$1-\alpha$	α	$5+\alpha$ $\quad\sum n_B/\text{mol} = (6+\alpha)n$
平衡时分压	$\dfrac{1-\alpha}{6+\alpha}p$	$\dfrac{\alpha}{6+\alpha}p$	$\dfrac{5+\alpha}{6+\alpha}p$

反应的标准平衡常数为

$$K^{\ominus} = \prod_B (p_B^{eq}/p^{\ominus})^{\nu_B} = \frac{[p(\text{PCl}_3)/p^{\ominus}][p(\text{Cl}_2)/p^{\ominus}]}{p(\text{PCl}_5)/p^{\ominus}}$$

$$= \frac{\left(\dfrac{\alpha}{6+\alpha}\dfrac{p}{p^{\ominus}}\right)\left(\dfrac{5+\alpha}{6+\alpha}\dfrac{p}{p^{\ominus}}\right)}{\dfrac{1-\alpha}{6+\alpha}\dfrac{p}{p^{\ominus}}} = \frac{\alpha(5+\alpha)}{(1-\alpha)(6+\alpha)}\frac{p}{p^{\ominus}}$$

将各数据代入得

$1.307\,9\alpha^2 + 6.539\,6\alpha - 1.847\,5 = 0$,解得 $\alpha = 0.268 = 26.8\%$。

分析:求解平衡组成通常需借助平衡常数来完成。此时,可直接用标准平衡常数的定义式,利用各组分的分压进行物料衡算,如本题解法二;也可以利用物质的量表示的平衡常数 K_n,通过 n_B 的变化进行物料衡算,见本题解法一。对于恒压反应,采用解法一不必求算平衡时各组分的分压,计算过程比较简单。但是对于非恒压反应,只能用后一种方法求解。

5.7 在 994 K,使纯氢气慢慢通过过量的 CoO(s),则氧化物部分地被还原为 Co(s)。出来的平衡气体中氢的体积分数 $\varphi(\text{H}_2) = 0.025$。在同一温度,若用 CO 还原 CoO(s),平衡后气体中一氧化碳的体积分数 $\varphi(\text{CO}) = 0.019\,2$。求等物质的量的 CO 和 $\text{H}_2\text{O}(\text{g})$ 的混合物,在 994 K 下通过适当催化剂进行反应的平衡转化率。

解:首先写出两还原反应的化学计量方程式:

$$\text{CoO}(\text{s}) + \text{H}_2(\text{g}) \Longrightarrow \text{Co}(\text{s}) + \text{H}_2\text{O}(\text{g}) \tag{1}$$

$$\text{CoO}(\text{s}) + \text{CO}(\text{g}) \Longrightarrow \text{Co}(\text{s}) + \text{CO}_2(\text{g}) \tag{2}$$

一氧化碳与水蒸气的反应为

$$\text{CO}(\text{g}) + \text{H}_2\text{O}(\text{g}) \Longrightarrow \text{H}_2(\text{g}) + \text{CO}_2(\text{g}) \tag{3}$$

显然,反应(3)=反应(2)-反应(1),因此

$$K_3^\ominus = K_2^\ominus / K_1^\ominus$$

对于反应(1),混合气中氢的体积分数 $\varphi(H_2) = 0.025$,则另一气体组分水蒸气的体积分数 $\varphi(H_2O) = 0.975$。于是

$$K_1^\ominus = \frac{p(H_2O)/p^\ominus}{p(H_2)/p^\ominus} = \frac{y(H_2O)}{y(H_2)} = \frac{\varphi(H_2O)}{\varphi(H_2)} = \frac{0.975}{0.025} = 39$$

同理,对于反应(2),平衡后气体中 CO 的体积分数 $\varphi(CO) = 0.019\,2$,另一组分 CO_2 的体积分数 $\varphi(CO_2) = 1-0.019\,2 = 0.980\,8$,于是

$$K_2^\ominus = \frac{p(CO_2)/p^\ominus}{p(CO)/p^\ominus} = \frac{y(CO_2)}{y(CO)} = \frac{\varphi(CO_2)}{\varphi(CO)} = \frac{0.980\,8}{0.019\,2} = 51.083$$

所以

$$K_3^\ominus = \frac{K_2^\ominus}{K_1^\ominus} = \frac{51.083}{39} = 1.309\,8$$

设初始时一氧化碳和水蒸气的物质的量分别为 1 mol,平衡转化率为 α,则

$$CO(g) + H_2O(g) \rightleftharpoons H_2(g) + CO_2(g)$$

初始时 n_B/mol 1   1   0   0

平衡时 n_B/mol $1-\alpha$ $1-\alpha$ α α $\sum n_B = 2$ mol

                                                       $\sum \nu_B = 0$

所以

$$K_3^\ominus = K_n \left[p/\left(p^\ominus \sum n_B \right) \right]^{\sum \nu_B} = K_n = \frac{\alpha^2}{(1-\alpha)^2} = 1.309\,8$$

解得

$$\frac{\alpha}{1-\alpha} = 1.144\,5, \quad \text{则 } \alpha = 0.534 = 53.4\%$$

5.8 在真空容器中放入 $NH_4HS(s)$,于 25℃ 下分解为 $NH_3(g)$ 与 $H_2S(g)$,平衡时容器内的压力为 66.66 kPa。

(1) 当放入 $NH_4HS(s)$ 时容器内已有 39.99 kPa 的 $H_2S(g)$,求平衡时容器中的压力;

(2) 容器内原有 6.666 kPa 的 $NH_3(g)$,H_2S 压力为多大时才能形成 $NH_4HS(s)$?

解: 反应的化学计量方程式为

$$NH_4HS(s) \rightleftharpoons NH_3(g) + H_2S(g)$$

由题给条件,25 ℃下反应达平衡时,分解产生的气体的总压为

$$p = p(NH_3) + p(H_2S) = 66.66 \text{ kPa}$$

所以　　　　　　　　$p(NH_3) = p(H_2S) = p/2 = 33.33 \text{ kPa}$

于是

$$K^{\ominus} = \frac{p(NH_3)p(H_2S)}{(p^{\ominus})^2} = \frac{33.33^2}{100^2} = 0.111\ 1$$

（1）设反应前 H_2S 的压力为 p_0,平衡时 NH_3 的分压为 p_1,进行物料衡算:

$$NH_4HS(s) \xrightarrow{T,V \text{一定}} NH_3(g) + H_2S(g)$$

初始时　　　　　　　　　　　　　　　　　　　$p_0(H_2S) = 39.99 \text{ kPa}$

平衡时　　　　　　　　　　　　　　p_1　　　　$p_1 + p_0$

T 一定,$K^{\ominus}$ 一定,于是

$$K^{\ominus} = \frac{p_1(p_1 + p_0)}{(p^{\ominus})^2} = \frac{p_1(p_1 + 39.99 \text{ kPa})}{(100 \text{ kPa})^2} = 0.111\ 1$$

$$p_1^2 + 39.99 \text{ kPa} \times p_1 - 0.111\ 1 \times 10^4\ (\text{kPa})^2 = 0$$

$$p_1 = \frac{-39.99 \text{ kPa} + (39.99^2 + 4 \times 0.111\ 1 \times 10^4)^{1/2} \text{kPa}}{2} = 18.874 \text{ kPa}$$

平衡时系统总压为

$$p = p_0 + 2p_1 = (39.99 + 2 \times 18.874) \text{ kPa} = 77.738 \text{ kPa}$$

（2）　　　　　　　$NH_4HS(s) \xrightarrow{\quad\quad} H_2S(g) + NH_3(g)$

初始时　　　　　　　　　　　$p(H_2S)$　　$p(NH_3) = 6.666 \text{ kPa}$

当反应的 $J_p > K^{\ominus}$ 时反应才能逆向进行,生成 $NH_4HS(s)$。

$$J_p = \frac{p(NH_3)p(H_2S)}{(p^{\ominus})^2} = \frac{6.666 \text{ kPa} \times p(H_2S)}{(100 \text{ kPa})^2} > K^{\ominus}, \quad K^{\ominus} = 0.111\ 1$$

$$p(H_2S) > \frac{(p^{\ominus})^2}{p(NH_3)} = \frac{0.111\ 1 \times (100 \text{ kPa})^2}{6.666 \text{ kPa}} = 166.67 \text{ kPa}$$

即通入的 $H_2S(g)$ 的压力 $p(H_2S) > 166.67 \text{ kPa}$ 才能有 $NH_4HS(s)$ 生成。

通常所说的在一定条件下 $J_p < K^{\ominus}$ 反应才能进行,是对正向反应而言,若将反应写成

$$H_2S(g) + NH_3(g) \Longrightarrow NH_4HS(s)$$

此反应的平衡常数 $K_1^\ominus = 1/K^\ominus = 1/0.111\ 1 = 9.000\ 9$,反应的吉布斯函数为

$$\Delta_r G_m = RT \ln(J_p/K_1^\ominus) < 0$$

由此可知,在一定 T, p 下,$J_p < K_1^\ominus$ 才可能有 $NH_4HS(s)$ 生成。即

$$J_p = \frac{(p^\ominus)^2}{p(NH_3) p(H_2S)} < K_1^\ominus, \quad K_1^\ominus = 9.000\ 9$$

$$p(H_2S) > \frac{(p^\ominus)^2}{9.000\ 9 \times p(NH_3)} = \frac{(100\ kPa)^2}{6.666\ kPa \times 9.000\ 9} = 166.67\ kPa$$

5.9   25℃ ,200 kPa 下,将 4 mol 的纯 A(g) 放入带活塞的密闭容器中,达到如下化学平衡:A(g) $\Longrightarrow$ 2B(g)。已知平衡时 $n_A = 1.697$ mol,$n_B = 4.606$ mol。

试题分析

(1)求该温度下反应的 $K^\ominus$ 和 $\Delta_r G_m^\ominus$;

(2)若总压为 50 kPa,求平衡时 A,B 的物质的量。

解:(1)   A(g) $\Longrightarrow$ 2 B(g)

初始时 n_B/mol   4   0

平衡时 n_B n_A n_B $\sum n_B = n_A + n_B = (1.697 + 4.606)$ mol

                                                = 6.303 mol

$$\sum \nu_B = 2 - 1 = 1$$

$$K^\ominus = K_n \left(\frac{p}{p^\ominus \sum n_B}\right)^{\sum \nu_B} = \frac{n_B^2}{n_A} \times \frac{p}{p^\ominus \sum n_B} = \frac{4.606^2}{1.697} \times \frac{200}{100 \times 6.303} = 3.967$$

$$\Delta_r G_m^\ominus = -RT \ln K^\ominus = (-8.314 \times 298.15 \times \ln 3.967)\ J \cdot mol^{-1} = -3.42\ kJ \cdot mol^{-1}$$

(2)设达到新平衡时 A 反应掉 x mol。

                                  A(g) $\Longrightarrow$ 2B(g)

初始时 n_B/mol   4   0

平衡时 n_B/mol $4-x$ $2x$ $\sum n_B = (4+x)$ mol

$$K^\ominus = K_n \left(\frac{p}{p^\ominus \sum n_B}\right)^{\sum \nu_B} = \frac{n_B^2}{n_A} \times \frac{p}{p^\ominus \sum n_B} = \frac{(2x)^2}{4-x} \times \frac{50}{100 \times (4+x)} = 3.967$$

所以 $\dfrac{2x^2}{16-x^2} = 3.967$,   则 $x = 3.261\ 5$

达到新平衡时

$$n_A = (4-x) \text{ mol} = (4-3.261\ 5) \text{ mol} = 0.738\ 5 \text{ mol}$$

$$n_B = (2x) \text{ mol} = (2\times3.261\ 5) \text{ mol} = 6.523 \text{ mol}$$

5.10 已知下列数据(298.15 K):

物质	C(石墨)	$H_2(g)$	$N_2(g)$	$O_2(g)$	$CO(NH_2)_2(s)$
$S_m^{\ominus}/(\text{J}\cdot\text{mol}^{-1}\cdot\text{K}^{-1})$	5.740	130.68	191.6	205.14	104.6
$\Delta_c H_m^{\ominus}/(\text{kJ}\cdot\text{mol}^{-1})$	−393.51	−285.83	0	0	−631.66
物质	$NH_3(g)$		$CO_2(g)$		$H_2O(g)$
$\Delta_f G_m^{\ominus}/(\text{kJ}\cdot\text{mol}^{-1})$	−16.5		−394.36		−228.57

求 298.15 K 下 $CO(NH_2)_2(s)$ 的标准摩尔生成吉布斯函数 $\Delta_f G_m^{\ominus}$,以及下列反应的 $K^{\ominus}$:

$$CO_2(g) + 2\ NH_3(g) =\!=\!=\!= H_2O(g) + CO(NH_2)_2(s)$$

解:首先写出 $CO(NH_2)_2(s)$ 的生成反应:

$$C(石墨) + \frac{1}{2}O_2(g) + N_2(g) + 2H_2(g) =\!=\!=\!= CO(NH_2)_2(s)$$

则

$$\Delta_f S_m^{\ominus}\left[CO(NH_2)_2\right] = \sum_B \nu_B S_m^{\ominus}(B,\beta)$$

$$= S_m^{\ominus}\left[CO(NH_2)_2,s\right] - S_m^{\ominus}(C,s) - \frac{1}{2}S_m^{\ominus}(O_2,g) -$$

$$S_m^{\ominus}(N_2,g) - 2S_m^{\ominus}(H_2,g)$$

$$= \left(104.6 - 5.740 - \frac{1}{2}\times205.14 - 191.6 - 2\times130.68\right) \text{ J}\cdot\text{mol}^{-1}\cdot\text{K}^{-1}$$

$$= -456.67 \text{ J}\cdot\text{mol}^{-1}\cdot\text{K}^{-1}$$

$$\Delta_f H_m^{\ominus}\left[CO(NH_2)_2\right] = -\sum_B \nu_B \Delta_c H_m^{\ominus}(B,\beta)$$

$$= 2\Delta_c H_m^{\ominus}(H_2,g) + \Delta_c H_m^{\ominus}(C,s) - \Delta_c H_m^{\ominus}\left[CO(NH_2)_2,s\right]$$

$$= (-2\times285.83 - 393.58 + 631.66) \text{ kJ}\cdot\text{mol}^{-1}$$

$$= -333.58 \text{ kJ}\cdot\text{mol}^{-1}$$

于是对 $CO(NH_2)_2(s)$ 有

$$\Delta_f G_m^\ominus = \Delta_f H_m^\ominus - T\Delta_f S_m^\ominus$$

$$= [-333.58 - 298.15 \times (-456.67 \times 10^{-3})] \text{ kJ} \cdot \text{mol}^{-1} = -197.42 \text{ kJ} \cdot \text{mol}^{-1}$$

对于化学反应

$$CO_2(g) + 2NH_3(g) \Longrightarrow H_2O(g) + CO(NH_2)_2(s)$$

标准摩尔反应吉布斯函数为

$$\Delta_r G_m^\ominus = \sum_B \Delta_f G_m^\ominus(B,\beta)$$

$$= \Delta_f G_m^\ominus[CO(NH_2)_2,s] + \Delta_f G_m^\ominus(H_2O,g) - 2\times\Delta_f G_m^\ominus(NH_3,g) - \Delta_f G_m^\ominus(CO_2,g)$$

$$= [-197.42 - 228.57 - 2\times(-16.5) - (-394.36)] \text{ kJ} \cdot \text{mol}^{-1}$$

$$= 1.37 \text{ kJ} \cdot \text{mol}^{-1}$$

而
$$\Delta_r G_m^\ominus = -RT\ln K^\ominus$$

所以
$$K^\ominus = \exp\left(-\frac{\Delta_r G_m^\ominus}{RT}\right) = \exp\left(-\frac{1.37\times 10^3}{8.314\times 298.15}\right) = 0.575$$

5.11 已知298.15 K, $CO(g)$ 和 $CH_3OH(g)$ 的 $\Delta_f H_m^\ominus$ 分别为 -110.525 kJ·mol^{-1} 及 -200.66 kJ·mol^{-1}, $CO(g)$, $H_2(g)$, $CH_3OH(l)$ 的 $S_m^\ominus$ 分别为 197.674 J·mol^{-1}·K^{-1}, 130.684 J·mol^{-1}·K^{-1} 及 126.8 J·mol^{-1}·K^{-1}。又知 298.15 K 时甲醇的饱和蒸气压为16.59 kPa, $\Delta_{vap} H_m = 38.0$ kJ·mol^{-1},蒸气可视为理想气体。求 298.15 K 时,下列反应的 $\Delta_r G_m^\ominus$ 及 $K^\ominus$:

$$CO(g) + 2H_2(g) \Longrightarrow CH_3OH(g)$$

解:利用下列过程,先求出 298.15 K 时 CH_3OH 由液体变为气体的熵变 ΔS。

$$
\begin{array}{ccc}
CH_3OH,l & \xrightarrow{\Delta S} & CH_3OH,g \\
p^\ominus & & p^\ominus \\
\Big\downarrow \Delta S_1 & & \Big\uparrow \Delta S_3 \\
CH_3OH,l & \xrightarrow{\Delta S_2} & CH_3OH,g \\
p^* & & p^*
\end{array}
$$

因为压力对液体熵的影响可忽略不计, $\Delta S_1 \approx 0$,所以

$$\Delta S = \Delta S_2 + \Delta S_3 = \frac{\Delta_{vap} H_m}{T} - R\ln\frac{p^{\ominus}}{p^*}$$

又　　　　　　　　　　$$\Delta S = S_m^{\ominus}(\mathrm{CH_3OH, g}) - S_m^{\ominus}(\mathrm{CH_3OH, l})$$

所以

$$S_m^{\ominus}(\mathrm{CH_3OH, g}) = S_m^{\ominus}(\mathrm{CH_3OH, l}) + \Delta S = S_m^{\ominus}(\mathrm{CH_3OH, l}) + \frac{\Delta_{vap} H_m}{T} - R\ln\frac{p^{\ominus}}{p^*}$$

$$= \left(126.8 + \frac{38.0\times10^3}{298.15} - 8.314\times\ln\frac{100}{16.59}\right) \mathrm{J\cdot mol^{-1}\cdot K^{-1}}$$

$$= 239.32 \ \mathrm{J\cdot mol^{-1}\cdot K^{-1}}$$

因此

$$\Delta_r H_m^{\ominus} = \sum_B \nu_B \Delta_f H_m^{\ominus}(\mathrm{B}, \beta) = \Delta_f H_m^{\ominus}(\mathrm{CH_3OH, g}) - \Delta_f H_m^{\ominus}(\mathrm{CO, g}) - 2\Delta_f H_m^{\ominus}(\mathrm{H_2, g})$$

$$= \left[-200.66 - (-110.525) - 2\times0\right] \mathrm{kJ\cdot mol^{-1}} = -90.14 \ \mathrm{kJ\cdot mol^{-1}}$$

$$\Delta_r S_m^{\ominus} = \sum_B \nu_B S_m^{\ominus}(\mathrm{B}, \beta) = S_m^{\ominus}(\mathrm{CH_3OH, g}) - S_m^{\ominus}(\mathrm{CO, g}) - 2S_m^{\ominus}(\mathrm{H_2, g})$$

$$= (239.32 - 197.674 - 2\times130.684) \mathrm{J\cdot mol^{-1}\cdot K^{-1}} = -219.72 \ \mathrm{J\cdot mol^{-1}\cdot K^{-1}}$$

$$\Delta_r G_m^{\ominus} = \Delta_r H_m^{\ominus} - T\Delta_r S_m^{\ominus}$$

$$= (-90.14 + 298.15\times219.72\times10^{-3}) \ \mathrm{kJ\cdot mol^{-1}} = -24.63 \ \mathrm{kJ\cdot mol^{-1}}$$

$$K^{\ominus} = \exp\left(-\frac{\Delta_r G_m^{\ominus}}{RT}\right) = \exp\left(\frac{24.63\times10^3}{8.314\times298.15}\right) = 2.066\times10^4$$

5.12　已知 25℃ 时 AgCl(s)，水溶液中 $\mathrm{Ag^+}$，$\mathrm{Cl^-}$ 的 $\Delta_f G_m^{\ominus}$ 分别为 $-109.789 \ \mathrm{kJ\cdot mol^{-1}}$，$77.107 \ \mathrm{kJ\cdot mol^{-1}}$ 和 $-131.228 \ \mathrm{kJ\cdot mol^{-1}}$。求 25 ℃ 下 AgCl(s)在水溶液中的标准溶度积 $K^{\ominus}$ 及溶解度 s。

解：写出 AgCl 的解离反应：

$$\mathrm{AgCl(s)} \rightleftharpoons \mathrm{Ag^+} + \mathrm{Cl^-}$$

因此有

$$\Delta_r G_m^{\ominus} = \sum_B \nu_B \Delta_f G_m^{\ominus}(\mathrm{B}) = \Delta_f G_m^{\ominus}(\mathrm{Ag^+}) + \Delta_f G_m^{\ominus}(\mathrm{Cl^-}) - \Delta_f G_m^{\ominus}(\mathrm{AgCl})$$

$$= (77.107 - 131.228 + 109.789) \ \mathrm{kJ\cdot mol^{-1}} = 55.668 \ \mathrm{kJ\cdot mol^{-1}}$$

$$K^{\ominus} = \exp\left(-\frac{\Delta_r G_m^{\ominus}}{RT}\right) = \exp\left(-\frac{55.668\times10^3}{8.314\times298.15}\right) = 1.765\times10^{-10}$$

AgCl(s)解离度为 s，则有

$$K^{\ominus} = \prod_{B} (a_B^{eq})^{\nu_B} \approx \prod_{B} (b_B^{eq}/b^{\ominus})^{\nu_B} = \left(\frac{b}{b^{\ominus}}\right)^2$$

$$b = (K^{\ominus})^{1/2} b^{\ominus} = (\sqrt{1.765 \times 10^{-10}} \times 1) \ \text{mol·kg}^{-1} = 1.329 \times 10^{-5} \ \text{mol·kg}^{-1}$$

又知 $M(\text{AgCl}) = 143.32 \ \text{g·mol}^{-1}$，则 AgCl 在水中的溶解度用 100 g 水中所溶解的 AgCl 的质量来表示，有

$$s = \frac{143.32 \times 1.329 \times 10^{-5} \text{g}/10}{100 \ \text{g}} = 0.190 \ 5 \ \text{mg}/100 \ \text{g}$$

5.13　体积为 1 dm^3 的抽空密闭容器中放有 0.034 58 mol $\text{N}_2\text{O}_4(\text{g})$，发生如下分解反应：

$$\text{N}_2\text{O}_4(\text{g}) \Longrightarrow 2\text{NO}_2(\text{g})$$

50 ℃时分解反应的平衡总压为 130.0 kPa。已知 25 ℃时 $\text{N}_2\text{O}_4(\text{g})$ 和 $\text{NO}_2(\text{g})$ 的 $\Delta_f H_m^{\ominus}$ 分别为 9.16 kJ·mol^{-1} 和 33.18 kJ·mol^{-1}。设反应的 $\Delta_r C_{p,m} = 0$。

（1）计算 50 ℃时 $\text{N}_2\text{O}_4(\text{g})$ 的解离度及分解反应的 $K^{\ominus}$；

（2）计算 100 ℃时反应的 $K^{\ominus}$。

解：（1）设 50 ℃时 $\text{N}_2\text{O}_4(\text{g})$ 的解离度为 α，则

$$\text{N}_2\text{O}_4(\text{g}) \Longrightarrow 2 \ \text{NO}_2(\text{g})$$

初始时 n_B 　　　　n_0 　　　　　　　 0

平衡时 n_B 　　　$n_0(1-\alpha)$ 　　　 $2 \ n_0\alpha$ 　　　$\sum n_B = n_0(1+\alpha)$

　　　　　　　　　　　　　　　　　　　　　$\sum \nu_B = 2 - 1 = 1$

题目给出分解反应达平衡时系统的总压 $p_{总}$，由 $p_{总}V = \sum n_B RT$ 得

$$\sum n_B = \frac{p_{总}V}{RT} = n_0(1+\alpha)$$

代入数据得　　　　$\dfrac{130.0 \times 10^3 \times 1 \times 10^{-3}}{8.314 \times 323.15} = 0.034 \ 58(1+\alpha)$

解得　　　　　　　　　　　　　$\alpha = 0.399 \ 3$

此温度下分解反应的平衡常数

$$K^{\ominus} = K_n \frac{p_{总}}{p^{\ominus} \sum n_B} = \frac{(2n_0\alpha)^2}{n_0(1-\alpha)} \frac{p_{总}}{n_0(1+\alpha)p^{\ominus}} = \frac{4\alpha^2}{1-\alpha^2} \frac{p_{总}}{p^{\ominus}}$$

即　　　　　　　　$K^{\ominus} = \dfrac{4 \times 0.399 \ 3^2}{1 - 0.399 \ 3^2} \times \dfrac{130}{100} = 0.986 \ 4$

（2）计算 100 ℃ 时反应的 $K^{\ominus}$，需要知道反应的 $\Delta_r H_m^{\ominus}$。由题给条件，25 ℃ 时

$$\Delta_r H_m^{\ominus} = \sum \nu_B \Delta_f H_m^{\ominus}(B) = 2\Delta_f H_m^{\ominus}(NO_2,g) - \Delta_f H_m^{\ominus}(N_2O_4,g)$$
$$= (2\times 33.18 - 9.16)\ \text{kJ·mol}^{-1} = 57.2\ \text{kJ·mol}^{-1}$$

因为 $\Delta_r C_{p,m} = 0$，所以 $\Delta_r H_m^{\ominus}$ 与温度无关，根据范特霍夫方程的积分式有

$$\ln \frac{K_2^{\ominus}}{K_1^{\ominus}} = -\frac{\Delta_r H_m^{\ominus}}{R}\left(\frac{1}{T_2} - \frac{1}{T_1}\right)$$

代入数据得

$$\ln \frac{K^{\ominus}(373.15\ \text{K})}{0.986\ 4} = -\frac{57.2\times 10^3}{8.314}\left(\frac{1}{373.15} - \frac{1}{323.15}\right)$$

解得

$$K^{\ominus}(373.15\ \text{K}) = 17.10$$

5.14 已知 25 ℃ 时的下列数据：

物质	$Ag_2O(s)$	$CO_2(g)$	$Ag_2CO_3(s)$
$\Delta_f H_m^{\ominus}/(\text{kJ·mol}^{-1})$	-31.05	-393.509	-505.8
$S_m^{\ominus}/(\text{J·mol}^{-1}\text{·K}^{-1})$	121.3	213.74	167.4

求 110 ℃ 时 $Ag_2CO_3(s)$ 的分解压。设 $\Delta_r C_{p,m} = 0$。

解：写出 $Ag_2CO_3(s)$ 分解反应方程式

$$Ag_2CO_3(s) \Longrightarrow Ag_2O(s) + CO_2(g)$$

25 ℃ 时：

$$\Delta_r H_m^{\ominus}(298.15\ \text{K}) = \sum_B \nu_B \Delta_f H_m^{\ominus}(B,\beta)$$
$$= \Delta_f H_m^{\ominus}(Ag_2O,s) + \Delta_f H_m^{\ominus}(CO_2,g) - \Delta_f H_m^{\ominus}(Ag_2CO_3,s)$$
$$= [-31.05 - 393.509 - (-505.8)]\ \text{kJ·mol}^{-1}$$
$$= 81.241\ \text{kJ·mol}^{-1}$$

$$\Delta_r S_m^{\ominus}(298.15\ \text{K}) = \sum_B \nu_B S_m^{\ominus}(B,\beta)$$
$$= S_m^{\ominus}(Ag_2O,s) + S_m^{\ominus}(CO_2,g) - S_m^{\ominus}(Ag_2CO_3,s)$$
$$= (121.3 + 213.74 - 167.4)\ \text{J·mol}^{-1}\text{·K}^{-1}$$
$$= 167.64\ \text{J·mol}^{-1}\text{·K}^{-1}$$

因为 $\Delta_r C_{p,m} = 0$,所以 $\Delta_r H_m^\ominus$ 和 $\Delta_r S_m^\ominus$ 与温度无关。

110 ℃时:

$$\Delta_r H_m^\ominus(383.15\ K) = 81.241\ kJ \cdot mol^{-1}$$

$$\Delta_r S_m^\ominus(383.15\ K) = 167.64\ J \cdot mol^{-1} \cdot K^{-1}$$

$$\begin{aligned}\Delta_r G_m^\ominus(383.15\ K) &= \Delta_r H_m^\ominus(383.15\ K) - T\Delta_r S_m^\ominus(383.15\ K) \\ &= (81.241 - 383.15 \times 167.64 \times 10^{-3})\ kJ \cdot mol^{-1} \\ &= 17.01\ kJ \cdot mol^{-1}\end{aligned}$$

因为 $\Delta_r G_m^\ominus = -RT\ln K^\ominus$,所以

$$K^\ominus(383.15\ K) = \exp\left[-\frac{\Delta_r G_m^\ominus(383.15\ K)}{RT}\right] = \exp\left(-\frac{17.01 \times 10^3}{8.314 \times 383.15}\right) = 4.80 \times 10^{-3}$$

$Ag_2CO_3(s)$ 的分解压 $p(CO_2)$ 与标准平衡常数的关系为

$$K^\ominus = p(CO_2)/p^\ominus$$

所以 $\quad p(CO_2) = K^\ominus p^\ominus = (4.80 \times 10^{-3} \times 100)\ kPa = 0.480\ kPa$

5.15 100 ℃时下列反应的 $K^\ominus = 8.1 \times 10^{-9}$,$\Delta_r S_m^\ominus = 125.6\ J \cdot mol^{-1} \cdot K^{-1}$:

$$COCl_2(g) = CO(g) + Cl_2(g)$$

试题分析

计算:

(1) 100 ℃,总压为 200 kPa 时 $COCl_2$ 的解离度;

(2) 100 ℃下上述反应的 $\Delta_r H_m^\ominus$;

(3) 总压为 200 kPa,$COCl_2$ 的解离度为 0.1%时的温度,设 $\Delta_r C_{p,m} = 0$。

解:(1)设初始时 $COCl_2$ 的物质的量为 1 mol,给定条件下的解离度为 α,系统总压为 p,则

$$COCl_2(g) = CO(g) + Cl_2(g)$$

初始时 n_B/mol	1	0	0
平衡时 n_B/mol	$1-\alpha$	α	α

$$\sum n_B = (1+\alpha)\ mol$$
$$\sum \nu_B = 2 - 1 = 1$$

于是 $\quad K^\ominus = K_n\left(\dfrac{p}{p^\ominus \sum n_B}\right)^{\sum \nu_B} = \dfrac{\alpha^2}{1-\alpha}\dfrac{p}{p^\ominus(1+\alpha)} = \dfrac{\alpha^2}{1-\alpha^2}\dfrac{p}{p^\ominus}$

代入数据得 $\quad \dfrac{2\alpha^2}{1-\alpha^2} = 8.1 \times 10^{-9}$

解得 $\quad \alpha = 6.36 \times 10^{-5}$

（2）100 ℃下上述反应的 $\Delta_r H_m^\ominus$ 为

$$\Delta_r H_m^\ominus = \Delta_r G_m^\ominus + T\Delta_r S_m^\ominus = -RT\ln K^\ominus + T\Delta_r S_m^\ominus = T(-R\ln K^\ominus + \Delta_r S_m^\ominus)$$
$$= \{373.15\times[-8.314\times\ln(8.1\times10^{-9})+125.6]\}\ J\cdot mol^{-1}$$
$$= 104.67\ kJ\cdot mol^{-1}$$

（3）总压为 $p = 200$ kPa，$COCl_2$ 的解离度为 $\alpha' = 0.1\% = 0.001$，由（1）知

$$K^\ominus = \frac{(\alpha')^2}{1-(\alpha')^2}\frac{p}{p^\ominus} = \frac{0.001^2}{1-0.001^2}\times2 = 2\times10^{-6}$$

$\Delta_r C_{p,m} = 0$，所以 $\Delta_r H_m^\ominus$ 为常数，由范特霍夫方程的积分式

$$\ln\frac{K_2^\ominus}{K_1^\ominus} = -\frac{\Delta_r H_m^\ominus}{R}\left(\frac{1}{T_2}-\frac{1}{T_1}\right)$$

得

$$\ln\frac{2\times10^{-6}}{8.1\times10^{-9}} = -\frac{104.67\times10^3\ J\cdot mol^{-1}}{8.314\ J\cdot mol^{-1}\cdot K^{-1}}\left(\frac{1}{T_2}-\frac{1}{373.15\ K}\right)$$

解出

$$T_2 = 446\ K$$

5.16　在 500~1 000 K 温度范围内，反应 A(g)+B(s) ⟶ 2C(g) 的标准平衡常数 $K^\ominus$ 与温度 T 的关系为 $\ln K^\ominus = -\dfrac{7\ 100}{T/K}+6.875$。已知原料中只有反应物 A(g) 和过量的 B(s)。

（1）计算 800 K 时反应的 $K^\ominus$；若反应系统的平衡压力为 200 kPa，计算产物 C(g) 的平衡分压；

（2）计算 800 K 时反应的 $\Delta_r H_m^\ominus$ 和 $\Delta_r S_m^\ominus$。

解：（1）800 K 时，$\ln K^\ominus = -\dfrac{7\ 100}{T/K}+6.875 = -\dfrac{7\ 100}{800}+6.875 = -2$

求出

$$K^\ominus = 0.135\ 3$$

下面计算产物 C(g) 的平衡分压。

解法一：设 A(g) 初始的物质的量为 1 mol，转化率为 α，则

$$A(g)+B(s) \Longrightarrow 2C(g)$$

初始时 n_B/mol　　　1　　　　　　0

平衡时 n_B/mol　　　$1-\alpha$　　　　2α　　　$\sum n_B$/mol $= 1+\alpha$

$$\sum \nu_B(g) = 2-1 = 1$$

$$K^\ominus = K_n\left(\frac{p}{p^\ominus\sum n_B}\right)^{\sum\nu_B} = \frac{(2\alpha)^2}{1-\alpha}\frac{p}{p^\ominus(1+\alpha)} = \frac{4\alpha^2}{1-\alpha^2}\frac{p}{p^\ominus}$$

代入数据得
$$0.135\ 3 = \frac{8\alpha^2}{1-\alpha^2}$$

解得
$$\alpha = 0.129$$

则产物 C(g)的平衡分压 $\quad p_C = \dfrac{2\alpha}{1+\alpha}\,p = \left(\dfrac{2\times0.129}{1+0.129}\times200\right)\ kPa = 45.7\ kPa$

解法二:设 C(g)的平衡分压为 p_C,则

$$A(g)+B(s) === 2C(g)$$

平衡时气体组分分压 $\qquad p_A \qquad\qquad\qquad p_C \qquad\qquad$ 其中 $p_A = p - p_C$

$$K^\ominus = \prod_B\left(\frac{p_B}{p^\ominus}\right)^{\nu_B} = \frac{(p_C/p^\ominus)^2}{p_A/p^\ominus} = \frac{p_C^2}{p^\ominus(p-p_C)}$$

代入数据得

$$0.135\ 3 = \frac{p_C^2}{p^\ominus(p-p_C)} = \frac{p_C^2}{100\ kPa\times(200\ kPa - p_C)}$$

解得
$$p_C = 45.7\ kPa$$

(2) 计算 800 K 时反应的 $\Delta_r H_m^\ominus$ 和 $\Delta_r S_m^\ominus$。根据

$$\Delta_r G_m^\ominus = \Delta_r H_m^\ominus - T\Delta_r S_m^\ominus, \qquad \Delta_r G_m^\ominus = -RT\ln K^\ominus$$

有
$$\ln K^\ominus = -\frac{\Delta_r H_m^\ominus}{RT} + \frac{\Delta_r S_m^\ominus}{R}$$

与 $\ln K^\ominus = -\dfrac{7\ 100}{T/K} + 6.875$ 对比可知,$\dfrac{\Delta_r H_m^\ominus}{R} = 7\ 100\ K$,$\dfrac{\Delta_r S_m^\ominus}{R} = 6.875$

则 $\quad \Delta_r H_m^\ominus = 7\ 100\ K\times R = 7\ 100\ K\times 8.314\ J\cdot mol^{-1}\cdot K^{-1} = 59.03\ kJ\cdot mol^{-1}$

$\quad \Delta_r S_m^\ominus = 6.875R = (6.875\times8.314)\ J\cdot mol^{-1}\cdot K^{-1} = 57.16\ J\cdot mol^{-1}\cdot K^{-1}$

5.17 反应

$$2\,NaHCO_3(s) === Na_2CO_3(s) + H_2O(g) + CO_2(g)$$

在不同温度时的平衡总压如下:

$t/℃$	30	50	70	90	100	110
p/kPa	0.827	3.999	15.90	55.23	97.47	167.0

设反应的 $\Delta_r H_m^\ominus$ 与温度无关。求:

（1）上述反应的 $\Delta_r H_m^\ominus$；

（2）$\lg(p/\text{kPa})$ 与 T 的函数关系式；

（3）$NaHCO_3$ 的分解温度。

解：（1）由上述反应可知，平衡时 $p(H_2O)=p(CO_2)=\dfrac{1}{2}p$

所以平衡常数 $\qquad K^\ominus = \dfrac{p(H_2O)}{p^\ominus}\dfrac{p(CO_2)}{p^\ominus} = \dfrac{p^2}{4(p^\ominus)^2}$

将数据处理如下：

$T^{-1}/(10^{-3}\,\text{K}^{-1})$	3.299	3.095	2.914	2.754	2.680	2.610
$-\ln K^\ominus$	10.976 5	7.824 5	5.064 0	2.573 6	1.437 5	0.360 6

对 $\ln K^\ominus - 1/T$ 关系进行线性拟合，如图 5.1 所示，得到

$$\ln K^\ominus = -\frac{15\ 413}{T/\text{K}} + 39.865$$

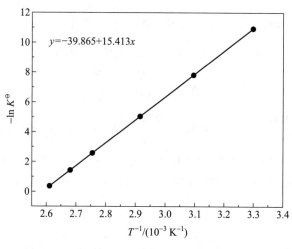

图 5.1　习题 5.17 附图

反应的 $\Delta_r H_m^\ominus$ 与温度无关，由范特霍夫方程不定积分式

$$\ln K^\ominus = -\frac{\Delta_r H_m^\ominus}{RT} + C$$

对比两式可得

$\Delta_r H_m^\ominus = 15\ 413\ \text{K} \times R = 15\ 413\ \text{K} \times 8.314\ \text{J} \cdot \text{mol}^{-1} \cdot \text{K}^{-1} = 128.14\ \text{kJ} \cdot \text{mol}^{-1}$

（2）由 $K^\ominus = \dfrac{p^2}{4(p^\ominus)^2}$ 得

$$\ln K^\ominus = 2\ln(p/\text{kPa}) - 2\ln(2p^\ominus/\text{kPa}) = 2\ln(p/\text{kPa}) - 10.596\ 6$$

$$\ln(p/\text{kPa}) = \frac{\ln K^\ominus + 10.596\ 6}{2}$$

$$= \left(-\frac{15\ 413}{T/\text{K}} + 39.865 + 10.596\ 6\right) \Big/ 2 = -\frac{7\ 707}{T/\text{K}} + 25.231$$

所以　　　　　　$\lg(p/\text{kPa}) = \dfrac{\ln(p/\text{kPa})}{2.303} = -\dfrac{3\ 347}{T/\text{K}} + 10.956$

（3）101.325 kPa 下 $NaHCO_3$ 的分解温度为

$$\lg(p/\text{kPa}) = \lg 101.325 = -\frac{3\ 347}{T/\text{K}} + 10.956$$

解得　　　　　　$T = \left(\dfrac{3\ 347}{10.956 - \lg 101.325}\right)\text{K} = 374\ \text{K}$

5.18 已知下列数据：

物质	$\dfrac{\Delta_f H_m^\ominus(25℃)}{\text{kJ} \cdot \text{mol}^{-1}}$	$\dfrac{S_m^\ominus(25℃)}{\text{J} \cdot \text{mol}^{-1} \cdot \text{K}^{-1}}$	$C_{p,m} = a + bT + cT^2$		
			$\dfrac{a}{\text{J} \cdot \text{mol}^{-1} \cdot \text{K}^{-1}}$	$\dfrac{b}{10^{-3}\text{J} \cdot \text{mol}^{-1} \cdot \text{K}^{-2}}$	$\dfrac{c}{10^{-6}\text{J} \cdot \text{mol}^{-1} \cdot \text{K}^{-3}}$
$CO(g)$	-110.52	197.67	26.537	7.683 1	-1.172
$H_2(g)$	0	130.68	26.88	4.347	-0.326 5
$CH_3OH(g)$	-200.7	239.8	18.40	101.56	-28.68

求下列反应的 $\lg K^\ominus$ 与 T 的函数关系式及 300 ℃时的 $K^\ominus$：

$$CO(g) + 2H_2(g) \Longrightarrow CH_3OH(g)$$

解：$T_1 = 298.15$ K 时，题给反应的

$\Delta_r H_m^\ominus = \sum_B \nu_B \Delta_f H_m^\ominus(B, \beta)$

$\quad = \Delta_f H_m^\ominus(CH_3OH, g) - \Delta_f H_m^\ominus(CO, g) - 2\Delta_f H_m^\ominus(H_2, g)$

$\quad = -200.7\ \text{kJ} \cdot \text{mol}^{-1} - (-110.52\ \text{kJ} \cdot \text{mol}^{-1}) - 0 = -90.18\ \text{kJ} \cdot \text{mol}^{-1}$

$$\Delta_r S_m^\ominus = \sum_B \nu_B S_m^\ominus(B,\beta) = S_m^\ominus(CH_3OH,g) - S_m^\ominus(CO,g) - 2S_m^\ominus(H_2,g)$$

$$= (239.8 - 197.67 - 2 \times 130.68)\ J \cdot mol^{-1} \cdot K^{-1} = -219.23\ J \cdot mol^{-1} \cdot K^{-1}$$

$$\Delta_r G_m^\ominus = \Delta_r H_m^\ominus - T\Delta_r S_m^\ominus$$

$$= [-90.18 - 298.15 \times (-219.23 \times 10^{-3})]\ kJ \cdot mol^{-1}$$

$$= -24.817\ kJ \cdot mol^{-1}$$

$$\ln K^\ominus(298.15\ K) = -\Delta_r G_m^\ominus/(RT)$$

$$= 24.817 \times 10^3/(8.314 \times 298.15) = 10.012$$

反应的

$$\Delta a/(J \cdot mol^{-1} \cdot K^{-1}) = 18.40 - 26.537 - 2 \times 26.88 = -61.897$$

$$\Delta b/(J \cdot mol^{-1} \cdot K^{-2}) = (101.56 - 7.683\ 1 - 2 \times 4.347) \times 10^{-3} = 85.183 \times 10^{-3}$$

$$\Delta c/(J \cdot mol^{-1} \cdot K^{-3}) = (-28.68 + 1.172 + 2 \times 0.326\ 5) \times 10^{-6} = -26.855 \times 10^{-6}$$

$$\Delta_r H_m^\ominus(T) = \Delta_r H_m^\ominus(T_1) + \int_{T_1}^T (\Delta a + \Delta b T + \Delta c T^2)dT \tag{1}$$

$$= \Delta H_0 + \Delta a T + \Delta b T^2/2 + \Delta c T^3/3$$

将 $T_1 = 298.15\ K, \Delta_r H_m^\ominus(T_1) = -90.18\ kJ \cdot mol^{-1}$ 代入式(1)可求出积分常数：

$$\Delta H_0 = \Delta_r H_m^\ominus(T) - \Delta a T - \Delta b T^2/2 - \Delta c T^3/3$$

$$\Delta H_0/(J \cdot mol^{-1}) = -90.18 \times 10^3 - (-61.897) \times 298.15 - 85.183 \times 10^{-3}$$

$$\times 298.15^2/2 - (-26.855 \times 10^{-6}) \times 298.15^3/3$$

$$= -7.527\ 4 \times 10^4$$

$$\ln K^\ominus = \int \frac{\Delta_r H_m^\ominus(T)}{RT^2}dT \tag{2}$$

将式(1)代入式(2)积分可得

$$\ln K^\ominus = -\frac{\Delta H_0}{RT} + \left(\frac{\Delta a}{R}\right)\ln(T/K) + \left(\frac{\Delta b}{2R}\right)T + \left(\frac{\Delta c}{6R}\right)T^2 + I \tag{3}$$

将 $T_1 = 298.15\ K$ 时 $\ln K^\ominus(298.15\ K) = 10.012, R = 8.314\ J \cdot mol^{-1} \cdot K^{-1}, \Delta H_0 = -7.527\ 4 \times 10^4\ J \cdot mol^{-1}$ 及 $\Delta a, \Delta b, \Delta c$ 的值代入上式,可得积分常数 $I = 20.582$, 再将 $\ln K^\ominus = 2.303 \lg K^\ominus$ 代入式(3),可得

$$\lg K^{\ominus}(T) = \frac{3\,931.4}{T/\mathrm{K}} - 7.444\,9\lg(T/\mathrm{K}) + 2.224\,4\times10^{-3}(T/\mathrm{K})$$
$$-0.233\,76\times10^{-6}(T/\mathrm{K})^2 + 8.937\,0$$

当 $T = 573.15\ \mathrm{K}$ 时,有

$$\lg K^{\ominus}(573.15\ \mathrm{K}) = \frac{3\,931.4}{573.15} - 7.444\,9\times\lg573.15 + 2.224\,4\times10^{-3}\times573.15$$
$$-0.233\,76\times10^{-6}\times(573.15)^2 + 8.937\,0$$
$$= -3.540\,6$$
$$K^{\ominus}(573.15\ \mathrm{K}) = 2.880\times10^{-4}$$

5.19 工业上用乙苯脱氢制苯乙烯

$$\mathrm{C_6H_5C_2H_5(g)} = \mathrm{C_6H_5C_2H_3(g) + H_2(g)}$$

如反应在 900 K 下进行,其 $K^{\ominus} = 1.51$。试分别计算在下述情况下,乙苯的平衡转化率。

(1) 反应压力为 100 kPa;

(2) 反应压力为 10 kPa;

(3) 反应压力为 100 kPa,且加入水蒸气使原料气中水蒸气与乙苯的物质的量之比为 10:1。

解:该反应为恒温恒压反应。设乙苯初始物质的量为 1 mol,平衡转化率为 α,则

$$\mathrm{C_6H_5C_2H_5(g)} = \mathrm{C_6H_5C_2H_3(g) + H_2(g)}$$

初始时 $n_{\mathrm{B}}/\mathrm{mol}$ 1   0   0

平衡时 $n_{\mathrm{B}}/\mathrm{mol}$ $1-\alpha$ α α $\sum n_{\mathrm{B}}/\mathrm{mol} = 1+\alpha$

$$\sum \nu_{\mathrm{B}}(\mathrm{g}) = 2-1 = 1$$

$$K^{\ominus} = K_n \left(\frac{p}{p^{\ominus}\sum n_{\mathrm{B}}}\right)^{\sum \nu_{\mathrm{B}}} = \frac{\alpha^2}{1-\alpha}\frac{p}{p^{\ominus}(1+\alpha)} = \frac{\alpha^2}{1-\alpha^2}\frac{p}{p^{\ominus}}$$

(1) 将 $K^{\ominus} = 1.51, p = 100\ \mathrm{kPa}$ 代入上式,得

$$\frac{\alpha^2}{1-\alpha^2} = 1.51$$

解得 $\qquad\qquad\qquad \alpha_1 = 0.775\ 6 = 77.56\%$

（2）同理，$K^{\ominus} = 1.51, p = 10$ kPa 时可解得

$$\alpha = 0.968\ 4 = 96.84\%$$

（3）系统中加入水蒸气后，平衡时系统总的物质的量为

$$(1+\alpha+10)\ \text{mol} = (11+\alpha)\ \text{mol}$$

$$K^{\ominus} = K_n \left(\frac{p}{p^{\ominus} \sum n_B} \right)^{\sum \nu_B} = \frac{\alpha^2}{1-\alpha} \frac{p}{p^{\ominus}(11+\alpha)} = \frac{\alpha^2}{(1-\alpha)(11+\alpha)} \frac{p}{p^{\ominus}}$$

将 $p = 100$ kPa, $K^{\ominus} = 1.51$ 代入上式，化简得到 $\quad \alpha^2 + 6.015\ 9\alpha - 6.617\ 5 = 0$
解得 $\qquad\qquad\qquad \alpha = 0.950 = 95.0\%$

5.20 在一个抽空的容器中放入很多的 $NH_4Cl(s)$，当加热到 340 ℃ 时，容器中仍有过量的 $NH_4Cl(s)$ 存在，此时系统的平衡压力为 104.67 kPa。在同样的条件下，若放入的是 $NH_4I(s)$，则测得的平衡压力为 18.846 kPa，试求当 $NH_4Cl(s)$ 和 $NH_4I(s)$ 同时存在时，反应系统在 340 ℃ 下达平衡时的总压。设 $HI(g)$ 不分解，且此两种盐类不形成固溶体。

解：题给在 340 ℃ 时 $NH_4Cl(s)$，$NH_4I(s)$ 单独存在时的分解压力分别为 $p_1 = 104.67$ kPa, $p_2 = 18.846$ kPa，由此可求出两个分解反应的 $K^{\ominus}$。当两个反应同时存在时，系统的总压 $p \neq p_1 + p_2$。因两个反应皆有 $NH_3(g)$ 产生，由平衡移动原理可知，反应必然向消耗 $NH_3(g)$ 的方向移动，其结果必然存在 $p < p_1 + p_2$。本题可有多种解法。

解法一：在 340 ℃，$NH_4Cl(s)$ 和 $NH_4I(s)$ 单独存在时：

$$NH_4Cl(s) \Longrightarrow NH_3(g) + HCl(g)$$

平衡时 $\qquad$ 过量 $\qquad\qquad p(NH_3) = p(HCl) = p_1/2$

$$K_1^{\ominus} = \frac{p(NH_3)}{p^{\ominus}} \frac{p(HCl)}{p^{\ominus}} = \left(\frac{p_1}{2p^{\ominus}} \right)^2 = \left(\frac{104.67\ \text{kPa}}{2 \times 100\ \text{kPa}} \right)^2 = 0.273\ 9$$

$$NH_4I(s) \Longrightarrow NH_3(g) + HI(g)$$

平衡时 $\qquad$ 过量 $\qquad\qquad p(NH_3) = p(HI) = p_2/2$

$$K_2^{\ominus} = \frac{p(NH_3)}{p^{\ominus}} \frac{p(HI)}{p^{\ominus}} = \left(\frac{p_2}{2p^{\ominus}} \right)^2 = \left(\frac{18.846\ \text{kPa}}{2 \times 100\ \text{kPa}} \right)^2 = 8.879 \times 10^{-3}$$

当两反应同时存在时，系统中的 $NH_3(g)$ 应同时满足两个平衡，即

$$K_1^\ominus = \frac{p(NH_3)}{p^\ominus}\frac{p(HCl)}{p^\ominus} = 0.273\ 9 \qquad (1)$$

$$K_2^\ominus = \frac{p(NH_3)}{p^\ominus}\frac{p(HI)}{p^\ominus} = 8.879\times10^{-3} \qquad (2)$$

式(1)÷式(2),得 $\qquad p(HCl) = 30.848p(HI) \qquad (3)$

$$p(NH_3) = p(HCl) + p(HI) = 31.848p(HI) \qquad (4)$$

将式(4)代入式(2),可得

$$31.848p^2(HI) = K_2^\ominus(p^\ominus)^2 = 8.879\times10^{-3}\times(100\ kPa)^2$$

解得 $\qquad p(HI) = 1.669\ 7\ kPa$

$$p(NH_3) = 31.848p(HI) = (31.848\times1.669\ 7)\ kPa = 53.177\ kPa$$

系统的总压

$$p = p(NH_3) + p(HCl) + p(HI) = 2p(NH_3) = (2\times53.177)\ kPa = 106.35\ kPa$$

解法二:设在一定条件下两反应都达到平衡时,HCl(g)和 HI(g)的物质的量分别为 x 和 y,系统总压为 p。

$$NH_4Cl(s) \Longrightarrow NH_3(g) + HCl(g)$$

平衡时物质的量 过量 $\qquad x+y \qquad x$

$$NH_4I(s) \Longrightarrow NH_3(g) + HI(g)$$

平衡时物质的量 过量 $\qquad x+y \qquad y$

$$n_{总}(g) = n(NH_3) + n(HCl) + n(HI) = 2(x+y)$$

$$K_1^\ominus = K_{n,1}\left(\frac{p}{p^\ominus\sum n_B}\right)^{\sum\nu_B(g)} = [x(x+y)]\left[\frac{p}{p^\ominus\cdot2(x+y)}\right]^{(1+1)} = \frac{x(x+y)}{4(x+y)^2}\left(\frac{p}{p^\ominus}\right)^2$$

$$K_2^\ominus = K_{n,2}\left(\frac{p}{p^\ominus\sum n_B}\right)^{\sum\nu_B(g)} = [y(x+y)]\left[\frac{p}{p^\ominus\cdot2(x+y)}\right]^{(1+1)} = \frac{y(x+y)}{4(x+y)^2}\left(\frac{p}{p^\ominus}\right)^2$$

上述两式相加可得

$$K_1^\ominus + K_2^\ominus = \frac{1}{4}\left(\frac{p}{p^\ominus}\right)^2$$

因为 $\qquad p(NH_3) = p(HCl) = p_1/2, \qquad p(NH_3) = p(HI) = p_2/2$

所以系统的总压

$$p = p^\ominus(4K_1^\ominus + 4K_2^\ominus)^{1/2} = p^\ominus\left[4\frac{p(NH_3)}{p^\ominus}\frac{p(HCl)}{p^\ominus} + 4\frac{p(NH_3)}{p^\ominus}\frac{p(HI)}{p^\ominus}\right]^{1/2}$$

$$= (p_1^2 + p_2^2)^{1/2} = \left[(104.67^2 + 18.846^2)^{1/2} \right] \text{kPa} = 106.35 \text{ kPa}$$

解法三：本题最简便的解法是，设两反应同时存在且都达到平衡时，HCl(g)和HI(g)的分压分别为 x 和 y，则 $p(\text{NH}_3) = x+y$。

$$K_1^\ominus = \frac{x(x+y)}{(p^\ominus)^2} = \left(\frac{p_1}{2p^\ominus}\right)^2, \quad K_2^\ominus = \frac{y(x+y)}{(p^\ominus)^2} = \left(\frac{p_2}{2p^\ominus}\right)^2$$

两式相加得
$$K_1^\ominus + K_2^\ominus = \frac{(x+y)^2}{(p^\ominus)^2} = \frac{p_1^2 + p_2^2}{(2p^\ominus)^2}$$

即
$$x + y = \frac{1}{2}(p_1^2 + p_2^2)^{1/2}$$

系统的平衡总压

$$p = p(\text{HCl}) + p(\text{HI}) + p(\text{NH}_3) = 2p(\text{NH}_3) = 2(x+y)$$
$$= (p_1^2 + p_2^2)^{1/2} = \left[(104.67^2 + 18.846^2)^{1/2} \right] \text{kPa} = 106.35 \text{ kPa}$$

5.21　在 600 ℃，100 kPa 时下列反应达到平衡：

$$\text{CO}(\text{g}) + \text{H}_2\text{O}(\text{g}) \Longrightarrow \text{CO}_2(\text{g}) + \text{H}_2(\text{g})$$

现在把压力提高到 5×10^4 kPa，问：

（1）若各气体均视为理想气体，平衡是否移动？

（2）若各气体的逸度因子分别为 $\varphi(\text{CO}_2) = 1.09$，$\varphi(\text{H}_2) = 1.10$，$\varphi(\text{CO}) = 1.20$，$\varphi(\text{H}_2\text{O}) = 0.75$，与理想气体反应相比，平衡向哪个方向移动？

解：（1）各气体均视为理想气体，上述反应 $\sum \nu_B = 1+1-1-1 = 0$，则

$$K^\ominus = K_y \left(\frac{p}{p^\ominus}\right)^{\sum \nu_B} = K_y = \prod_B y_B^{\nu_B}$$

温度一定时 $K^\ominus$ 为定值，所以增大压力时平衡不发生移动。

（2）各气体均为真实气体，则

$$K^\ominus = \prod_B \varphi_B^{\nu_B} \times \prod_B (p_B/p^\ominus)^{\nu_B}$$

对于真实气体化学反应　　$\text{CO}(\text{g}) + \text{H}_2\text{O}(\text{g}) \Longrightarrow \text{CO}_2(\text{g}) + \text{H}_2(\text{g})$

$$\prod_B \varphi_B^{\nu_B} = \frac{\varphi(\text{CO}_2)\varphi(\text{H}_2)}{\varphi(\text{CO})\varphi(\text{H}_2\text{O})} = \frac{1.09 \times 1.10}{1.20 \times 0.75} = 1.33$$

真实气体化学反应，温度一定时 $K^\ominus$ 为定值，$\prod_B \varphi_B^{\nu_B} > 1$，所以与理想气体反应

相比,$\prod\limits_{B}(p_B/p^{\ominus})^{\nu_B}$ 将减小,平衡向反应物方向移动。

5.22 (1) 应用路易斯-兰德尔规则及逸度因子图,求 250 ℃,20.265 MPa 下,合成甲醇反应的 K_{φ}:

$$CO(g)+2H_2(g) \Longrightarrow CH_3OH(g)$$

(2) 已知 250 ℃ 时上述反应的 $\Delta_r G_m^{\ominus}=25.899\ \text{kJ}\cdot\text{mol}^{-1}$,求此反应的 $K^{\ominus}$。

(3) 化学计量比的原料气,在上述条件下达平衡时,求混合物中甲醇的摩尔分数。

解:(1) 先求出各气体在 $T=523.15\ \text{K}, p=20.265\ \text{MPa}$ 下的对比温度及对比压力,再由普遍化逸度因子图,查出各气体组分的逸度因子 φ。查表得各气体的临界温度、临界压力分别为

CO	$T_c=132.92\ \text{K}$,	$p_c=3.499\ \text{MPa}$
H_2	$T_c=33.25\ \text{K}$,	$p_c=1.297\ \text{MPa}$
CH_3OH	$T_c=513.92\ \text{K}$,	$p_c=8.10\ \text{MPa}$

计算各组分在 523.15 K,20.265 MPa 下的对比参数:

CO　　$T_r=T/T_c=523.15/132.92=3.936$

　　　　$p_r=p/p_c=20.265/3.499=5.792$

H_2　　$T_r=T/(T_c+8\ \text{K})=523.15/(33.25+8)=12.7$

　　　　$p_r=\dfrac{p/\text{MPa}}{p_c/\text{MPa}+0.810\ 7}=20.265/(1.297+0.810\ 7)=9.61$

CH_3OH　　$T_r=T/T_c=523.15/512.58=1.021$

　　　　$p_r=p/p_c=20.265/8.10=2.501\ 9$

查普遍化逸度因子图,得　$\varphi(CO)=1.09;\varphi(H_2)=1.08;\varphi(CH_3OH)=0.38$

$$K_{\varphi}=\frac{\varphi(CH_3OH)}{\varphi^2(H_2)\varphi(CO)}=\frac{0.38}{1.08^2\times1.09}=0.299$$

(2) $\Delta_r G_m^{\ominus}=-RT\ln K^{\ominus}$

$$K^{\ominus}=\exp\left(-\frac{\Delta_r G_m^{\ominus}}{RT}\right)=\exp\left(-\frac{25.899\times10^3}{8.314\times523.15}\right)=2.59\times10^{-3}$$

(3) 设 CO(g) 和 H_2(g) 初始时物质的量分别为 1 mol 和 2 mol,混合物中甲醇的物质的量为 x mol。

$$CO(g) + 2H_2(g) \Longrightarrow CH_3OH(g)$$

初始时 n_B/mol	1	2	0
平衡时 n_B/mol	$1-x$	$2(1-x)$	x

$$\sum n_B/mol = 3-2x$$

$$\sum \nu_B = 1-1-2 = -2$$

$$K_p^\ominus = K_n\left(\frac{p}{p^\ominus \sum n_B}\right)^{\sum \nu_B} = \frac{x}{4(1-x)^3} \times \frac{(3-2x)^2}{(p/p^\ominus)^2} \tag{1}$$

因为 $K^\ominus = K_\varphi K_p^\ominus$，所以

$$K_p^\ominus = K^\ominus / K_\varphi = 2.59 \times 10^{-3}/0.299 = 8.662 \times 10^{-3}$$

式（1）可整理为

$$f(x) = \frac{x(3-2x)^2}{4(1-x)^3} = 4K_p^\ominus(p/p^\ominus)^2$$

$$= 4 \times 8.662 \times 10^{-3} \times (20.265 \times 10^3/100)^2 = 1\,422.9$$

用累试法可求出上式的近似根。因 $0 < x < 1$ mol，故可从 0.5 mol 试起。当 $x = 0.903\,3$ mol 时，$f(x) = 1\,422.7$，满足上式。进一步计算出混合气体中甲醇的摩尔分数为

$$y(CH_3OH) = \frac{x}{3-2x} = \frac{0.903\,3}{3-2\times0.903\,3} = 0.757$$

第六章 相 平 衡

第1节 概念、主要公式及其适用条件

1. 相律

$$F = C - P + 2$$

式中,F 为系统的自由度数(即独立变量数);P 为相数;"2"代表平衡系统只有温度、压力两个影响因素。C 是独立组分数,$C = S - R - R'$,S 为物质数,即系统中含有的化学物质数;R 为独立的平衡化学反应数;R' 为独立的浓度限制条件数。

使用相律时应注意:

(1)相律只能用于热力学平衡系统;

(2)相律表达式中的"2"代表温度、压力两个因素,若考虑磁场、电场或重力场等因素对平衡系统的影响,则相律的表达式应为 $F = C - P + n$,n 为影响因素的个数。

(3)正确使用相律的关键是正确判断平衡系统的独立组分数 C 和相数 P,独立组分数 C 的计算取决于对 R 和 R' 的正确判断。相数 P 的判断有一定的规律可循,如气体物质通常可均匀混合,相数为 1;固态物质通常不能均匀混合,所以有几种物质一般即有几个固相;多个液态物质需要考虑彼此能否互溶,存在几个液相需要视情况而定。

2. 杠杆规则

杠杆规则描述了相平衡系统中,平衡两相(或两部分)相对量的关系。温度为 T 的平衡系统,共存的相分别为 α 相和β相(如图6.1所示)。

图中 o, a, b 分别表示系统点和两相的相点;$x_B, x_B(\alpha)$ 和 $x_B(\beta)$ 分别表示系统、α 相和β相的组成(以 B 的摩尔分数表示);$n, n(\alpha), n(\beta)$ 则分别为系统点、α 相和β相的物质的量。由质量衡算可得

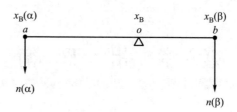

图 6.1 杠杆规则示意图

$$n(\alpha)[x_B - x_B(\alpha)] = n(\beta)[x_B(\beta) - x_B]$$

或

$$\frac{n(\alpha)}{n(\beta)} = \frac{x_B(\beta) - x_B}{x_B - x_B(\alpha)}$$

此二式称为杠杆规则。

同样,还可以得到

$$\frac{n(\alpha)}{n} = \frac{x_B(\beta) - x_B}{x_B(\beta) - x_B(\alpha)}$$

$$\frac{n(\beta)}{n} = \frac{x_B - x_B(\alpha)}{x_B(\beta) - x_B(\alpha)}$$

若组成采用质量分数表示,将式中的物质的量分数 x_B,$x_B(\alpha)$ 和 $x_B(\beta)$ 换成质量分数 w_B,$w_B(\alpha)$ 和 $w_B(\beta)$,同时将式中的物质的量 n,$n(\alpha)$,$n(\beta)$ 换成质量 m,$m(\alpha)$,$m(\beta)$,上述关系式依然成立。

第 2 节 概 念 题

6.2.1 填空题

1. 只考虑温度、压力两个因素对相平衡的影响时,单组分系统可平衡共存的最多相数为(　　)。

2. 在 100℃时,于充有 $NH_3(g)$ 的密封容器中放入过量的 $NH_4Cl(s)$,$NH_4Cl(s)$ 的分解反应为 $NH_4Cl(s) \rightleftharpoons NH_3(g) + HCl(g)$。则系统的 $C =$ (　　);$P =$ (　　);$F =$ (　　)。

3. 将足量的固态氨基甲酸铵(NH_2COONH_4)放在抽空容器内恒温下发生分解,反应达平衡:$NH_2COONH_4(s) \rightleftharpoons 2NH_3(g) + CO_2(g)$。则此平衡系统的 $C =$ (　　);$P =$ (　　);$F =$ (　　)。

4. 若在填空题 3 已达平衡的系统中加入 $NH_3(g)$,当系统达到新平衡

试题分析

时,系统的 $C = ($　　　$)$;$P = ($　　　$)$;$F = ($　　　$)$。

5. 真空密闭容器中放入过量的 $NH_4I(s)$ 与 $NH_4Cl(s)$,发生以下分解反应:

$$NH_4Cl(s) \longrightarrow NH_3(g) + HCl(g)$$

$$NH_4I(s) \longrightarrow NH_3(g) + HI(g)$$

达平衡后,系统的 $C = ($　　　$)$;$P = ($　　　$)$;$F = ($　　　$)$。

6. 由 $A(l)$,$B(l)$ 形成的二组分液态完全互溶的气-液平衡系统,在外压一定的条件下,向系统中加入 $B(l)$ 后系统的沸点下降,则该组分在平衡气相中的组成 $y_B($　　　$)$ 其在平衡液相中的组成 x_B。

7. $A(l)$ 与 $B(l)$ 形成理想液态混合物。温度为 T 时,纯 $A(l)$ 的饱和蒸气压为 p_A^*,纯 $B(l)$ 的饱和蒸气压为 $p_B^* = 5p_A^*$。在同样温度下,将 $A(l)$ 与 $B(l)$ 混合形成气-液平衡系统,测得其总压为 $2p_A^*$,此平衡系统中 B 的摩尔分数 $y_B = ($　　　$)$。(填入具体数值)

8. 某物质液态蒸气压与温度的关系为 $\lg \dfrac{p_1}{Pa} = -\dfrac{3\ 063}{T/K} + 24.38$,固态蒸气压与温度的关系为 $\lg \dfrac{p_s}{Pa} = -\dfrac{3\ 754}{T/K} + 27.92$,则该物质的三相点对应的温度 $T = ($　　　$)$,压力 $p = ($　　　$)$,该物质液态的摩尔蒸发焓 $\Delta_{vap}H_m = ($　　　$)$。

6.2.2　选择题

1. 温度 T 下,$CaCO_3(s)$ 发生的分解反应 $CaCO_3(s) \longrightarrow CaO(s) + CO_2(g)$,平衡系统的压力为 p,若向该平衡系统中加入 $CO_2(g)$,达到新平衡时系统的压力将(　　　)。

（a）增大;　　　　　　　　　（b）减小;

（c）不变;　　　　　　　　　（d）增大或减小。

2. 一定温度下,将过量的 $NaHCO_3(s)$ 放入一真空密闭容器中,发生下列分解反应:

$$2NaHCO_3(s) \longrightarrow Na_2CO_3(s) + CO_2(g) + H_2O(g)$$

系统达平衡后,独立组分数 $C = ($　　　$)$;自由度数 $F = ($　　　$)$。

（a）3,2;　　　　（b）3,1;　　　　（c）2,0;　　　　（d）2,1。

3. 在选择题 2 中已达平衡的系统中加入 $CO_2(g)$,系统达到新平衡后,独立组分数 $C = ($　　　$)$;自由度数 $F = ($　　　$)$。

（a）3,2；　　　　　（b）3,1；　　　　　（c）2,0；　　　　　（d）2,1。

4. 温度 T 下,A(l)与 B(l)形成理想液态混合物的气-液平衡系统,已知在该温度下,A(l)与 B(l)的饱和蒸气压之比 $p_A^*/p_B^* = 1/5$。若该气-液平衡系统的气相组成 $y_B = 0.5$,则平衡液相的组成 $x_B = ($　　　$)$。

（a）0.152；　　　　（b）0.167；　　　　（c）0.174；　　　　（d）0.185。

5. 冰的熔点随压力的增大而（　　　）。

（a）升高；　　　　　（b）降低；　　　　　（c）不变；　　　　　（d）不确定。

试题分析

6. A,B 两种液体组成液态完全互溶的气-液平衡系统,已知 A 的沸点低于 B 的沸点。在一定温度下,向平衡系统中加入 B(l),测得系统的压力增大,说明此系统（　　　）。

（a）一定具有最大正偏差；

（b）一定具有最大负偏差；

（c）可能具有最大正偏差也可能具有最大负偏差；

（d）无法判断。

7. 一定温度下,若由 A 和 B 组成的二组分液态混合物为具有最大正偏差系统,则在气-液平衡 p-x_B 相图上,最高点处液相组成 x_B 与气相组成 y_B 的关系为（　　　）。

（a）$x_B > y_B$；　　　（b）$x_B = y_B$；　　　（c）$x_B < y_B$；　　　（d）难以比较。

8. 在 318 K 下,丙酮(A)和氯仿(B)组成液态混合物的气-液平衡系统,测得 $x_B = 0.3$ 时气相中丙酮的平衡分压 $p_A = 26.77$ kPa,已知同温度下丙酮的饱和蒸气压 $p_A^* = 43.063$ kPa,则此液态混合物为（　　　）。

（a）理想液态混合物；　　　　　　（b）对丙酮产生正偏差；

（c）对丙酮产生负偏差；　　　　　（d）无法判断系统的特征。

概念题答案

6.2.1　填空题

1. 3

只考虑温度、压力两个因素对相平衡的影响时,单组分系统的自由度数 $F = 1 - P + 2 = 3 - P$,自由度数最小为零,则单组分系统可平衡共存的最多相数为 3。

2. 2;2;1

该系统中物质数 $S = 3$,独立的化学反应数 $R = 1$,无独立的浓度关系式

$R'=0$,故独立组分数 $C=3-1=2$;相数 $P=2$;温度恒定,则自由度数 $F=2-2+1=1$。

3. 1;2;0

该系统中物质数 $S=3$,独立的化学反应数 $R=1$,独立的浓度关系式数 $R'=1$,因为 $p(NH_3)=2p(CO_2)$。故独立组分数 $C=3-1-1=1$;相数 $P=2$;温度恒定,所以自由度数 $F=1-2+1=0$。

4. 2;2;1

加入 $NH_3(g)$ 使得 $p(NH_3)\neq 2p(CO_2)$,所以 $R'=0$,$C=3-1-0=2$;相数 $P=2$;温度恒定,所以自由度数 $F=2-2+1=1$。

5. 2;3;1

系统中 $p(NH_3)=p(HI)+p(HCl)$,故 $R'=1$;两个独立的化学反应,$R=2$,于是 $C=5-2-1=2$,相数 $P=3$,故 $F=2-3+2=1$。

6. 大于

加入 B(1)后沸点下降,即加入该液体后液体的饱和蒸气总压增加,根据柯诺瓦洛夫-吉布斯定律:"假如在液态混合物中增加某组分后蒸气总压增加,则该组分在气相中含量大于它在平衡液相中的含量",即 $y_B>x_B$。

7. 0.625

根据 $p_总=p_A+p_B=p_A^*x_A+p_B^*x_B=p_A^*+(p_B^*-p_A^*)x_B$,求得 $x_B=0.25$。再由 $p_B=y_Bp_总$,$5p_A^*\cdot0.25=y_B\cdot2p_A^*$,解得 $y_B=0.625$。

8. 195.2 K;488.02 MPa;11.06 kJ·mol^{-1}

三相点时物质的气、液、固三相平衡,此时三相的压力、温度相同。于是,$\lg\dfrac{p_1}{Pa}=-\dfrac{3\,063}{T/K}+24.38$ 与 $\lg\dfrac{p_s}{Pa}=-\dfrac{3\,754}{T/K}+27.92$ 同时成立,可以解出

$$T=195.2\ K;p=488.02\ kPa。$$

对于气-液平衡系统,由克劳修斯-克拉佩龙方程 $\ln\dfrac{p_1}{Pa}=-\dfrac{\Delta_{vap}H_m}{RT}+C$,与

题给方程　$\lg\dfrac{p_1}{Pa}=-\dfrac{3\,063}{T/K}+24.38$ 对比,可知

$$\frac{2.303\Delta_{vap}H_m}{R}=3\,063\ K$$

所以　　　$\Delta_{vap}H_m=\left(\dfrac{3\,063\times8.314}{2.303}\right)\ J·mol^{-1}=11.06\ kJ·mol^{-1}$

6.2.2　选择题

1.（c）

因为 $F = 2-3+1 = 0$，所以系统压力不变。

2.（c）

$C = 4-1-1 = 2$，$F = 2-3+1 = 0$。

3.（b）

$C = 4-1-0 = 3$，$F = 3-3+1 = 1$。

4.（b）

根据 $p = p_A^* x_A + p_B^* x_B = p_A^* + (p_B^* - p_A^*) x_B$，有 $y_B = \dfrac{p_B}{p} = \dfrac{p_B^* x_B}{p_A^* + (p_B^* - p_A^*) x_B} =$

$\dfrac{5 p_A^* x_B}{p_A^* + 4 p_A^* x_B} = \dfrac{5 x_B}{1 + 4 x_B} = \dfrac{1}{2}$，解得 $x_B = 0.167$。

5.（b）

由水的相图（见教材）可知，表示冰水平衡的 OA 线（熔点曲线）斜率为负值，说明随压力增大冰的熔点降低。这是因为冰融化成水时体积减小，根据勒·夏特列（Le Chatelier）原理，增加压力有利于体积减小的过程的进行，即利于融化，因此冰的熔点降低。

6.（c）

B(l)沸点高，为难挥发组分。一定温度下加入 B 后系统总压增大，按照柯诺瓦洛夫-吉布斯定律，其气相组成 y_B 应大于其液相组成 x_B，这在 $p_A^* > p_B^*$ 的一般正偏差和一般负偏差系统的 p-x 图中不可能出现，而只能存在于 p-x 图存在极值点，即最大正偏差或最大负偏差的系统中。

7.（b）

二组分液态混合物为具有最大正偏差系统，气-液平衡相图上最高点处液相组成与气相组成相等。

8.（c）

气相中丙酮的平衡分压小于同温度下丙酮的饱和蒸气压，所以此混合物对丙酮产生负偏差。

第 3 节　习　题　解　答

相关资料

6.1　指出下列平衡系统中的独立组分数 C，相数 P 及自由度数 F。

（1）$I_2(s)$ 与其蒸气成平衡；

（2）$MgCO_3(s)$ 与其分解产物 $MgO(s)$ 和 $CO_2(g)$ 成平衡；

（3）$NH_4Cl(s)$ 放入一抽空的容器中，与其分解产物 $NH_3(g)$ 和 $HCl(g)$ 成平衡；

（4）任意量的 $NH_3(g)$ 和 $H_2S(g)$ 与 $NH_4HS(s)$ 成平衡；

（5）过量的 $NH_4HCO_3(s)$ 与其分解产物 $NH_3(g)$，$H_2O(g)$ 和 $CO_2(g)$ 成平衡；

（6）I_2 作为溶质在两不互溶液体 H_2O 和 CCl_4 中达到分配平衡（凝聚系统）。

解： 应用相律时首要的是计算自由度数 F，而计算 F 的关键是确定系统的独立组分数 C，$C=S-R-R'$，难点是如何判断平衡系统中的 R'，即独立的浓度限制条件（组成间的关系式）数，解题时要注意总结规律。

（1）$C=1$，$P=2$，$F=1$

纯物质 $I_2(s)$ 与其蒸气成平衡，既无化学反应，也无独立的限制条件。所以

$$C=S-R-R'=1-0-0=1$$

$$P=2（固相和气相）$$

$$F=C-P+2=1-2+2=1$$

$F=1$ 说明该平衡系统的温度、压力两个变量中只有一个是独立的，即 p，T 之间有一个函数关系存在。

（2）$C=2$，$P=3$，$F=1$

该平衡系统物质数 $S=3$，三种物质之间存在一个化学反应，故 $R=1$；$MgCO_3(s)$，$CO_2(g)$ 及 $MgO(s)$ 分属三相，所以每一相均由纯物质构成，即不存在独立的限制条件，故 $R'=0$。因此

$$C=S-R-R'=3-1-0=2$$

$$P=3（两个固相和一个气相）$$

$$F=C-P+2=2-3+2=1$$

$F=1$ 说明上述系统虽然由三种物质组成，但该系统的温度、压力之间只有一个是独立的。若系统的温度一定，系统的压力（即 CO_2 的压力）就有确定的值。

（3）$C=1$，$P=2$，$F=1$

根据题给条件，系统中存在以下反应：

$$NH_4Cl(s) \rightleftharpoons NH_3(g) + HCl(g)$$

系统的物质数 $S=3$，有一独立的反应方程式，$R=1$。该系统中，纯固相 $NH_4Cl(s)$ 与 $NH_3(g)$ 和 $HCl(g)$ 两种气体组成的气相成平衡，而 $NH_3(g)$ 和 $HCl(g)$ 均由 $NH_4Cl(s)$ 分解而来，所以 $p(NH_3,g)=p(HCl,g)$，即存在一个独立的浓度关系式，所以 $R'=1$，于是

$$C = S - R - R' = 3 - 1 - 1 = 1$$
$$P = 2$$
$$F = C - P + 2 = 1 - 2 + 2 = 1$$

$F=1$ 表示该系统的 p,T 及气相组成这些变量中，只有一个是独立的。当系统的温度取确定值时，系统的压力及气相组成均为定值。

（4）$C=2,P=2,F=2$

由小题（3）可知，系统内存在如下化学平衡：

$$NH_4HS(s) \rightleftharpoons NH_3(g) + H_2S(g)$$

故 $R=1$。但系统中的 $NH_3(g)$ 和 $H_2S(g)$ 是任意量的，不存在量的关系，所以 $R'=0$，于是

$$C = S - R - R' = 3 - 1 - 0 = 2$$
$$P = 2$$
$$F = C - P + 2 = 2 - 2 + 2 = 2$$

$F=2$ 说明上述系统的 p,T 及气相组成这些变量中，有两个可以独立改变。若只确定其中的一个，系统的状态仍不能确定。

（5）$C=1,P=2,F=1$

该系统中物质数 $S=4$，化学反应数 $R=1$，独立的浓度关系式数 $R'=2$，因为 $p(NH_3)=p(H_2O)=p(CO_2)$。故独立组分数 $C=S-R-R'=4-1-2=1$，相数 $P=2$，所以自由度数 $F=C-P+2=1-2+2=1$。

（6）$C=3,P=2,F=2$

该系统是溶质 I_2 分别溶于两不互溶液体 H_2O 和 CCl_4 中并处于分配平衡。即

$$I_2(H_2O) \rightleftharpoons I_2(CCl_4)$$

根据相平衡条件，存在以下关系式：

$$\mu(I_2,H_2O) = \mu(I_2,CCl_4)$$

但是,在相律推导中计算关系式时已经将这样的关系式计算在内,故不能再次记入 R',因此,该系统 $R=0$,$R'=0$,则

$$C=S-R-R'=3-0-0=3$$
$$P=2$$
$$F=C-P+2=3-2+2=3$$

$F=3$ 表示上述系统的 p,T 及两液相的组成这四个变量中,有三个可以独立改变。需要注意的是,在压力不太高时可忽略压力的影响,此时系统可视为凝聚系统,相律改写成 $F=C-P+1$,于是本题的解为 $F=C-P+1=3-2+1=2$。

6.2 醋酸水溶液包含 H_2O,CH_3COOH,CH_3COO^-,OH^- 和 H^+ 5 个组分,为何其为二组分系统?

解:该醋酸水溶液中包含 H_2O,CH_3COOH,CH_3COO^-,OH^- 和 H^+ 5 个组分,存在以下反应:

$$H_2O \Longrightarrow H^+ + OH^-$$

$$CH_3COOH \Longrightarrow H^+ + CH_3COO^-$$

因为 H_2O 分子每解离出一个 H^+ 的同时都解离出一个 OH^-,CH_3COOH 分子每解离出一个 H^+ 的同时也解离出一个 CH_3COO^-,因此,存在一个独立的浓度关系式,即 $c(H^+)=c(OH^-)+c(CH_3COO^-)$。于是,

物质数:$S=5$

独立平衡化学反应数:$R=2$

独立的浓度限制条件数:$R'=1$

独立组分数 $C=S-R-R'=5-2-1=2$

故,该系统为二组分系统。

6.3 单组分系统碳的相图(示意图)如图 6.2 所示。

(1) 分析图 6.2 中各点、线、面的相平衡关系及自由度数。

(2) 25 ℃,101.325 kPa 下,碳以什么状态稳定存在?

(3) 增加压力可以使石墨转变为金刚石。已知石墨的摩尔体积大于金刚石的摩尔体积,那么加压使石墨转变为金刚石的过程吸热还是放热?

解:(1) 单相区已标于图 6.2 上,各单相区的自由度数 $F=2$。

二相线($F=1$):

OA C(金刚石) $\Longrightarrow$ C(石墨)

OB　　　C(石墨) $\Longleftrightarrow$ C(l)

OC　　　C(金刚石) $\Longleftrightarrow$ C(l)

三相点($F=0$)：

C(金刚石) $\Longleftrightarrow$ C(石墨) $\Longleftrightarrow$ C(l)

（2）25 ℃,101.325 kPa 下物系点在石墨相区,所以碳以石墨状态稳定存在。

（3）C(石墨) $\longrightarrow$ C(金刚石)

$$\frac{\mathrm{d}p}{\mathrm{d}T} = \frac{\Delta H}{T[V(金刚石) - V(石墨)]}$$

OA 线斜率为正, $\dfrac{\mathrm{d}p}{\mathrm{d}T} > 0$, 而 V(金刚石) $- V$

(石墨)<0, 故 $\Delta H < 0$。石墨转变为金刚石为放热过程。

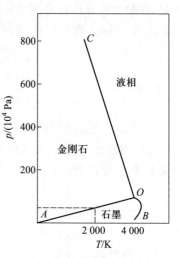

图 6.2　习题 6.3 附图

试题分析

6.4　已知液体甲苯(A)和液体苯(B)在90 ℃时的饱和蒸气压分别为 $p_A^* = 54.22$ kPa 和 $p_B^* = 136.12$ kPa。两者可形成理想液态混合物。今有系统组成为 $x_{B,0} = 0.3$ 的甲苯-苯混合物 5 mol,在90 ℃下成气-液平衡,若气相组成为 $y_B = 0.455\ 6$,求：

（1）平衡时液相组成 x_B 及系统的压力 p；

（2）平衡时气、液两相的物质的量 $n(\mathrm{g}), n(\mathrm{l})$。

解：（1）对于理想液态混合物,每个组分都服从拉乌尔定律,因此

$$y_B = \frac{x_B p_B^*}{x_A p_A^* + x_B p_B^*} = \frac{x_B p_B^*}{p_A^* + (p_B^* - p_A^*) x_B}$$

$$x_B = \frac{y_B p_A^*}{p_B^* - (p_B^* - p_A^*) y_B} = \frac{0.455\ 6 \times 54.22}{136.12 - (136.12 - 54.22) \times 0.455\ 6} = 0.25$$

$$p = x_A p_A^* + x_B p_B^* = (0.75 \times 54.22 + 0.25 \times 136.12)\ \mathrm{kPa} = 74.70\ \mathrm{kPa}$$

（2）系统组成 $x_{B,0} = 0.3$,根据杠杆规则

$x_B = 0.25$　　　　　　$x_{B,0} = 0.3$　　　　　　$y_B = 0.455\ 6$

$n(\mathrm{l})$　　　　　　　　n　　　　　　　　$n(\mathrm{g})$

有 $$\frac{n(1)}{n(g)} = \frac{y_B - x_{B,0}}{x_{B,0} - x_B}$$ 或者 $$\frac{n(1)}{n} = \frac{y_B - x_{B,0}}{y_B - x_B}$$

而 $n = 5 \ mol$

所以 $$n(1) = n\left(\frac{y_B - x_{B,0}}{y_B - x_B}\right) = 5 \ mol \times \frac{0.455 \ 6 - 0.3}{0.455 \ 6 - 0.25} = 3.784 \ mol$$

$$n(g) = n - n(1) = 5 \ mol - 3.784 \ mol = 1.216 \ mol$$

6.5 已知甲苯、苯在 90 ℃下纯液体的饱和蒸气压分别为 54.22 kPa 和 136.12 kPa。两者可形成理想液态混合物。取 200.0 g 甲苯和 200.0 g 苯置于带活塞的导热容器中,始态为一定压力下 90 ℃ 的液态混合物。在恒温 90 ℃下逐渐降低压力,问:

(1) 压力降到多少时,开始产生气相,此气相的组成如何?

(2) 压力降到多少时,液相开始消失,最后一滴液相的组成如何?

(3) 压力为 92.00 kPa 时,系统内气-液两相平衡,两相的组成如何?两相的物质的量各为多少?

解: 甲苯和苯形成理想液态混合物,故两者蒸气分压 p_A,p_B 均可用拉乌尔定律进行计算。设甲苯为 A,苯为 B。$M_A = 92.14 \ g \cdot mol^{-1}$,$M_B = 78.11 \ g \cdot mol^{-1}$。

原始溶液的组成为

$$x_B = \frac{m_B/M_B}{m_B/M_B + m_A/M_A} = \frac{M_A}{M_B + M_A} = \frac{92.14}{78.11 + 92.14} = 0.541 \ 2$$

$$x_A = 1 - x_B = 1 - 0.541 \ 2 = 0.458 \ 8$$

(1) 原来系统为液体状态,当开始出现气相时,气相的量极微,故可认为液相的组成等于原溶液组成。此时系统的压力 p 为

$$p = x_B p_B^* + x_A p_A^*$$
$$= (0.541 \ 2 \times 136.12 + 0.458 \ 8 \times 54.22) \ kPa = 98.54 \ kPa$$

$$y_B = \frac{x_B p_B^*}{p} = \frac{0.541 \ 2 \times 136.12}{98.54} = 0.747 \ 6$$

(2) 压力降低,液体不断汽化,当压力降至某一数值时,系统只剩最后一滴液体,此时可认为气相的组成等于原始溶液的组成,即 $y_B' = 0.541 \ 2$。

$$y_B' = \frac{x_B' p_B^*}{p_A^* + (p_B^* - p_A^*) x_B'}$$

$$x'_B = \frac{y'_B p_A^*}{p_B^* - (p_B^* - p_A^*) y'_B} = \frac{0.541\,2 \times 54.22}{136.12 - (136.12 - 54.22) \times 0.541\,2} = 0.319\,7$$

$$p = p_A^* + (p_B^* - p_A^*) x'_B$$

$$= [54.22 + (136.12 - 54.22) \times 0.319\,7]\ \text{kPa} = 80.40\ \text{kPa}$$

（3）当系统总压已知时，根据 $p = p_A^* + (p_B^* - p_A^*) x_B$ 计算液相组成，即

$$p = p_A^* x_A + p_B^* x_B = p_A^* - p_A^* x_B + p_B^* x_B$$

所以

$$x_B = \frac{p - p_A^*}{p_B^* - p_A^*} = \frac{92.00 - 54.22}{136.12 - 54.22} = 0.461\,3$$

$$y_B = \frac{x_B p_B^*}{p} = \frac{0.461\,3 \times 136.12}{92.00} = 0.682\,5$$

求两相的物质的量则需要用杠杆规则，其关系示意如下：

$$x_B = 0.461\,3 \qquad x_{B,0} = 0.541\,2 \qquad y_B = 0.682\,5$$

$$n(l) \qquad\qquad n \qquad\qquad n(g)$$

$$\frac{n(g)}{n(l)} = \frac{x_{B,0} - x_B}{y_B - x_{B,0}} = \frac{0.541\,2 - 0.461\,3}{0.682\,5 - 0.541\,2} = 0.565\,5$$

$$n = n(g) + n(l) = \frac{m(g)}{M(g)} + \frac{m(l)}{M(l)} = \left(\frac{200.0}{78.11} + \frac{200.0}{92.14}\right)\ \text{mol} = 4.731\ \text{mol}$$

解出

$$n(l) = 3.022\ \text{mol}$$

$$n(g) = n - n(l) = (4.731 - 3.022)\ \text{mol} = 1.709\ \text{mol}$$

6.6 已知水–苯酚系统在 30 ℃ 液–液平衡时共轭溶液的组成 w（苯酚）：l_1（苯酚溶于水），8.75%；l_2（水溶于苯酚），69.9%。

（1）在 30 ℃，100 g 苯酚和 200 g 水形成的系统达液–液平衡时，两液相的质量各为多少？

（2）在上述系统中若再加入 100 g 苯酚，又达到相平衡时，两液相的质量各变到多少？

解：设水为 A，苯酚为 B。

（1）30 ℃平衡时系统组成 $w_{B,0} = \dfrac{100}{100 + 200} = 0.333$

两平衡液相的组成分别为 $w_B(l_1)=0.087\,5$ 和 $w_B(l_2)=0.699$。系统与两液相组成符合杠杆规则：

$$w_B(l_1)=0.087\,5 \qquad w_{B,0}=0.333 \qquad w_B(l_2)=0.699$$

$$m(l_1) \qquad\qquad m \qquad\qquad m(l_2)$$

即

$$\frac{m(l_1)}{m}=\frac{w_B(l_2)-w_{B,0}}{w_B(l_2)-w_B(l_1)}=\frac{0.699-0.333}{0.699-0.087\,5}=0.598\,5$$

而

$$m=m(l_1)+m(l_2)=(100+200)\ \text{g}=300\ \text{g}$$

所以

$$m(l_1)=0.598\,5\,m=(0.598\,5\times300)\ \text{g}=179.6\ \text{g}$$

$$m(l_2)=m-m(l_1)=(300-179.6)\ \text{g}=120.4\ \text{g}$$

（2）系统中再加入 100 g 苯酚时，系统组成变成

$$w_B=\frac{m_B}{m_A+m_B}=\frac{200}{200+200}=0.5$$

与（1）类似，有

$$\frac{m(l_1)}{m}=\frac{w_B(l_2)-w_B}{w_B(l_2)-w_B(l_1)}=\frac{0.699-0.5}{0.699-0.087\,5}=0.325\,4$$

而

$$m=m(l_1)+m(l_2)=(200+200)\ \text{g}=400\ \text{g}$$

所以

$$m(l_1)=0.325\,4\,m=(0.325\,4\times400)\ \text{g}=130.2\ \text{g}$$

$$m(l_2)=m-m(l_1)=(400-130.2)\ \text{g}=269.8\ \text{g}$$

6.7 水-异丁醇系统液相部分互溶。在 101.325 kPa 下，系统的共沸点为 89.7 ℃。气（g）、液（l_1）、液（l_2）三相平衡时的组成 w（异丁醇）依次为 70.0%，8.7%，85.0%。今由 350 g 水和 150 g 异丁醇形成的系统在 101.325 kPa 下由室温加热，问：

（1）温度刚要达到共沸点，系统处于相平衡时存在哪些相？其质量各为多少？

（2）当温度由共沸点刚有上升趋势，系统处于相平衡时存在哪些相？其质量各为多少？

解：相图见图 6.3。

（1）温度刚要达到（还未达到）共沸点时，系统中尚无气相出现，只存在两个共轭液相 l_1 和 l_2。

设水为 A，异丁醇为 B，系统点组成为

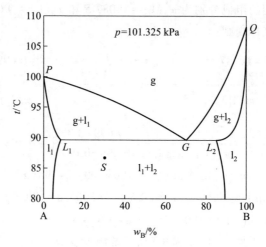

图 6.3　习题 6.7 附图

$$w_{B,0} = \frac{m_B}{m_B + m_A} = \frac{150}{350 + 150} = 0.3$$

平衡时两液相组成分别为 $w_B(l_1) = 0.087$ 和 $w_B(l_2) = 0.85$，两液相及系统组成符合杠杆规则：

$$w_B(l_1) = 0.087 \qquad w_{B,0} = 0.3 \qquad w_B(l_2) = 0.85$$

$$m(l_1) \qquad\qquad m \qquad\qquad m(l_2)$$

即
$$\frac{m(l_1)}{m} = \frac{w_B(l_2) - w_{B,0}}{w_B(l_2) - w_B(l_1)} = \frac{0.85 - 0.3}{0.85 - 0.087} = 0.720\ 8$$

解出
$$m(l_1) = 0.720\ 8\ m = (0.720\ 8 \times 500)\ g = 360.4\ g$$
$$m(l_2) = m - m(l_1) = (500 - 360.4)\ g = 139.6\ g$$

（2）当温度由共沸点刚有上升趋势时，l_2 相消失，系统处于气-液两相平衡，两相组成分别为 $w_B(l_1) = 0.087$ 和 $w_B(g) = 0.70$，由杠杆规则：

$$w_B(l_1) = 0.087 \qquad w_{B,0} = 0.3 \qquad w_B(g) = 0.70$$

$$m(l_1) \qquad\qquad m \qquad\qquad m(g)$$

有
$$\frac{m(l_1)}{m} = \frac{w_B(g) - w_{B,0}}{w_B(g) - w_B(l_1)} = \frac{0.70 - 0.3}{0.70 - 0.087} = 0.652\ 5$$

解出
$$m(l_1) = 0.652\ 5\ m = (0.652\ 5 \times 500)\ g = 326.25\ g$$

$$m(g) = m - m(l_1) = (500 - 326.25)\ g = 173.75\ g$$

6.8 恒压下二组分液态部分互溶系统气−液平衡的温度−组成图如图 6.4 所示,指出四个区域的平衡相及自由度数。

试题分析

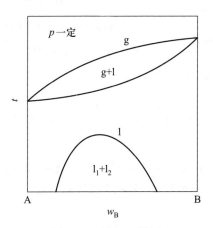

图 6.4 习题 6.8 附图

解:各区域平衡相已标于图 6.4 中。各区域自由度数为

g 相区:$F = 2$;g+l 相区:$F = 1$;

l 相区:$F = 2$;$l_1 + l_2$ 相区:$F = 1$。

6.9 为了将含非挥发性杂质的甲苯提纯,在 86.0 kPa 压力下用水蒸气蒸馏。已知:在此压力下该系统的共沸点为 80 ℃,80 ℃时水的饱和蒸气压为 47.3 kPa。试求:

(1)气相的组成(含甲苯的摩尔分数);

(2)欲蒸出 100 kg 纯甲苯,需要消耗水蒸气多少千克?

解: $M(H_2O) = 18.015\ g\cdot mol^{-1}$,$M(C_7H_8) = 92.14\ g\cdot mol^{-1}$。

(1)甲苯与水完全不互溶,所以,一定温度下水−甲苯平衡系统达沸腾时,蒸气相的压力为水和甲苯的饱和蒸气压之和。即

$$p = p^*(H_2O) + p^*(C_7H_8) = 86.0\ kPa$$

所以 $y(C_7H_8) = \dfrac{p^*(C_7H_8)}{p} = \dfrac{p - p^*(H_2O)}{p} = \dfrac{86.0 - 47.3}{86.0} = 0.450$

(2)由于甲苯与水完全不互溶,所以两者共沸时,气相中水与甲苯之比

始终等于 $p^*(H_2O)/p^*(C_7H_8)$，也等于混合蒸气冷凝所得的水与甲苯的物质的量之比。即

$$\frac{p^*(H_2O)}{p^*(C_7H_8)} = \frac{n(H_2O)}{n(C_7H_8)} = \frac{m(H_2O)/M(H_2O)}{m(C_7H_8)/M(C_7H_8)}$$

$$m(H_2O) = \frac{p^*(H_2O)\,m(C_7H_8)\,M(H_2O)}{p^*(C_7H_8)\,M(C_7H_8)}$$

所以，消耗水蒸气的质量为

$$m(H_2O) = \left(\frac{47.3\times100\times18.015}{38.7\times92.14}\right)\ kg = 23.9\ kg$$

试题分析

6.10　A–B 二组分液态部分互溶系统的液–固平衡相图如图 6.5 所示，试指出各个相区的相平衡关系、各条线所代表的意义，以及三相线所代表的相平衡关系。

解：单相区：

1：A 和 B 的混合溶液 l。

二相区：

2：$l_1 + l_2$；

3：$l_2 + B(s)$；

4：$l_1 + A(s)$；

5：$l_1 + B(s)$；

6：$A(s) + B(s)$。

各条线代表的意义：

LJ：A 的凝固点降低曲线；

JM：B 的凝固点降低曲线；

NV：B 的凝固点降低曲线；

MUN：液–液相互溶解度曲线。

三相线：

MNO：$l_1 + B(s) \rightleftharpoons l_2$；

IJK：$A(s) + B(s) \rightleftharpoons l_1$。

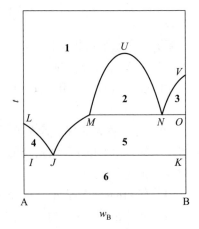

图 6.5　习题 6.10 附图

试题分析

6.11　固态完全互溶、具有最高熔点的 A–B 二组分凝聚系统相图如图 6.6 所示。指出各相区的相平衡关系、各条线的意义，并绘出状态点为 a, b

的样品的冷却曲线。

解：单相区：

1：A+B，液态溶液，l；

4：A+B，固态溶液，s。

二相区：

2：l+s；

3：l+s。

上方曲线：液相线，表示开始有固溶体产生；

下方曲线：固相线，表示液态溶液开始消失。

冷却曲线如图 6.6 所示。

6.12 图 6.7 为低温时固态部分互溶、高温时固态完全互溶且具有最低熔点的 A-B 二组分凝聚系统相图。指出各相区的稳定相及各条线所代表的意义。

解：各相区的稳定相及各条线的意义见图 6.7。即，相区从上向下依次为 l，l+s，s，s_1+s_2（或者 α+β）。

各条线依次为液相线、固相线和固态时 A，B 相互溶解度曲线。

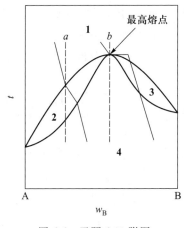

图 6.6 习题 6.11 附图

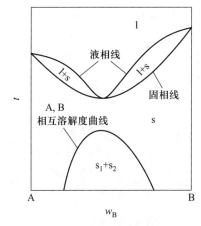

图 6.7 习题 6.12 附图

6.13 二组分凝聚系统 Hg-Cd 相图（示意图）如图 6.8 所示。指出各相区的稳定相，以及三相线上的相平衡关系。

解：各相区的稳定相标注见图 6.8。

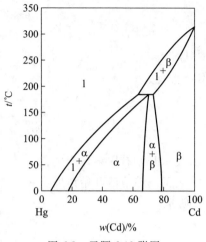

图 6.8　习题 6.13 附图

三相线上的相平衡关系为

$$l+\beta \Longleftrightarrow \alpha$$

6.14　利用下列数据,粗略地绘制出 Mg-Cu 二组分凝聚系统相图,并标出各区的稳定相。

Mg 与 Cu 的熔点分别为 648℃,1 085℃。两者可形成两种稳定化合物 Mg_2Cu, $MgCu_2$,其熔点分别为 580℃,800℃。两种金属与两种化合物四者之间形成三种低共熔混合物。低共熔混合物的组成 $w(Cu)$ 及低共熔点对应为 35%,380℃;66%,560℃;90.6%,680℃。

解:两稳定化合物 $Mg_2Cu(1)$, $MgCu_2(2)$ 的组成 $w(Cu)$ 分别为

$$w_1(Cu) = \frac{63.546}{2 \times 24.305 + 63.546} = 0.566\,6$$

$$w_2(Cu) = \frac{2 \times 63.546}{24.305 + 2 \times 63.546} = 0.839\,5$$

所绘制的相图见图 6.9

6.15　某 A-B 二组分凝聚系统相图如图 6.10(a)所示,其中 C 为不稳定化合物。

(1)标出图中各相区的稳定相和自由度数;

(2)指出图中的三相线及相平衡关系;

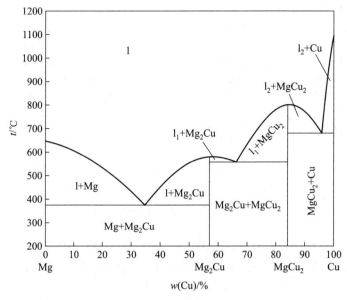

图 6.9　习题 6.14 附图

（3）绘出图中状态点为 a,b 的样品的冷却曲线,注明冷却过程相变化情况；

（4）将 5 kg 处于 b 点的样品冷却至 t_1,系统中液态物质与析出固态物质的质量各为多少？

解：（1）两组分系统自由度数 $F=C-P+1=2-P+1=3-P$,先确定各相区平衡共存相的个数,依上式可计算自由度数。各相区稳定相和自由度数见下表：

相区	稳定相	自由度数	相区	稳定相	自由度数
1	l	2	**5**	l+β	1
2	l+α	1	**6**	l+C(s)	1
3	α	2	**7**	C(s)+β	1
4	α+C(s)	1	**8**	β	2

（2）三相线上的相平衡关系：

$$cde:\alpha+C(s) \Longrightarrow l$$

$$fgh:l+\beta \Longrightarrow C(s)$$

（3）冷却曲线见图 6.10(b)。

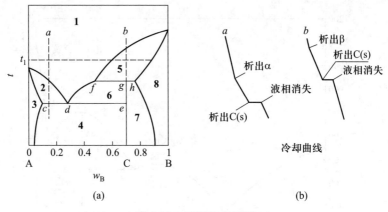

图 6.10　习题 6.15 附图

（4）b 点样品冷却到 t_1，1 和 β 两相平衡共存，由图 6.10(a) 读出两相的组成：$w_B(1) = 0.6$，$w_B(s) = 0.9$，而系统点组成为 $w_B(b) = 0.7$。于是，

$$\frac{m(1)}{m(s)} = \frac{0.9-0.7}{0.7-0.6} = \frac{2}{1}$$

$$m(1)+m(s) = 5 \text{ kg}$$

计算可得　$m(1) = \left(5 \times \frac{2}{3}\right)$ kg = 3.33 kg

$$m(s) = (5-3.33) \text{ kg} = 1.67 \text{ kg}$$

6.16　某 A-B 二组分凝聚系统相图如图 6.11 所示。标出各相区的稳定相，以及三相线上的相平衡关系。

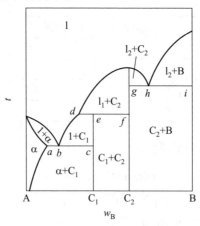

图 6.11　习题 6.16 附图

解：各相区稳定相标注见图 6.11。三相线上的相平衡关系为

abc：$\alpha + C_1(s) \rightleftharpoons l$

def：$l + C_2(s) \rightleftharpoons C_1(s)$

ghi：$C_2(s) + B(s) \rightleftharpoons l$

6.17 二组分凝聚系统 Ga-Sr 在 101.325 kPa 下的相图（示意图）如图 6.12 所示。

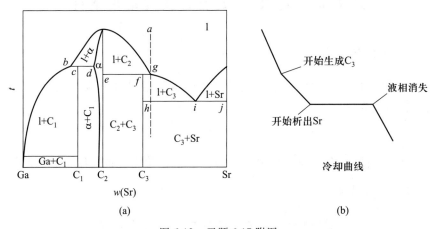

图 6.12　习题 6.17 附图

（1）标明 C_1，C_2，C_3 是稳定化合物还是不稳定化合物；

（2）标出各相区的稳定相，写出三相线的相平衡关系；

（3）绘出图中状态点为 a 的样品的冷却曲线，并指明冷却过程相变化情况。

解：（1）C_1 和 C_3 为不稳定化合物，C_2 为稳定化合物。

（2）各稳定相区标注见图 6.12(a)。

三相线的相平衡关系：

bcd：$l_1 + \alpha \rightleftharpoons C_1(s)$

efg：$C_2(s) + l_2 \rightleftharpoons C_3(s)$

hij：$C_3(s) + Sr \rightleftharpoons l$

（3）状态点为 a 的样品的冷却曲线见图 6.12(b)。

第七章 电化学

第1节 概念、主要公式及其适用条件

1. 法拉第定律

电解时,电极上发生化学反应的物质的量与通过电解池的电荷量成正比。表达式为

$$Q = zF\xi$$

式中,F 为法拉第常数,$F = 96\ 485\ \text{C·mol}^{-1}$。法拉第定律也适用于原电池。

2. 迁移数 t_B

离子 B 所运载的电流占总电流的分数称为离子 B 的迁移数,记为 t_B。如果溶液中只有一种阳离子和一种阴离子,有

$$t_+ = \frac{I_+}{I_+ + I_-}, \quad t_- = \frac{I_-}{I_+ + I_-}$$

可推出

$$t_+ = \frac{v_+}{v_+ + v_-} = \frac{u_+}{u_+ + u_-}, \quad t_- = \frac{v_-}{v_+ + v_-} = \frac{u_-}{u_+ + u_-}$$

式中,v_+、v_- 为阳、阴离子的运动速率;u_+ 与 u_- 表示电场强度为 $1\ \text{V·m}^{-1}$ 时阳、阴离子的运动速率,称为电迁移率。两式适用于温度及外电场一定,只含有一种阳离子和一种阴离子的电解质溶液。若电解质溶液中含有两种以上阳(阴)离子时,则其中某一种离子 B 的迁移数为

$$t_B = \frac{I_B}{I} \quad \text{而} \quad \sum t_B = 1$$

在 KCl,KI,KNO_3 和 NH_4NO_3 溶液中,阳、阴离子的迁移数大致相等,所以

常用于制备盐桥,以消除原电池中的液体接界电势。

3. 电导 G、电导率 κ 和摩尔电导率 Λ_m

电导 G 为电阻的倒数,$G = 1/R$。G 与导体的横截面 A_s 及长度 l 之间的关系为

$$G = \kappa \frac{A_s}{l}$$

式中,κ 为电导率。对于电解质溶液,κ 表示相距单位长度、面积为单位面积的两个平行板电极间充满电解质溶液时的电导,单位为 $S \cdot m^{-1}$。

单位浓度的电导率称为摩尔电导率,用 Λ_m 表示:

$$\Lambda_m = \frac{\kappa}{c}$$

式中,Λ_m 的单位为 $S \cdot m^2 \cdot mol^{-1}$。利用 Λ_m 可比较不同浓度、不同电解质溶液的导电能力。注意,式中 c 的单位为 $mol \cdot m^{-3}$。

对于强电解质稀溶液,$\Lambda_m = \Lambda_m^\infty - A\sqrt{c}$。其中,$\Lambda_m^\infty$ 是无限稀释摩尔电导率,又称为极限摩尔电导率。

4. 离子独立运动定律

$$\Lambda_m^\infty = \nu_+ \Lambda_{m,+}^\infty + \nu_- \Lambda_{m,-}^\infty$$

式中,ν_+,ν_- 为阳、阴离子的化学计量数,$\Lambda_{m,+}^\infty$,$\Lambda_{m,-}^\infty$ 为阳、阴离子的无限稀释的摩尔电导率,可通过实验测定。

利用离子独立运动定律,可由离子的无限稀释摩尔电导率计算电解质的无限稀释摩尔电导率,以及利用强电解质的无限稀释摩尔电导率计算弱电解质的无限稀释摩尔电导率,并进一步计算该弱电解质的解离度:

$$\alpha = \frac{\Lambda_m}{\Lambda_m^\infty}$$

离子和电解质的 Λ_m 需指明涉及的基本单元,如 $\Lambda_m(Ba^{2+}) = 2\Lambda_m\left(\frac{1}{2}Ba^{2+}\right)$。

5. 电解质的平均离子活度 $a_\pm$ 和平均离子活度因子 $\gamma_\pm$

$$a = a_\pm^\nu = a_+^{\nu_+} a_-^{\nu_-}$$

$$\nu = \nu_+ + \nu_-$$

式中，a，a_+，a_-分别为整体强电解质、阳离子和阴离子的活度；$a_\pm$为阳、阴离子的平均活度。

$$a_\pm = \gamma_\pm \left(\frac{b_\pm}{b^\ominus} \right)$$

式中，$b_\pm$为平均离子质量摩尔浓度，其与阳、阴离子的质量摩尔浓度b_+和b_-的关系为$b_\pm = (b_+^{\nu_+} b_-^{\nu_-})^{1/\nu}$。$\gamma_\pm$称为平均离子活度因子，与阳、阴离子的活度因子$\gamma_+$，$\gamma_-$的关系为$\gamma_\pm = (\gamma_+^{\nu_+} \gamma_-^{\nu_-})^{1/\nu}$。

6. 离子强度 I

$$I \xlongequal{\text{def}} \frac{1}{2} \sum b_B z_B^2$$

式中，b_B，z_B分别为溶液中离子 B 的质量摩尔浓度和电荷数。I值大小反映了电解质溶液中离子的电荷所形成的静电场的强弱。

7. 德拜–休克尔极限公式

单个离子活度因子：　　　$\lg \gamma_i = -A z_i^2 \sqrt{I}$

平均离子活度因子：　　　$\lg \gamma_\pm = -A z_+ \mid z_- \mid \sqrt{I}$

式中，A 为常数，在 25 ℃的水溶液中 $A = 0.509~(\text{mol} \cdot \text{kg}^{-1})^{-1/2}$。两式只适用于稀溶液。

8. 可逆电池及其电动势

可逆电池：充、放电时进行的任何反应和过程都是可逆的电池。可逆电池不仅要求电池反应具有热力学上的可逆性，即反应在无限接近平衡的条件下进行，而且电池中进行的其他过程也都是可逆的。

电池的电动势 E：无电流通过的情况下电池两端的电势差称为电池的电动势。获取原电池的电动势通常有实验测定和理论计算两条途径。实验测定常采用波根多夫（Poggendorff）对消法，以保证测定过程的电流无限接近于零。另外，还可以利用能斯特方程及电极电势来计算原电池的电动势。

9. 原电池热力学计算

电池反应的摩尔吉布斯函数变：

$$\Delta_r G_m = -zFE$$

摩尔熵变：
$$\Delta_r S_m = zF\left(\frac{\partial E}{\partial T}\right)_p$$

摩尔焓变：
$$\Delta_r H_m = \Delta_r G_m + T\Delta_r S_m = -zFE + zFT\left(\frac{\partial E}{\partial T}\right)_p$$

可逆放电时的反应热：
$$Q_r = T\Delta_r S_m = zFT\left(\frac{\partial E}{\partial T}\right)_p$$

式中，z 为电池反应的电荷数，即所写电池反应转移的电子数，其量纲为 1；F 为法拉第常数；$\left(\frac{\partial E}{\partial T}\right)_p$ 称为电动势的温度系数。

当电池反应在温度为 T 的标准状态下进行时，$\Delta_r G_m^{\ominus} = -zFE^{\ominus}$，$E^{\ominus}$ 为电池的标准电动势，是参加电池反应的各物质均处在各自标准态时电池的电动势。联系化学反应的 $\Delta_r G_m^{\ominus}$ 与平衡常数 $K^{\ominus}$ 的关系 $\Delta_r G_m^{\ominus} = -RT\ln K^{\ominus}$，可得 $\ln K^{\ominus} = \frac{zFE^{\ominus}}{RT}$，利用此式，可由原电池的标准电动势 $E^{\ominus}$ 计算一定温度下电池反应的标准平衡常数 $K^{\ominus}$。

10. 能斯特方程、电极电势与原电池电动势 E 的计算

计算原电池电动势的基本方程为能斯特方程。

对于电池反应
$$0 = \sum_B \nu_B B$$

能斯特方程为
$$E = E^{\ominus} - \frac{RT}{zF}\ln\prod_B a_B^{\nu_B}$$

式中，$E^{\ominus} = E^{\ominus}(阴) - E^{\ominus}(阳)$，$E^{\ominus}(阴)$ 与 $E^{\ominus}(阳)$ 为两电极的标准电极电势，可从数据表和手册中查得。一定温度下，已知参加电池反应的各物质的活度及在电池反应中得失电子的物质的量，就可以利用上面的公式计算电动势 E。反之，已知某原电池的电动势时，也能利用该方程求出参加电池反应的某物质的活度及平均离子活度因子 $\gamma_\pm$ 等。

将温度为 T，标准状态下且氢离子活度 $a(H^+)$ 为 1 时的氢电极（标准氢电极）作为阳极（规定该氢电极的标准电极电势为零），将某电极作为阴极（还原电极）组成原电池，此电池的电动势称为该还原电极的电极电势。电极电势也由能斯特方程给出：

$$E(\text{电极}) = E^{\ominus}(\text{电极}) - \frac{RT}{zF}\ln\frac{[a(\text{R})]^{\nu_{\text{R}}}}{[a(\text{O})]^{\nu_{\text{O}}}}$$

式中,符号 R 表示还原态,O 表示氧化态。

利用电极反应的能斯特方程先算出原电池两电极的还原电极电势 E(阴)和 E(阳),再相减即得到原电池的电动势 E:

$$E = E(\text{阴}) - E(\text{阳})$$

需要注意的是,此计算式中的负号源于原电池阳极所发生的是氧化反应,因此计算原电池 E 时不能再次将阳极的电极电势取负值,否则将导致错误。

综上,计算原电池电动势有两种方法:其一,利用电池反应的能斯特方程,由电池的标准电动势 $E^{\ominus}$ 及参加反应的各物质的活度 a_i 直接计算电动势 E;其二,先用电极反应的能斯特方程及标准电极电势 $E^{\ominus}$(电极),求出组成原电池的两极的电极电势 E(阴)和 E(阳),再计算电池的 E。

11. 原电池设计

原则上,任何 $\Delta G < 0$ 的反应都可设计成原电池。

设计方法:将给定反应分解成两个电极反应,一个发生氧化反应作阳极,一个发生还原反应作阴极,两个电极反应之和应等于总反应。

一般可先写出一个电极反应,然后从总反应中减去这个电极反应,即得到另一个电极反应。注意写出的电极反应应符合三类电极的特征。

写出电池图示,按顺序从左到右依次列出阳极至阴极间各个相,相与相之间用垂线隔开,若为双液电池,在两溶液间用双(虚)垂线表示加盐桥。

12. 极化、极化电极电势与超电势

当通过原电池的电流不趋于零时,电极电势将偏离平衡电极电势,产生极化现象,此时的电极电势称为极化电极电势。在某一电流密度下,极化电极电势 E 与平衡电极电势 E(平)之差的绝对值称为超电势,用 η 来表示,它们之间的关系为

$$\eta(\text{阳}) = E(\text{阳}) - E(\text{阳,平})$$
$$\eta(\text{阴}) = E(\text{阴,平}) - E(\text{阴})$$

上两式对原电池及电解池均适用。

根据产生的原因不同,极化通常又分为两类:浓差极化和电化学极化。极化的结果使阳极电极电势变得更正,阴极电极电势变得更负。极化对原电池和电解池带来的影响不同。随着电流密度的增大,电解池消耗的能量

增多,而原电池对外所做电功减小。

13. 电解时的电极反应

电解时,在阳极和阴极均有多种反应可以进行的情况下,阳极上总是优先发生极化电极电势较低的反应;阴极上总是优先发生极化电极电势较高的反应。若不考虑浓差极化,阳极和阴极的极化电极电势为

$$E(阳) = E(阳,平) + \eta(阳)$$
$$E(阴) = E(阴,平) - \eta(阴)$$

当外加电压很大时,其他的电极反应也能同时进行。

第 2 节 概 念 题

7.2.1 填空题

1. 用两个银电极电解 $AgNO_3$ 水溶液时,当电路中通过的电荷量为 96 485 C 时,在阴极会析出( )mol 的银。

2. 已知某电导池的电导池系数为 125.4 m^{-1},当其中盛有某 $CaCl_2$ 溶液时,测得电阻为 1 050 Ω,则该溶液的电导率κ = ( )$S \cdot m^{-1}$。

3. 25 ℃时,浓度为 0.002 $mol \cdot dm^{-3}$ 的某电解质溶液的电导率 κ 等于 0.036 4 $S \cdot m^{-1}$,则该电解质的摩尔电导率 Λ_m ($NH_3 \cdot H_2O$) = ( ) $S \cdot m^2 \cdot mol^{-1}$。

4. 柯尔劳施(Kohlrausch)公式 $\Lambda_m = \Lambda_m^{\infty} - A\sqrt{c}$ 适用于( )。

5. 25 ℃时,$b(NaOH)$ = 0.01 $mol \cdot kg^{-1}$ 的水溶液,$\gamma_\pm$ = 0.899,则 NaOH 的整体活度 $a(NaOH)$ = ( );阴、阳离子的平均活度 $a_\pm$ = ( )。

6. 质量摩尔浓度为 b 的 $Al_2(SO_4)_3$ 水溶液的离子强度是( )。

7. 已知 25 ℃时 Ag_2SO_4 饱和水溶液的电导率 $\kappa(Ag_2SO_4)$ = 0.759 8 $S \cdot m^{-1}$,配制溶液所用水的电导率 $\kappa(H_2O)$ = 1.6×10^{-4} $S \cdot m^{-1}$。离子极限摩尔电导率$\Lambda_m^{\infty}(Ag^+)$ 和 $\Lambda_m^{\infty}\left(\frac{1}{2}SO_4^{2-}\right)$ 分别为 61.92×10^{-4} $S \cdot m^2 \cdot mol^{-1}$ 和 79.8×10^{-4} $S \cdot m^2 \cdot mol^{-1}$。求此温度下 Ag_2SO_4 的活度积 K_{sp} = ( )。

8. 某电池的电动势 E 与温度的关系为

$$E/V = 0.069\ 4 + 1.881 \times 10^{-3} T/K - 2.9 \times 10^{-6} (T/K)^2$$

则 25 ℃，$z=1$ 时电池反应的 $\Delta_r G_m = ($　　$)$ kJ·mol^{-1}；$\Delta_r S_m = ($　　$)$ J·mol^{-1}·K^{-1}。

试题分析

9. 原电池 Ag(s)｜AgCl(s)｜HCl(a)｜Cl$_2$(g,p)｜Pt 的电池反应可写成以下两种形式：

$$Ag(s) + \frac{1}{2}Cl_2(g) \longrightarrow AgCl(s) \qquad (1) \qquad\qquad \Delta_r G_m(1), E(1)$$

$$2Ag(s) + Cl_2(g) \longrightarrow 2AgCl(s) \qquad (2) \qquad\qquad \Delta_r G_m(2), E(2)$$

则 $\Delta_r G_m(1) = ($　　$) \Delta_r G_m(2)$，$E(1) = ($　　$) E(2)$。

相关资料

10. 原电池和电解池极化的结果，都将使阳极的电极电势（　　），阴极的电极电势（　　）。从而随着电流密度增加，电解池消耗的能量（　　），原电池对外所做电功（　　）。

7.2.2　选择题

1. 用两个铂电极电解 KOH 水溶液。当析出 1 mol 氢气和 0.5 mol 氧气时，通过的电荷量是（　　）C。

（a）96 485；　　　　（b）192 970；　　　（c）48 242.5；　　　（d）385 940。

2. 298.15 K 时，某电导池中盛有浓度为 0.005 mol·dm^{-3} 的 CaCl$_2$ 水溶液，测得其电阻为 1 050 Ω。已知该电导池的电导池系数为 125.4 m^{-1}，则该 CaCl$_2$ 水溶液的电导率 $\kappa = ($　　$)$ S·m^{-1}。

（a）1.316 7×10^5；（b）0.119 4；　　　（c）0.023 88；　　　（d）8.373 2。

3. 在 25 ℃无限稀释的水溶液中，摩尔电导率最大的正离子是（　　）。

（a）Na$^+$；　　　　　（b）$\frac{1}{2}$Cu^{2+}；　　　（c）$\frac{1}{3}$La^{3+}；　　　（d）H$^+$。

4. 25 ℃无限稀释的 LaCl$_3$ 水溶液中，$\Lambda_m^\infty \left(\frac{1}{3}La^{3+}\right) = 69.7×10^{-4}$ S·m^2·mol^{-1}，$\Lambda_m^\infty(Cl^-) = 76.31×10^{-4}$ S·m^2·mol^{-1}，则 $\Lambda_m^\infty(LaCl_3) = ($　　$)$ S·m^2·mol^{-1}。

（a）43.8×10^{-4}；　　　　　　　（b）43.80×10^{-3}；

（c）146.01×10^{-4}；　　　　　　（d）298.63×10^{-4}。

5. Na$_2$SO$_4$ 水溶液中，平均离子活度因子与阳、阴离子活度因子的关系为（　　）。

（a）$\gamma_\pm = (\gamma_+^2 \gamma_-)^{1/3}$；　　　　　　　（b）$\gamma_\pm = (\gamma_+ \gamma_-)^{1/2}$；

（c）$\gamma_\pm = (\gamma_+^2 \gamma_-)^{1/2}$；　　　　　　　（d）$\gamma_\pm = (\gamma_+ \gamma_-)^{1/3}$。

6. 温度 T 时，$b = 0.5$ mol·kg^{-1} 的 Al$_2$(SO$_4$)$_3$ 溶液中，电解质的平均离子活度因子 $\gamma_\pm = 0.75$，则 Al$_2$(SO$_4$)$_3$ 的活度 $a[Al_2(SO_4)_3] = ($　　$)$。

（a）1.275；　　　　（b）0.800；　　　　（c）0.956；　　　　（d）0.789 6。

7. 电池 Pt │ Cu^{2+}，Cu^{+}‖Cu^{2+}|Cu 和电池 Pt │ Cu^{2+}，Cu^{+}‖Cu^{+}|Cu 的电池反应均可以写成 $2Cu^{+} \Longrightarrow Cu^{2+}+Cu$，则一定温度下，两电池的 $\Delta_r G_m^\ominus$（　　　），$E^\ominus$（　　　）。

（a）不同；　　　　　　　　　　　（b）相同；

（c）可能相同也可能不同；　　　　（d）无法确定。

8. 电池 Ag │ AgCl(s) │ KCl(a) │ Hg_2Cl_2(s) │ Hg 的电池反应为

$$Ag+\frac{1}{2}Hg_2Cl_2(s) \Longrightarrow AgCl(s)+Hg$$

已知 25 ℃时反应的 $\Delta_r H_m^\ominus = 5.435$ kJ·mol^{-1}，$\Delta_r S_m^\ominus = 33.15$ J·mol^{-1}·K^{-1}，则 25 ℃时电池的标准电动势 $E^\ominus$=（　　　）V。

　（a）0.046 11；　　（b）0.056 33；　　（c）0.013 37；　　（d）1.794 6。

9. 用金属铂(Pt)作电极，电解 H_2SO_4 水溶液或 NaOH 水溶液，都可以得到 H_2(g) 和 O_2(g)。这二者的理论分解电压的关系是（　　　）。

（a）相等；　　　　　　　　　　　（b）前者大于后者；

（c）后者大于前者；　　　　　　　（d）无法确定。

10. 电解金属盐的水溶液时，在阴极上，（　　　）的反应优先进行。

（a）标准电极电势最高；　　　　　（b）标准电极电势最低；

（c）极化电极电势最高；　　　　　（d）极化电极电势最低。

概念题答案

7.2.1　填空题

1. 1

电解 $AgNO_3$ 时，阴极发生的反应为 $Ag^{+}+e^{-} \longrightarrow Ag$，根据法拉第定律 $Q = zF\xi$，当电路中通过的电荷量为 96 485 C 时，反应进度 $\xi = 1$ mol，因此阴极析出的 Ag 为 1 mol。

2. 0.119 4

$$\kappa = G\frac{l}{A_s} = \frac{K_{cell}}{R} = \left(\frac{125.4}{1\,050}\right) \text{ S·mol}^{-1} = 0.119\,4 \text{ S·mol}^{-1}$$

3. 0.018 2

摩尔电导率 $\Lambda_m = \dfrac{\kappa}{c} = \left(\dfrac{0.036\,4}{0.002\times10^3}\right)$ S·m^2·mol^{-1} = 0.018 2 S·m^2·mol^{-1}。

注意:摩尔电导率与电导率和浓度之间的关系式中,浓度的单位是 $mol \cdot m^{-3}$。

4. 强电解质稀溶液

柯尔劳施根据实验结果指出:很稀的溶液中,强电解质的摩尔电导率与浓度的平方根呈直线关系。

5. 8.082×10^{-5};8.99×10^{-3}

基本关系式有 $a = a_{\pm}^{\nu} = a_+^{\nu_+} a_-^{\nu_-}$,$a_{\pm} = \gamma_{\pm} b_{\pm}/b^{\ominus}$ 及 $b_{\pm} = (b_+^{\nu_+} b_-^{\nu_-})^{1/\nu}$,对于 NaOH,$b_{\pm} = (b_+^1 b_-^1)^{1/2} = b$,于是,$a_{\pm} = 0.899 \times 0.01 = 8.99 \times 10^{-3}$,$a = a_{\pm}^2 = 8.082 \times 10^{-5}$。

6. $15b$

离子强度 $I = \frac{1}{2} \sum b_B z_B^2$,其中 b_B 为离子浓度。

7. 7.7×10^{-5}

求出 Ag_2SO_4 在水中的溶解度便可求得活度积。利用电导法求难溶盐的溶解度,先求 Λ_m 和 κ,根据关系式 $\Lambda_m = \kappa/c$ 求出 c,进而利用 $K_{sp} = \left[\frac{c(Ag^+)}{c^{\ominus}}\right]^2 \cdot \left[\frac{c(SO_4^{2-})}{c^{\ominus}}\right]$ 求出 K_{sp}。难溶盐在水中的溶解度很小,故其饱和水溶液可视为无限稀释,$\Lambda_m(Ag_2SO_4) \approx \Lambda_m^{\infty}(Ag_2SO_4)$,而

$$\Lambda_m^{\infty}(Ag_2SO_4) = 2\Lambda_m^{\infty}(Ag^+) + 2\Lambda_m^{\infty}\left(\frac{1}{2}SO_4^{2-}\right)$$
$$= [2 \times (61.92 + 79.8) \times 10^{-4}] \text{ S} \cdot m^2 \cdot mol^{-1}$$
$$= 283.44 \times 10^{-4} \text{ S} \cdot m^2 \cdot mol^{-1}$$

$$c(Ag_2SO_4) = \frac{\kappa(Ag_2SO_4)}{\Lambda_m(Ag_2SO_4)} \approx \frac{\kappa(Ag_2SO_4)}{\Lambda_m^{\infty}(Ag_2SO_4)} = \frac{\kappa(Ag_2SO_4) - \kappa(H_2O)}{\Lambda_m^{\infty}(Ag_2SO_4)}$$
$$= \left(\frac{0.759\ 8 - 1.6 \times 10^{-4}}{283.44 \times 10^{-4}}\right) \text{ mol} \cdot m^{-3}$$
$$= 26.8 \text{ mol} \cdot m^{-3} = 0.026\ 8 \text{ mol} \cdot dm^{-3}$$

$$K_{sp} = \left[\frac{c(Ag^+)}{c^{\ominus}}\right]^2 \left[\frac{c(SO_4^{2-})}{c^{\ominus}}\right] = 4\left[\frac{c(Ag_2SO_4)}{c^{\ominus}}\right]^3 = 4 \times \left(\frac{0.026\ 8}{1}\right)^3 = 7.7 \times 10^{-5}$$

8. $-35.93 \text{ kJ} \cdot mol^{-1}$;$14.64 \text{ J} \cdot mol^{-1} \cdot K^{-1}$

25 ℃时,电池的电动势和电动势温度系数分别为

$$E = (0.069\ 4 + 1.881 \times 10^{-3} \times 298.15 - 2.9 \times 10^{-6} \times 298.15^2) \text{ V} = 0.372\ 4 \text{ V}$$
$$\left(\frac{\partial E}{\partial T}\right)_p = (1.881 \times 10^{-3} - 2.9 \times 10^{-6} \times 2 \times 298.15) \text{ V} \cdot K^{-1}$$

$$= 1.517\ 3 \times 10^{-4}\ V \cdot K^{-1}$$

于是

$$\Delta_r G_m = -zFE = (-1 \times 96\ 485 \times 0.372\ 4 \times 10^{-3})\ kJ \cdot mol^{-1} = -35.93\ kJ \cdot mol^{-1}$$

$$\Delta_r S_m = zF\left(\frac{\partial E}{\partial T}\right)_p = (1 \times 96\ 485 \times 1.517\ 3 \times 10^{-4})\ J \cdot mol^{-1} \cdot K^{-1}$$

$$= 14.64\ J \cdot mol^{-1} \cdot K^{-1}$$

9. $\dfrac{1}{2}$；1

电池反应写法不同，但仍为同一电池，所以原电池电动势只有一个值，即 $E(1) = E(2)$；但电池反应写法不同时，发生 1 mol 反应转移的电子数不同，对于反应（1），$\xi = 1$ mol 反应时 $z = 1$，而对于反应（2），$\xi = 1$ mol 反应时 $z = 2$，所以 $\Delta_r G_m(2) = 2\Delta_r G_m(1)$。

10. 更正；更负；增多；减小

7.2.2　选择题

1.（b）

电解水的反应为 $H_2O \Longrightarrow H_2(g) + \dfrac{1}{2}O_2(g)$，析出 1 mol 氢气和 0.5 mol 氧气时 $\xi = 1$ mol。根据法拉第定律，$Q = zF\xi = (2 \times 96\ 485 \times 1)$ C $= 192\ 970$ C。

2.（b）

采用电导池测定溶液电导率时，$\kappa = G\dfrac{l}{A_s} = \dfrac{K_{cell}}{R} = \dfrac{125.4\ m^{-1}}{1\ 050\ \Omega} = 0.119\ 4\ S \cdot m^{-1}$。

3.（d）

H^+ 的摩尔电导率远大于其他离子，这是因为质子在水分子间进行链式传递的缘故。

4.（b）

$$\Lambda_m^{\infty}(LaCl_3) = 3\Lambda_m^{\infty}\left(\frac{1}{3}La^{3+}\right) + 3\Lambda_m^{\infty}(Cl^-)$$

$$= [3 \times (69.7 + 76.31) \times 10^{-4}]\ S \cdot m^2 \cdot mol^{-1}$$

$$= 43.80 \times 10^{-3}\ S \cdot m^2 \cdot mol^{-1}$$

5.（a）

定义式 $\gamma_{\pm} = (\gamma_+^{\nu_+}\gamma_-^{\nu_-})^{1/\nu}$，而 Na_2SO_4 的 $\nu_+ = 2$，$\nu_- = 1$，$\nu = \nu_+ + \nu_- = 2 + 1 = 3$。

6.（b）

因为 $a[Al_2(SO_4)_3] = a_{\pm}^5$，$a_{\pm} = \gamma_{\pm}b_{\pm}/b^{\ominus}$，

$$b_{\pm} = \left[(2b)^2 (3b)^3 \right]^{1/5} = 108^{1/5} b = (108^{1/5} \times 0.5) \ \text{mol} \cdot \text{kg}^{-1} = 1.275 \ \text{mol} \cdot \text{kg}^{-1}$$

所以　　　　　$a \left[\text{Al}_2(\text{SO}_4)_3 \right] = (\gamma_{\pm} b_{\pm}/b^{\ominus})^5 = (0.75 \times 1.275)^5 = 0.800$

7.（b）；（a）

两电池的电池反应相同，则 $\Delta_r G_m^{\ominus}$ 相同；但 $\xi = 1 \ \text{mol}$ 反应时转移的电子数不同，$z_1 = 2, z_2 = 1$，故 $2E_1^{\ominus} = E_2^{\ominus}$。

8.（a）

$$\begin{aligned} \Delta_r G_m^{\ominus} &= \Delta_r H_m^{\ominus} - T\Delta_r S_m^{\ominus} \\ &= (5.435 \times 10^3 - 298.15 \times 33.15) \ \text{J} \cdot \text{mol}^{-1} \cdot \text{K}^{-1} \\ &= -4\ 448.67 \ \text{J} \cdot \text{mol}^{-1} \cdot \text{K}^{-1} \end{aligned}$$

$$E^{\ominus} = -\frac{\Delta_r G_m^{\ominus}}{zF} = \left(-\frac{-4\ 448.67}{1 \times 96\ 485} \right) \ \text{V} = 0.046\ 11 \ \text{V}$$

9.（a）

当用金属铂（Pt）作电极，电解 H_2SO_4 水溶液和 NaOH 水溶液时，实质上都是电解水，因此二者的理论分解电压相等。

10.（c）

电解时，阳极上优先发生的是极化电极电势最低的氧化反应，阴极上优先发生的是极化电极电势最高的还原反应。

第 3 节　习 题 解 答

7.1　用铂电极电解 CuCl_2 溶液。通过的电流为 20 A，经过 15 min 后，问：（1）在阴极上能析出多少（质量）的 Cu？（2）在 27 ℃，100 kPa 下阳极上能析出多少（体积）的 $\text{Cl}_2(\text{g})$？

解：铂电极电解 CuCl_2 溶液时，电极反应为

阳极　　　　　　　　　　$2\text{Cl}^- \longrightarrow \text{Cl}_2 + 2e^-$

阴极　　　　　　　　　　$\text{Cu}^{2+} + 2e^- \longrightarrow \text{Cu}$

电极反应的反应进度　　　　$\xi = \dfrac{Q}{zF} = \dfrac{It}{zF}$

因此　　$m(\text{Cu}) = M(\text{Cu})\xi = \dfrac{M(\text{Cu})It}{zF} = \left(\dfrac{63.546 \times 20 \times 15 \times 60}{2 \times 96\ 485} \right) \ \text{g} = 5.927 \ \text{g}$

$$V(\text{Cl}_2) = \frac{\xi RT}{p} = \frac{It}{zF} \frac{RT}{p} = \left(\frac{20 \times 15 \times 60}{2 \times 96\ 485} \times \frac{8.314 \times 300.15}{100 \times 10^3} \right) \ \text{m}^3 = 2.328 \ \text{dm}^3$$

7.2 已知 25 ℃时 0.02 $\mathrm{mol\cdot dm^{-3}}$ KCl 溶液的电导率为 0.276 8 $\mathrm{S\cdot m^{-1}}$。在一电导池中充以此溶液,25 ℃时测得其电阻为 453 Ω。在同一电导池中装入同样体积的质量浓度为 0.555 $\mathrm{g\cdot dm^{-3}}$ 的 $CaCl_2$ 溶液,测得电阻为 1 050 Ω。计算

（1）电导池系数;

（2）$CaCl_2$ 溶液的电导率;

（3）$CaCl_2$ 溶液的摩尔电导率。

解: $M(CaCl_2)$ = 110.983 $\mathrm{g\cdot mol^{-1}}$。

（1）电导池系数

$$K_{cell} = \kappa_1 R_1 = (0.276\ 8 \times 453)\ \mathrm{m^{-1}} = 125.4\ \mathrm{m^{-1}}$$

（2）$CaCl_2$ 溶液的电导率

$$\kappa_2 = \frac{K_{cell}}{R_2} = \left(\frac{125.4}{1\ 050}\right)\ \mathrm{S\cdot m^{-1}} = 0.119\ 4\ \mathrm{S\cdot m^{-1}}$$

（3）$CaCl_2$ 溶液的浓度

$$c = \left(\frac{0.555}{110.983}\right)\ \mathrm{mol\cdot dm^{-3}} = 5\ \mathrm{mol\cdot m^{-3}}$$

$CaCl_2$ 溶液的摩尔电导率

$$\Lambda_m = \frac{\kappa_2}{c} = \left(\frac{0.119\ 4}{5}\right)\ \mathrm{S\cdot m^2\cdot mol^{-1}} = 0.023\ 88\ \mathrm{S\cdot m^2\cdot mol^{-1}}$$

7.3 25 ℃时将电导率为 0.141 $\mathrm{S\cdot m^{-1}}$ 的 KCl 溶液装入一电导池中,测得其电阻为 525 Ω。在同一电导池中装入 0.1 $\mathrm{mol\cdot dm^{-3}}$ 的 $NH_3\cdot H_2O$ 溶液,测得电阻为 2 030 Ω。利用教材中表 7.3.2 中的数据计算 $NH_3\cdot H_2O$ 的解离度 α 及解离常数 $K^{\ominus}$。

解: $NH_3\cdot H_2O$ 溶液的电导率

$$\kappa = \frac{K_{cell}}{R(NH_3\cdot H_2O)} = \frac{\kappa(KCl)R(KCl)}{R(NH_3\cdot H_2O)} = \left(\frac{0.141 \times 525}{2\ 030}\right)\ \mathrm{S\cdot m^{-1}} = 0.036\ 47\ \mathrm{S\cdot m^{-1}}$$

摩尔电导率 $\quad \Lambda_m = \dfrac{\kappa}{c} = \left(\dfrac{0.036\ 47}{0.1 \times 10^3}\right)\ \mathrm{S\cdot m^2\cdot mol^{-1}} = 3.647 \times 10^{-4}\ \mathrm{S\cdot m^2\cdot mol^{-1}}$

查表知有关离子的无限稀释摩尔电导率:

$$\Lambda_m^{\infty}(NH_4^+) = 73.5 \times 10^{-4}\ \mathrm{S\cdot m^2\cdot mol^{-1}},\ \Lambda_m^{\infty}(OH^-) = 198.0 \times 10^{-4}\ \mathrm{S\cdot m^2\cdot mol^{-1}}$$

于是　　$\Lambda_m^\infty(\text{NH}_3 \cdot \text{H}_2\text{O}) = \Lambda_m^\infty(\text{NH}_4^+) + \Lambda_m^\infty(\text{OH}^-)$

$$= (73.5 \times 10^{-4} + 198.0 \times 10^{-4}) \text{ S} \cdot \text{m}^2 \cdot \text{mol}^{-1}$$

$$= 271.5 \times 10^{-4} \text{ S} \cdot \text{m}^2 \cdot \text{mol}^{-1}$$

$\text{NH}_3 \cdot \text{H}_2\text{O}$ 的解离度

$$\alpha = \frac{\Lambda_m(\text{NH}_3 \cdot \text{H}_2\text{O})}{\Lambda_m^\infty(\text{NH}_3 \cdot \text{H}_2\text{O})} = \frac{3.647 \times 10^{-4}}{271.5 \times 10^{-4}} = 0.013\ 43$$

$$K^\ominus = \frac{c(\text{NH}_4^+)c(\text{OH}^-)}{c(\text{NH}_4\text{OH})}\frac{1}{c^\ominus} = \frac{\alpha^2}{1-\alpha}\frac{c}{c^\ominus} = \frac{0.013\ 43^2 \times 0.1}{1 - 0.013\ 43} = 1.828 \times 10^{-5}$$

7.4　25 ℃时纯水的电导率为 5.5×10^{-6} S·m^{-1}，密度为 997.0 kg·m^{-3}。H_2O 中存在下列平衡：$\text{H}_2\text{O} \rightleftharpoons \text{H}^+ + \text{OH}^-$，计算此时 H_2O 的摩尔电导率、解离度和 H^+ 的浓度。

解：设纯水解离度为 α，水发生解离时，有

$$\text{H}_2\text{O} \rightleftharpoons \text{H}^+ + \text{OH}^-$$

未解离时浓度　　　　　　　c　　　0　　0

解离平衡时浓度　　　$c(1-\alpha)$　　$c\alpha$　　$c\alpha$

水的解离度很小，所以水溶液的浓度近似为纯水的浓度，即 $c = \rho/M$，所以

$$\Lambda_m = \frac{\kappa}{c} = \frac{\kappa}{\rho/M} = \left(\frac{5.5 \times 10^{-6}}{997.0/0.018}\right) \text{ S} \cdot \text{m}^2 \cdot \text{mol}^{-1} = 9.93 \times 10^{-11} \text{S} \cdot \text{m}^2 \cdot \text{mol}^{-1}$$

$$\alpha = \frac{\Lambda_m}{\Lambda_m^\infty} = \frac{\Lambda_m}{\Lambda_m^\infty(\text{H}^+) + \Lambda_m^\infty(\text{OH}^-)} = \frac{9.93 \times 10^{-11}}{(349.65 + 198.0) \times 10^{-4}} = 1.813 \times 10^{-9}$$

$$c(\text{H}^+) = c\alpha = \frac{\rho}{M}\alpha = \left(\frac{997.0}{0.018} \times 1.813 \times 10^{-9} \times 10^{-3}\right) \text{ mol} \cdot \text{dm}^{-3}$$

$$= 1.004 \times 10^{-7} \text{ mol} \cdot \text{dm}^{-3}$$

7.5　已知 25 ℃时水的离子积 $K_w = 1.008 \times 10^{-14}$，NaOH，HCl 和 NaCl 的 Λ_m^∞ 分别等于 0.024 811 S·m^2·mol^{-1}，0.042 616 S·m^2·mol^{-1} 和 0.012 645 S·m^2·mol^{-1}。

（1）求 25 ℃时纯水的电导率；

（2）利用该纯水配制 AgBr 饱和水溶液，测得溶液的电导率 κ（溶液）$= 1.664 \times 10^{-5}$ S·m^{-1}，求 AgBr(s) 在纯水中的溶解度。

解：（1）水的无限稀释摩尔电导率

$$\Lambda_m^\infty(\text{H}_2\text{O}) = \Lambda_m^\infty(\text{HCl}) + \Lambda_m^\infty(\text{NaOH}) - \Lambda_m^\infty(\text{NaCl})$$

相关资料

$$= (0.042\ 616 + 0.024\ 811 - 0.012\ 645)\ \text{S} \cdot \text{m}^2 \cdot \text{mol}^{-1}$$
$$= 0.054\ 782\ \text{S} \cdot \text{m}^2 \cdot \text{mol}^{-1}$$

纯水的电导率

$$\kappa(\text{H}_2\text{O}) = c(\text{H}_2\text{O})\Lambda_m(\text{H}_2\text{O}) = \sqrt{K_w}\,c^{\ominus}\Lambda_m^{\infty}(\text{H}_2\text{O})$$
$$= \left(\sqrt{1.008 \times 10^{-14}} \times 10^3 \times 0.054\ 782\right)\ \text{S} \cdot \text{m}^{-1} = 5.500 \times 10^{-6}\ \text{S} \cdot \text{m}^{-1}$$

（2）AgBr 饱和水溶液的电导率 $\kappa(\text{溶液}) = 1.664 \times 10^{-5}\ \text{S} \cdot \text{m}^{-1}$，则

$$\kappa(\text{AgBr}) = \kappa(\text{溶液}) - \kappa(\text{H}_2\text{O})$$
$$= (1.664 \times 10^{-5} - 5.500 \times 10^{-6})\ \text{S} \cdot \text{m}^{-1} = 1.114 \times 10^{-5}\ \text{S} \cdot \text{m}^{-1}$$

AgBr 为难溶盐，其在水中的溶解度很小，因此

$$\Lambda_m(\text{AgBr}) \approx \Lambda_m^{\infty}(\text{AgBr}) = \Lambda_m^{\infty}(\text{Ag}^+) + \Lambda_m^{\infty}(\text{Br}^-)$$

查表知离子的无限稀释摩尔电导率：

$$\Lambda_m^{\infty}(\text{Ag}^+) = 61.9 \times 10^{-4}\ \text{S} \cdot \text{m}^2 \cdot \text{mol}^{-1}, \Lambda_m^{\infty}(\text{Br}^-) = 78.1 \times 10^{-4}\ \text{S} \cdot \text{m}^2 \cdot \text{mol}^{-1}$$

则
$$\Lambda_m^{\infty}(\text{AgBr}) = \Lambda_m^{\infty}(\text{Ag}^+) + \Lambda_m^{\infty}(\text{Br}^-)$$
$$= (61.9 \times 10^{-4} + 78.1 \times 10^{-4})\ \text{S} \cdot \text{m}^2 \cdot \text{mol}^{-1}$$
$$= 140.0 \times 10^{-4}\ \text{S} \cdot \text{m}^2 \cdot \text{mol}^{-1}$$

$$\Lambda_m(\text{AgBr}) \approx \Lambda_m^{\infty}(\text{AgBr}) = 140.0 \times 10^{-4}\ \text{S} \cdot \text{m}^2 \cdot \text{mol}^{-1}$$

由 $\Lambda_m = \kappa / c$ 即可计算出 AgBr 的溶解度

$$c(\text{AgBr}) = \frac{\kappa(\text{AgBr})}{\Lambda_m(\text{AgBr})} = \left(\frac{1.114 \times 10^{-5}}{140.0 \times 10^{-4}}\right)\ \text{mol} \cdot \text{m}^{-3} = 7.957 \times 10^{-4}\ \text{mol} \cdot \text{m}^{-3}$$

7.6 应用德拜-休克尔极限公式计算 25 ℃时 0.002 $\text{mol} \cdot \text{kg}^{-1}$ CaCl_2 溶液中 $\gamma(\text{Ca}^{2+}), \gamma(\text{Cl}^-)$ 和 $\gamma_{\pm}$。

解：离子强度

$$I = \frac{1}{2}\sum_{\text{B}} b_{\text{B}} z_{\text{B}}^2 = \left\{\frac{1}{2} \times \left[0.002 \times 2^2 + 0.004 \times (-1)^2\right]\right\}\ \text{mol} \cdot \text{kg}^{-1}$$
$$= 0.006\ \text{mol} \cdot \text{kg}^{-1}$$

对于单个离子，德拜-休克尔极限公式为 $\lg\gamma_i = -A z_i^2 \sqrt{I}$，于是

$$\lg\gamma(\text{Ca}^{2+}) = -A z^2(\text{Ca}^{2+})\sqrt{I} = -0.509 \times 2^2 \times \sqrt{0.006} = -0.157\ 7$$
$$\gamma(\text{Ca}^{2+}) = 0.695\ 5$$

$$\lg\gamma(\text{Cl}^-) = -A z^2(\text{Cl}^-)\sqrt{I} = -0.509 \times (-1)^2 \times \sqrt{0.006} = -0.039\ 43$$

$$\gamma(Cl^-) = 0.913\ 2$$

平均离子活度因子

$$\lg\gamma_\pm = -Az_+ \mid z_- \mid \sqrt{I} = -0.509 \times 2 \times \mid -1 \mid \times \sqrt{0.006} = -0.078\ 85$$

$$\gamma_\pm = 0.834\ 0$$

试题分析

7.7 现有 25 ℃, 0.01 mol·kg^{-1}的 BaCl$_2$水溶液。计算溶液的离子强度 I 及 BaCl$_2$ 的平均离子活度因子 $\gamma_\pm$ 和平均离子活度 $a_\pm$。

解:(1) $b = 0.01$ mol·kg^{-1} BaCl$_2$水溶液,$b_+ = b$, $b_- = 2b$, $z_+ = 2$, $z_- = -1$。

$$I = \frac{1}{2}\sum b_B z_B^2 = \frac{1}{2}[b(2)^2 + 2b(-1)^2] = 3b = 0.03 \text{ mol·kg}^{-1}$$

(2) 由德拜-休克尔极限公式计算平均离子活度因子 $\gamma_\pm$。

25 ℃水溶液中 $A = 0.509$(mol·kg^{-1})$^{-1/2}$,则

$$\lg\gamma_\pm = -Az_+ \mid z_- \mid \sqrt{I} = -0.509 \times 2 \times 1 \times \sqrt{0.03} = -0.176\ 3$$

$$\gamma_\pm = 0.666$$

计算平均离子活度 $a_\pm$:

对于 BaCl$_2$,$\nu_+ = 1$, $\nu_- = 2$, $\nu = \nu_+ + \nu_- = 2 + 1 = 3$, $b_+ = b$, $b_- = 2b$,于是

$$b_\pm = (b_+^{\nu_+} b_-^{\nu_-})^{1/\nu} = [b(2b)^2]^{1/3} = 4^{1/3}b = (4^{1/3} \times 0.01) \text{ mol·kg}^{-1}$$

$$= 0.015\ 87 \text{ mol·kg}^{-1}$$

则

$$a_\pm = \gamma_\pm(b_\pm/b^\ominus) = 0.666 \times 0.015\ 87 = 0.010\ 57$$

7.8 电池 Pt│H$_2$(101.325 kPa)│HCl(0.1 mol·kg^{-1})│Hg$_2$Cl$_2$(s)│Hg 的电动势 E 与温度 T 的关系为

$$E/V = 0.069\ 4 + 1.881 \times 10^{-3} T/K - 2.9 \times 10^{-6}(T/K)^2$$

(1) 写出电极反应和电池反应;

(2) 计算 25 ℃时该反应的 $\Delta_r G_m$, $\Delta_r S_m$, $\Delta_r H_m$ 及电池恒温可逆放电时该反应过程的 $Q_{r,m}$;

(3) 若反应在电池外于同样温度下恒压进行,计算系统与环境交换的热。

解:(1) 题给反应由氢电极(阳极)与甘汞电极(阴极)构成,两极的电极反应为

阳极
$$\frac{1}{2}H_2(g,p) \longrightarrow H^+(b) + e^-$$

阴极 $\qquad \frac{1}{2}Hg_2Cl_2(s)+e^- \longrightarrow Hg(l)+Cl^-(b)$

电池反应 $\qquad \frac{1}{2}H_2(g) + \frac{1}{2}Hg_2Cl_2(s) \Longrightarrow Hg(l)+HCl(b)$

（2）计算 25 ℃时电池反应的 $\Delta_r G_m$，$\Delta_r S_m$，$\Delta_r H_m$ 与 $Q_{r,m}$，需要知道此温

度下电池的电动势 E 及其温度系数 $\left(\dfrac{\partial E}{\partial T}\right)_p$。利用题给公式计算：

298.15 K 时，有

$$E = (0.069\ 4+1.881\times10^{-3}\times298.15-2.9\times10^{-6}\times298.15^2)\ V = 0.372\ 4\ V$$

$$\left(\frac{\partial E}{\partial T}\right)_p = (1.881\times10^{-3}-2\times2.9\times10^{-6}T/K)\ V\cdot K^{-1}$$

$$= (1.881\times10^{-3}-5.8\times10^{-6}\times298.15)\ V\cdot K^{-1} = 1.517\times10^{-4}\ V\cdot K^{-1}$$

因此，$z=1$ 时有

$$\Delta_r G_m = -zFE = (-1\times96\ 485\times0.372\ 4)\ J\cdot mol^{-1} = -35.93\ kJ\cdot mol^{-1}$$

$$\Delta_r S_m = zF\left(\frac{\partial E}{\partial T}\right)_p = (1\times96\ 485\times1.517\times10^{-4})\ J\cdot mol^{-1}\cdot K^{-1}$$

$$= 14.64\ J\cdot mol^{-1}\cdot K^{-1}$$

$$\Delta_r H_m = \Delta_r G_m+T\Delta_r S_m = (-35.93\times10^3+298.15\times14.64)\ J\cdot mol^{-1}$$

$$= -31.57\ kJ\cdot mol^{-1}$$

$$Q_{r,m} = T\Delta_r S_m = (298.15\times14.64)J\cdot mol^{-1} = 4.365\ kJ\cdot mol^{-1}$$

（3）反应在电池外于同样温度下恒压进行时，则

$$Q_{p,m} = \Delta_r H_m = -31.57\ kJ\cdot mol^{-1}$$

7.9 25 ℃时，电池 Zn｜ZnCl$_2$(0.555 mol·kg^{-1})｜AgCl(s)｜Ag 的电动势

$E = 1.015$ V。已知 $E^\ominus(Zn^{2+}｜Zn) = -0.762\ 0$ V，$E^\ominus[Cl^-｜AgCl(s)｜Ag] =$

0.222 2 V，电池电动势的温度系数 $\left(\dfrac{\partial E}{\partial T}\right)_p = -4.02\times10^{-4}$ V·K^{-1}。

试题分析

（1）写出电池反应；

（2）计算反应的标准平衡常数 $K^\ominus$；

（3）计算电池反应可逆热 $Q_{r,m}$；

（4）求溶液中 ZnCl$_2$ 的平均离子活度因子 $\gamma_\pm$。

解：（1）电极反应为

阳极 $\qquad Zn(s) \longrightarrow Zn^{2+}(b) + 2e^-$

阴极 $\qquad 2AgCl(s)+2e^- \longrightarrow 2Ag(s) + 2Cl^-(b)$

电池反应　　　　$Zn(s)+2AgCl(s) \Longrightarrow 2Ag(s) + Zn^{2+}(b) +2Cl^-(b)$

（2）计算反应的标准平衡常数，由 $-RT \ln K^{\ominus} = \Delta_r G_m^{\ominus} = -zFE^{\ominus}$，有

$$\ln K^{\ominus} = \frac{zFE^{\ominus}}{RT} = \frac{2\times 96\ 485\times(0.222\ 2+0.762\ 0)}{8.314\times 298.15} = 76.62$$

$$K^{\ominus} = 1.89\times 10^{33}$$

（3）计算电池反应的可逆热

$$\begin{aligned}Q_{r,m} &= T\Delta_r S_m = zFT\left(\frac{\partial E}{\partial T}\right)_p \\ &= \left[2\times 298.15\times 96\ 485\times(-4.02\times 10^{-4})\right] \text{J·mol}^{-1} \\ &= -2.313\times 10^4 \text{ J·mol}^{-1}\end{aligned}$$

（4）计算平均离子活度因子

$$a(ZnCl_2) = a_{\pm}^3 = \left(\frac{4^{1/3}\gamma_{\pm}b}{b^{\ominus}}\right)^3 = 4\left(\frac{\gamma_{\pm}b}{b^{\ominus}}\right)^3$$

25 ℃时，对上述电池反应应用能斯特方程得

$$E = E^{\ominus} - \frac{RT}{zF}\ln a(ZnCl_2) = E^{\ominus} - \frac{0.059\ 16 \text{ V}}{2}\lg\left[4\left(\frac{\gamma_{\pm}b}{b^{\ominus}}\right)^3\right]$$

即　　　$1.015 \text{ V} = (0.222\ 2+0.762\ 0)\text{V} - \dfrac{0.059\ 16 \text{ V}}{2}\lg\left[4(0.555\gamma_{\pm})^3\right]$

解得　　　　　　　　$\gamma_{\pm} = 0.508$

7.10　甲烷燃烧过程可设计成燃料电池，当电解质为酸性溶液时，电极反应和电池反应分别为

阳极　　　　$CH_4(g) + 2H_2O(l) \longrightarrow CO_2(g) + 8H^+ + 8e^-$

阴极　　　　$2O_2(g) + 8H^+ + 8e^- \longrightarrow 4H_2O(l)$

电池反应　　　$CH_4(g) + 2O_2(g) \Longrightarrow CO_2(g) + 2H_2O(l)$

已知，25 ℃时有关物质的标准摩尔生成吉布斯函数 $\Delta_f G_m^{\ominus}$ 为

物质	$CH_4(g)$	$CO_2(g)$	$H_2O(l)$
$\Delta_f G_m^{\ominus}/(\text{kJ·mol}^{-1})$	-50.72	-394.359	-237.129

计算 25 ℃时该电池的标准电动势。

解： 对于题给电池反应，有

$$\Delta_r G_m^{\ominus} = \sum_B \nu_B \Delta_f G_m^{\ominus}(B,\beta) = \Delta_f G_m^{\ominus}(CO_2,g) + 2\Delta_f G_m^{\ominus}(H_2O,l) - \Delta_f G_m^{\ominus}(CH_4,g)$$

$$= [-394.359+2\times(-237.129)-(-50.72)] \text{ kJ}\cdot\text{mol}^{-1}$$

$$= -817.897 \text{ kJ}\cdot\text{mol}^{-1}$$

则电池的标准电动势为

$$E^{\ominus} = -\frac{\Delta_r G_m^{\ominus}}{zF} = \left(-\frac{-817.897\times10^3}{8\times96\ 485}\right) \text{ V} = 1.059\ 6 \text{ V}$$

7.11 写出下列各电池的电池反应,应用教材中表 7.7.1 的数据计算 25 ℃时各电池的电动势、各电池反应的摩尔吉布斯函数变及标准平衡常数, 并指明各电池反应能否自发进行。

(1) Pt | H$_2$(g,100 kPa) | HCl[a(HCl)= 0.8] | Cl$_2$(g,100 kPa) | Pt

(2) Zn | ZnCl$_2$[a(ZnCl$_2$)= 0.6] | AgCl(s) | Ag

(3) Cd | Cd^{2+}[a(Cd^{2+})= 0.01] $\parallel$ Cl$^-$[a(Cl$^-$)= 0.5] | Cl$_2$(g,100 kPa) | Pt

解:(1) 电池反应

$$H_2(g,100\text{ kPa}) + Cl_2(g,100\text{ kPa}) =\!=\!= 2HCl[a(HCl) = 0.8]$$

$$E^{\ominus} = E^{\ominus}[Cl^- | Cl_2(g) | Pt] - E^{\ominus}[H^+ | H_2(g) | Pt] = (1.357\ 9-0) \text{ V} = 1.357\ 9 \text{ V}$$

$$E = E^{\ominus} - \frac{RT}{zF}\ln\frac{a^2(HCl)}{[p(H_2)/p^{\ominus}][p(Cl_2)/p^{\ominus}]} = E^{\ominus} - \frac{RT}{2F}\ln a^2(HCl)$$

$$= E^{\ominus} - \frac{RT}{F}\ln a(HCl) = \left(1.357\ 9 - \frac{8.314\times298.15}{96\ 485}\times\ln0.8\right) \text{ V} = 1.363\ 6 \text{ V}$$

$$\Delta_r G_m = -zFE = (-2\times96\ 485\times1.363\ 6) \text{ J}\cdot\text{mol}^{-1} = -263.13 \text{ kJ}\cdot\text{mol}^{-1}$$

$$K^{\ominus} = \exp\left(\frac{zFE^{\ominus}}{RT}\right) = \exp\left(\frac{2\times96\ 485\times1.357\ 9}{8.314\times298.15}\right) = 8.108\times10^{45}$$

$\Delta_r G_m<0$,反应可自发进行。

(2) 电池反应

$$Zn(s) + 2AgCl(s) =\!=\!= 2Ag(s) + ZnCl_2[a(ZnCl_2) = 0.6]$$

$$E^{\ominus} = E^{\ominus}[Cl^- | AgCl(s) | Ag] - E^{\ominus}(Zn^{2+} | Zn)$$

$$= [0.222\ 16 - (-0.762\ 0)] \text{ V} = 0.984\ 16 \text{ V}$$

$$E = E^{\ominus} - \frac{RT}{zF}\ln\frac{a^2(Ag) a(ZnCl_2)}{a(Zn) a(AgCl)} = E^{\ominus} - \frac{RT}{2F}\ln a(ZnCl_2)$$

$$= \left(0.984\ 16 - \frac{8.314\times298.15}{2\times96\ 485}\times\ln0.6\right) \text{ V} = 0.990\ 7 \text{ V}$$

$$\Delta_r G_m = -zFE = (-2\times96\ 485\times0.990\ 7) \text{ J}\cdot\text{mol}^{-1} = -191.18 \text{ kJ}\cdot\text{mol}^{-1}$$

$$K^{\ominus} = \exp\left(\frac{zFE^{\ominus}}{RT}\right) = \exp\left(\frac{2\times 96\ 485\times 0.984\ 16}{8.314\times 298.15}\right) = 1.876\times 10^{33}$$

$\Delta_r G_m < 0$，反应可自发进行。

（3）电池反应

$$\mathrm{Cd(s)} + \mathrm{Cl_2(g, 100\ kPa)} =\!\!=\!\!= \mathrm{Cd^{2+}}\left[a(\mathrm{Cd^{2+}}) = 0.01\right] + 2\mathrm{Cl^-}\left[a(\mathrm{Cl^-}) = 0.5\right]$$

$$E^{\ominus} = E^{\ominus}\left[\mathrm{Cl^-}\mid \mathrm{Cl_2(g)}\mid \mathrm{Pt}\right] - E^{\ominus}(\mathrm{Cd^{2+}}\mid \mathrm{Cd}) = \left[1.357\ 9 - (-0.403\ 2)\right]\ \mathrm{V}$$

$$= 1.761\ 1\ \mathrm{V}$$

$$E = E^{\ominus} - \frac{RT}{zF}\ln\frac{a(\mathrm{Cd^{2+}})\,a^2(\mathrm{Cl^-})}{a(\mathrm{Cd})\left[p(\mathrm{Cl_2})/p^{\ominus}\right]} = E^{\ominus} - \frac{RT}{2F}\ln\left[a(\mathrm{Cd^{2+}})\,a^2(\mathrm{Cl^-})\right]$$

$$= \left[1.761\ 1 - \frac{8.314\times 298.15}{2\times 96\ 485}\ln(0.01\times 0.5^2)\right]\ \mathrm{V}$$

$$= (1.761\ 1 + 0.077\ 0)\ \mathrm{V} = 1.838\ 1\ \mathrm{V}$$

$$\Delta_r G_m = -zFE = (-2\times 96\ 485\times 1.838\ 1)\ \mathrm{J\cdot mol^{-1}} = -354.70\ \mathrm{kJ\cdot mol^{-1}}$$

$$K^{\ominus} = \exp\left(\frac{zFE^{\ominus}}{RT}\right) = \exp\left(\frac{2\times 96\ 485\times 1.761\ 1}{8.314\times 298.15}\right) = 3.472\times 10^{59}$$

$\Delta_r G_m < 0$，反应可自发进行。

7.12 应用教材中表 7.4.1 的数据计算 25℃ 时下列电池的电动势。

$$\mathrm{Cu}\mid \mathrm{CuSO_4}(b_1 = 0.01\ \mathrm{mol\cdot kg^{-1}})\ \vdots\ \mathrm{CuSO_4}(b_2 = 0.1\ \mathrm{mol\cdot kg^{-1}})\mid \mathrm{Cu}$$

解：该电池为浓差电池，电池反应为

$$\mathrm{Cu^{2+}}(b_2 = 0.1\ \mathrm{mol\cdot kg^{-1}}) =\!\!=\!\!= \mathrm{Cu^{2+}}(b_1 = 0.01\ \mathrm{mol\cdot kg^{-1}})$$

查表知，$\gamma_{\pm}(\mathrm{CuSO_4}, 0.01\ \mathrm{mol\cdot kg^{-1}}) = 0.41$，$\gamma_{\pm}(\mathrm{CuSO_4}, 0.1\ \mathrm{mol\cdot kg^{-1}}) = 0.16$
对于 $\mathrm{Cu^{2+}}$，$b_+ = b$；$a_+ = \gamma_{\pm}b_{\pm}/b^{\ominus} = \gamma_{\pm}b/b^{\ominus}$。浓差电池的标准电动势 $E^{\ominus} = 0$，则上述电池的电动势为

$$E = -\frac{RT}{zF}\ln\frac{a_1}{a_2} = -\frac{RT}{2F}\ln\left(\frac{\gamma_{\pm,1}b_1/b^{\ominus}}{\gamma_{\pm,2}b_2/b^{\ominus}}\right)^2$$

$$= \left(-\frac{8.314\times 298.15}{2\times 96\ 485}\times\ln\frac{0.41\times 0.01}{0.16\times 0.1}\right)\ \mathrm{V}$$

$$= 0.017\ 49\ \mathrm{V}$$

7.13 25 ℃ 时，电池 $\mathrm{Pt}\mid \mathrm{H_2(g, 100\ kPa)}\mid \mathrm{HCl}(b = 0.1\ \mathrm{mol\cdot kg^{-1}})\mid \mathrm{Cl_2}$ $\mathrm{(g, 100\ kPa)}\mid \mathrm{Pt}$ 的电动势为 1.488 1 V，计算 HCl 溶液中 HCl 的平均离子活

度因子。

解：该电池的电池反应为

$$H_2(g,100\ kPa)+Cl_2(g,100\ kPa) \Longrightarrow 2HCl(b=0.1\ mol\cdot kg^{-1})$$

$$E^{\ominus}=E^{\ominus}[\ Cl^-\mid Cl_2(g)\mid Pt]-E^{\ominus}[\ H^+\mid H_2(g)\mid Pt]=(1.357\ 9-0)\ V=1.357\ 9\ V$$

根据能斯特方程有

$$E=E^{\ominus}-\frac{RT}{zF}\ln\frac{a^2(HCl)}{[\ p(H_2)/p^{\ominus}][\ p(Cl_2)/p^{\ominus}]}=E^{\ominus}-\frac{RT}{F}\ln a(HCl)$$

所以

$$a(HCl)=\exp\frac{(E^{\ominus}-E)F}{RT}=\exp\left[\frac{(1.357\ 9-1.488\ 1)\times96\ 485}{8.314\times298.15}\right]=6.296\times10^{-3}$$

而

$$a(HCl)=(\gamma_{\pm}b_{\pm}/b^{\ominus})^2$$

于是

$$\gamma_{\pm}(HCl)=\frac{\sqrt{a(HCl)}}{b_{\pm}/b^{\ominus}}=\frac{\sqrt{6.296\times10^{-3}}}{0.1}=0.793\ 5$$

7.14 25 ℃时，实验测得电池 Pb｜PbSO$_4$(s)｜H$_2$SO$_4$(0.01 mol·kg^{-1})｜H$_2$(g,$p^{\ominus}$)｜Pt 的电动势为 0.170 5 V。已知 25 ℃ 时，$\Delta_f G_m^{\ominus}$(H$_2$SO$_4$,aq)=$\Delta_f G_m^{\ominus}$(SO$_4^{2-}$,aq)=-744.53 kJ·mol^{-1}，$\Delta_f G_m^{\ominus}$(PbSO$_4$,s)=-813.0 kJ·mol^{-1}。

（1）写出上述电池的电极反应和电池反应；

（2）求 25 ℃时的 $E^{\ominus}$(SO$_4^{2-}$｜PbSO$_4$｜Pb)；

（3）计算 0.01 mol·kg^{-1} H$_2$SO$_4$溶液的 $a_{\pm}$ 和 $\gamma_{\pm}$。

解：（1）电极反应为

阳极　　　　Pb(s)+SO$_4^{2-}$(b) $\longrightarrow$ PbSO$_4$(s) + 2e$^-$

阴极　　　　2H$^+$(b) + 2e$^-$ $\longrightarrow$ H$_2$(g)

电池反应　　Pb(s) +H$_2$SO$_4$(0.01 mol·kg^{-1}) $\Longrightarrow$ PbSO$_4$(s) + H$_2$(g)

（2）对于上述电池反应有

$$\Delta_r G_m^{\ominus}=\sum_B \Delta_f G_m^{\ominus}(B,\beta)$$

$$=\Delta_f G_m^{\ominus}(PbSO_4,s)+\Delta_f G_m^{\ominus}(H_2,g)-\Delta_f G_m^{\ominus}(SO_4^{2-},aq)-\Delta_f G_m^{\ominus}(Pb,s)$$

$$=[-813.0+0-(-744.53)-0]\ kJ\cdot mol^{-1}=-68.47\ kJ\cdot mol^{-1}$$

25 ℃时，电池的电动势为

$$E^{\ominus}=-\frac{\Delta_r G_m^{\ominus}}{zF}=\left(-\frac{-68.47\times10^3}{2\times96\ 485}\right)\ V=0.354\ 8\ V$$

上述电池　$E^\ominus = E^\ominus [\,H^+ \mid H_2(g) \mid Pt\,] - E^\ominus [\,SO_4^{2-} \mid PbSO_4(s) \mid Pb\,]$

所以 $E^\ominus [\,SO_4^{2-} \mid PbSO_4(s) \mid Pb\,] = E^\ominus [\,H^+ \mid H_2(g) \mid Pt\,] - E^\ominus = -E^\ominus = -0.354\ 8\ V$

（3）对上述反应应用能斯特方程,有

$$E = E^\ominus - \frac{RT}{zF}\ln\frac{a(PbSO_4)p[H_2(g)]/p^\ominus}{a^2(H^+)a(SO_4^{2-})a(Pb)} = E^\ominus + \frac{RT}{2F}\ln[\,a^2(H^+)a(SO_4^{2-})\,]$$

$$= E^\ominus + \frac{RT}{2F}\ln a_\pm^3$$

代入数据　$0.170\ 5 = 0.354\ 8 + \dfrac{8.314 \times 298.15}{2 \times 96\ 485}\ln a_\pm^3$

得　　　　$a_\pm = 8.376 \times 10^{-3}$

$$b_\pm = (b_+^{\nu_+} b_-^{\nu_-})^{1/\nu} = [\,(2b)^2 b\,]^{1/3} = 4^{1/3}b = (4^{1/3} \times 0.01)\ mol \cdot kg^{-1}$$

$$= 1.587 \times 10^{-2}\ mol \cdot kg^{-1}$$

所以　　　　　　　　　　　　　　$a_\pm = \dfrac{\gamma_\pm b_\pm}{b^\ominus}$

$$\gamma_\pm = \frac{a_\pm b^\ominus}{b_\pm} = \frac{8.376 \times 10^{-3}}{1.587 \times 10^{-2}} = 0.528$$

7.15　浓差电池 $Pb \mid PbSO_4(s) \mid CdSO_4(b_1, \gamma_{\pm,1}) \mid\mid CdSO_4(b_2, \gamma_{\pm,2})$ $\mid PbSO_4(s) \mid Pb$,其中 $b_1 = 0.2\ mol \cdot kg^{-1}$,$\gamma_{\pm,1} = 0.1$;$b_2 = 0.02\ mol \cdot kg^{-1}$,$\gamma_{\pm,2} = 0.32$。已知在两液体接界处 Cd^{2+} 的迁移数的平均值为 $t(Cd^{2+}) = 0.37$。

（1）写出电池反应;

（2）计算25 ℃时液体接界电势 E（液接）及电池电动势 E。

解：（1）电极反应为

阳极　$Pb(s) + SO_4^{2-}(a_1) + Cd^{2+}(a_1) \longrightarrow PbSO_4(s) + Cd^{2+}(a_1) + 2e^-$

阴极　$PbSO_4(s) + Cd^{2+}(a_2) + 2e^- \longrightarrow Pb(s) + Cd^{2+}(a_2) + SO_4^{2-}(a_2)$

电池反应　$CdSO_4(a_{\pm,1}) == CdSO_4(a_{\pm,2})$

（2）题中电池为双液电池,在两溶液接界处形成液体接界电势 E（液接）类似教材中式（7.7.5）,可导出　E（液接）$= (t_+ - t_-)\dfrac{RT}{zF}\ln\dfrac{a_{\pm,1}}{a_{\pm,2}} = (2t_+ - 1)$

$\dfrac{RT}{zF}\ln\dfrac{a_{\pm,1}}{a_{\pm,2}}$。对于 $CdSO_4$,$b_\pm = (b_+^{\nu_+} b_-^{\nu_-})^{1/\nu} = (b^1 b^1)^{1/2} = b$,于是

$$a_{\pm,1} = \gamma_{\pm,1} b_{\pm,1}/b^\ominus = \gamma_{\pm,1} b_1/b^\ominus = 0.1 \times 0.2 = 0.02$$

$$a_{\pm,2} = \gamma_{\pm,2} b_{\pm,2}/b^{\ominus} = \gamma_{\pm,2} b_2/b^{\ominus} = 0.32 \times 0.02 = 0.006\ 4$$

又 $t(\text{Cd}^{2+}) = 0.37, z = 2$，所以

$$E(\text{液接}) = \left[(2\times0.37-1) \times \frac{8.314\times298.15}{2\times96\ 485} \times \ln\frac{0.02}{0.006\ 4} \right]\ \text{V} = -0.003\ 806\ \text{V}$$

当不考虑液体接界电势时，浓差电池的电动势为

$$E(\text{浓差}) = \frac{RT}{zF}\ln\frac{a_{\pm,1}}{a_{\pm,2}}$$

存在液体接界电势，所以电池电动势为

$$E = E(\text{浓差}) + E(\text{液接}) = \frac{RT}{zF}\ln\frac{a_{\pm,1}}{a_{\pm,2}} + (2t_+-1)\frac{RT}{zF}\ln\frac{a_{\pm,1}}{a_{\pm,2}}$$

$$= 2t_+\frac{RT}{zF}\ln\frac{a_{\pm,1}}{a_{\pm,2}} = \left(2\times0.37\times\frac{8.314\times298.15}{2\times96\ 485}\times\ln\frac{0.02}{0.006\ 4} \right)\ \text{V}$$

$$= 0.010\ 83\ \text{V}$$

7.16 为了确定亚汞离子在水溶液中是以 Hg^+ 还是以 Hg_2^{2+} 形式存在，设计了如下电池：

$$\text{Hg}\ \left|\ \begin{array}{c} \text{HNO}_3\ 0.1\ \text{mol}\cdot\text{dm}^{-3} \\ \text{硝酸亚汞}\ 0.263\ \text{mol}\cdot\text{dm}^{-3} \end{array}\ \right|\left|\ \begin{array}{c} \text{HNO}_3\ 0.1\text{mol}\cdot\text{dm}^{-3} \\ \text{硝酸亚汞}\ 2.63\ \text{mol}\cdot\text{dm}^{-3} \end{array}\ \right|\ \text{Hg}$$

测得 $18\ ℃$ 时的 $E = 29\ \text{mV}$，求亚汞离子的存在形式。

解：题中已给出电池的电动势，所以，可分别设电池中亚汞离子的存在形式为 Hg^+ 和 Hg_2^{2+}，计算其电动势。比较计算结果与实测值，即可确定电池中亚汞离子的存在形式。

（1）设亚汞离子以 Hg^+ 形式存在，则电极反应与电池反应为

阳极 $\qquad\qquad\qquad \text{Hg(l)} \longrightarrow \text{Hg}^+(a_1) + \text{e}^-$

阴极 $\qquad\qquad\qquad \text{Hg}^+(a_2) + \text{e}^- \longrightarrow \text{Hg(l)}$

电池反应 $\qquad\qquad \text{Hg}^+(a_2) \Longrightarrow \text{Hg}^+(a_1) \qquad\qquad z = 1$

所以 $\qquad\qquad E_1 = -\frac{RT}{F}\ln\frac{a_{1,\text{Hg}^+}}{a_{2,\text{Hg}^+}} \approx -\frac{RT}{F}\ln\frac{b_{1,\text{Hg}^+}}{b_{2,\text{Hg}^+}}$

根据题给的硝酸亚汞浓度，可得 $\qquad \dfrac{b_{1,\text{Hg}^+}}{b_{2,\text{Hg}^+}} = \dfrac{0.263}{2.63} = \dfrac{1}{10}$

故 $\qquad\qquad E_1 = \left(-\frac{8.314\times298.15}{96\ 485}\times\ln\frac{1}{10} \right)\ \text{V} = 0.059\ 16\ \text{V}$

所求出的 E_1 与实测值不符,故亚汞离子不是 Hg^+。

（2）设亚汞离子以 Hg_2^{2+} 形式存在,则电池反应为

$$Hg_2^{2+}(a_{2,Hg_2^{2+}}) \Longrightarrow Hg_2^{2+}(a_{1,Hg_2^{2+}}) \qquad z=2$$

所以
$$E_1 = -\frac{RT}{zF}\ln\frac{a_{1,Hg_2^{2+}}}{a_{2,Hg_2^{2+}}} \approx -\frac{RT}{zF}\ln\frac{b_{1,Hg_2^{2+}}}{b_{2,Hg_2^{2+}}}$$

$$=\left(-\frac{8.314\times298.15}{2\times96\,485}\times\ln\frac{1}{10}\right)\text{V}=0.029\,58\text{ V}=29.58\text{ mV}$$

电动势的计算值与实测值一致,所以亚汞离子为 Hg_2^{2+} 形式。

7.17 电池 $Pt\mid H_2(g,100\text{ kPa})\mid$ 待测 pH 的溶液 $\Vert KCl(1\text{ mol·dm}^{-3})\mid$ $Hg_2Cl_2(s)\mid Hg$ 在 25 ℃ 时测得电池电动势 $E=0.664$ V,试计算待测溶液的 pH。

解: 电极反应为

阳极　　　　$H_2(g,100\text{ kPa}) \longrightarrow 2H^+ + 2e^-$

阴极　　　　$Hg_2Cl_2(s) + 2e^- \longrightarrow 2Hg(l) + 2Cl^-$

电池反应　　$H_2(g,100\text{ kPa}) + Hg_2Cl_2(s) \Longrightarrow 2Hg(l) + 2Cl^- + 2H^+$

查教材中表 7.8.1 知,KCl 浓度为 1 mol·dm^{-3} 的甘汞电极的电极电势为 0.279 9 V,于是

$$E_{阴}=E_{甘汞}=0.279\,9\text{ V}$$

$$E_{阳}=E_{阳}^{\ominus}-\frac{RT}{zF}\ln\frac{p(H_2)/p^{\ominus}}{a^2(H^+)}=E_{阳}^{\ominus}+\frac{RT}{F}\ln a(H^+)$$

25 ℃ 时,有

$$E=E_{阴}-E_{阳}=E_{阴}-E_{阳}^{\ominus}-\frac{RT}{F}\ln a(H^+)=E_{阴}-E_{阳}^{\ominus}-0.059\,16\text{ V }\lg a(H^+)$$

$$pH=-\lg a(H^+)=\frac{E-E_{阴}+E_{阳}^{\ominus}}{0.059\,16}=\frac{0.664-0.279\,9+0}{0.059\,16}=6.49$$

7.18 在电池 $Pt\mid H_2(g,100\text{ kPa})\mid HI$ 溶液$[a(HI)=1]\mid I_2(s)\mid Pt$ 中,进行如下两个电池反应:

（1）$H_2(g,100\text{ kPa})+I_2(s) \Longrightarrow 2HI[a(HI)=1]$

（2）$\frac{1}{2}H_2(g,100\text{ kPa})+\frac{1}{2}I_2(s) \Longrightarrow HI[a(HI)=1]$

应用教材中表 7.7.1 的数据计算两个电池反应的 $E^\ominus$,$\Delta_r G_m^\ominus$ 和 $K^\ominus$。

解：题给电池若按反应(1)进行时,电极反应和电池反应为

阳极 $\qquad$ $H_2(g,100\ kPa) \longrightarrow 2H^+[a(H^+)]+2e^-$

阴极 $\qquad$ $I_2(s)+2e^- \longrightarrow 2I^-[a(I^-)]$

电池反应 $\qquad$ $H_2(g,100\ kPa)+I_2(s) = 2HI[a(HI)=1]$

由能斯特方程 $\qquad E = E^\ominus - \dfrac{RT}{2F}\ln \dfrac{a^2(HI)}{[p(H_2)/p^\ominus]a(I_2)} = E^\ominus$

$$E^\ominus(1) = E^\ominus[I^- \mid I_2(s) \mid Pt] - E^\ominus[H^+ \mid H_2(g) \mid Pt]$$
$$= (0.535\ 3-0)\ V = 0.535\ 3\ V$$

$z=2$,所以

$$\Delta_r G_m^\ominus(1) = -zFE^\ominus(1) = (-2\times 96\ 485\times 0.535\ 3)\ J\cdot mol^{-1}$$
$$= -103.30\ kJ\cdot mol^{-1}$$

又因为 $\qquad\qquad\qquad\qquad \Delta_r G_m^\ominus = -RT\ln K^\ominus$

则 $\qquad K^\ominus(1) = \exp\left[-\dfrac{\Delta_r G_m^\ominus(1)}{RT}\right] = \exp\left(-\dfrac{-103.30\times 10^3}{8.314\times 298.15}\right) = 1.25\times 10^{18}$

同理,电池反应写成题中(2)时,电极反应和电池反应为

阳极 $\qquad\qquad \dfrac{1}{2}H_2(g,100\ kPa) \longrightarrow H^+[a(H^+)]+e^-$

阴极 $\qquad\qquad \dfrac{1}{2}I_2(s)+e^- \longrightarrow I^-[a(I^-)]$

电池反应 $\qquad\qquad \dfrac{1}{2}H_2(g,100\ kPa)+\dfrac{1}{2}I_2(s) = HI[a(HI)=1]$

由能斯特方程 $\qquad E = E^\ominus - \dfrac{RT}{F}\ln \dfrac{a(HI)}{[p^{1/2}(H_2)/p^\ominus]a^{1/2}(I_2)} = E^\ominus$

$$E^\ominus(2) = 0.535\ 3\ V$$

$z=1$,所以

$$\Delta_r G_m^\ominus(2) = -zFE^\ominus(2) = (-1\times 96\ 485\times 0.535\ 3)\ J\cdot mol^{-1}$$
$$= -51.65\ kJ\cdot mol^{-1}$$

$$K^\ominus(2) = \exp\left[-\dfrac{\Delta_r G_m^\ominus(2)}{RT}\right] = \exp\left(\dfrac{51.65\times 10^3}{8.314\times 298.15}\right) = 1.12\times 10^9$$

分析：由上述计算可以看出,对于确定的原电池而言,电池的电动势 E 与电池反应化学计量式的写法无关,但具有广度性质的热力学函数变化值则与反应计量式的写法有关。

7.19 将下列反应设计成原电池,并应用教材中表 7.7.1 的数据计算 25 ℃时电池反应的 $\Delta_r G_m^{\ominus}$ 及 $K^{\ominus}$。

（1）$2Ag^+ + H_2(g) \rightleftharpoons 2Ag + 2H^+$

（2）$Cd + Cu^{2+} \rightleftharpoons Cd^{2+} + Cu$

（3）$Sn^{2+} + Pb^{2+} \rightleftharpoons Sn^{4+} + Pb$

（4）$2Cu^+ \rightleftharpoons Cu + Cu^{2+}$

解：（1）$2Ag^+ + H_2(g) \rightleftharpoons 2Ag + 2H^+$ 设计成原电池,电极反应为

阳极 $\qquad\qquad\qquad H_2(g) \longrightarrow 2H^+ + 2e^-$

阴极 $\qquad\qquad\qquad 2Ag^+ + 2e^- \longrightarrow 2Ag$

电池表示为 $Pt \mid H_2(g) \mid H^+ \parallel Ag^+ \mid Ag$

$E^{\ominus} = E^{\ominus}(Ag^+ \mid Ag) - E^{\ominus}[H^+ \mid H_2(g) \mid Pt] = (0.799\ 4 - 0)\ V = 0.799\ 4\ V$

$\Delta_r G_m^{\ominus} = -zFE^{\ominus} = (-2 \times 0.799\ 4 \times 96\ 485)\ J \cdot mol^{-1} = -154.26\ kJ \cdot mol^{-1}$

$$K^{\ominus} = \exp\left(-\frac{\Delta_r G_m^{\ominus}}{RT}\right) = \exp\left(\frac{154.26 \times 10^3}{8.314 \times 298.15}\right) = 1.06 \times 10^{27}$$

（2）$Cd + Cu^{2+} \rightleftharpoons Cd^{2+} + Cu$ 设计成原电池,电极反应为

阳极 $\qquad\qquad\qquad Cd \longrightarrow Cd^{2+} + 2e^-$

阴极 $\qquad\qquad\qquad Cu^{2+} + 2e^- \longrightarrow Cu$

电池表示为 $Cd \mid Cd^{2+} \parallel Cu^{2+} \mid Cu$

$E^{\ominus} = E^{\ominus}(Cu^{2+} \mid Cu) - E^{\ominus}(Cd^{2+} \mid Cd) = [0.337 - (-0.403\ 2)]\ V$

$\qquad = 0.740\ 2\ V$

$\Delta_r G_m^{\ominus} = -zFE^{\ominus} = (-2 \times 0.740\ 2 \times 96\ 485)\ J \cdot mol^{-1} = -142.84\ kJ \cdot mol^{-1}$

$$K^{\ominus} = \exp\left(-\frac{\Delta_r G_m^{\ominus}}{RT}\right) = \exp\left(\frac{142.84 \times 10^3}{8.314 \times 298.15}\right) = 1.06 \times 10^{25}$$

（3）$Sn^{2+} + Pb^{2+} \rightleftharpoons Sn^{4+} + Pb$ 设计成原电池,电极反应为

阳极 $\qquad\qquad\qquad Sn^{2+} \longrightarrow Sn^{4+} + 2e^-$

阴极 $\qquad\qquad\qquad Pb^{2+} + 2e^- \longrightarrow Pb$

电池表示为 $Pt \mid Sn^{2+}, Sn^{4+} \parallel Pb^{2+} \mid Pb$

$E^{\ominus} = E^{\ominus}(Pb^{2+} \mid Pb) - E^{\ominus}(Sn^{2+}, Sn^{4+} \mid Pt) = (-0.126\ 4 - 0.151)\ V$

$\qquad = -0.277\ 4\ V$

$\Delta_r G_m^{\ominus} = -zFE^{\ominus} = [-2 \times (-0.277\ 4) \times 96\ 485]\ J \cdot mol^{-1}$

$\qquad = 53.53\ kJ \cdot mol^{-1}$

$$K^{\ominus} = \exp\left(-\frac{\Delta_r G_m^{\ominus}}{RT}\right) = \exp\left(-\frac{53.53 \times 10^3}{8.314 \times 298.15}\right) = 4.18 \times 10^{-10}$$

(4) $2Cu^+ \Longrightarrow Cu+Cu^{2+}$ 设计成原电池,电极反应为

阳极 $\qquad\qquad Cu \longrightarrow Cu^{2+}+2e^-$

阴极 $\qquad\qquad 2Cu^++2e^- \longrightarrow 2Cu$

电池表示为 $Cu \mid Cu^{2+} \vdots Cu^+ \mid Cu$

$$E^\ominus = E^\ominus(Cu^+ \mid Cu) - E^\ominus(Cu^{2+} \mid Cu) = (0.521-0.337)\ V = 0.184\ V$$

$$\Delta_r G_m^\ominus = -zFE^\ominus = (-2\times0.184\times96\ 485)\ J\cdot mol^{-1} = -35.51\ kJ\cdot mol^{-1}$$

$$K^\ominus = \exp\left(-\frac{\Delta_r G_m^\ominus}{RT}\right) = \exp\left(\frac{35.51\times10^3}{8.314\times298.15}\right) = 1.67\times10^6$$

7.20 将反应 $Ag(s)+\frac{1}{2}Cl_2(g,p^\ominus) \Longrightarrow AgCl(s)$ 设计成原电池。已知 25 ℃时,$\Delta_f H_m^\ominus(AgCl,s) = -127.07\ kJ\cdot mol^{-1}$,$\Delta_f G_m^\ominus(AgCl,s) = -109.79\ kJ\cdot mol^{-1}$,标准电极电势 $E^\ominus(Ag^+ \mid Ag) = 0.799\ 4\ V$,$E^\ominus[Cl^- \mid Cl_2(g) \mid Pt] = 1.357\ 9\ V$。

(1) 写出电极反应和电池图示;

(2) 求 25 ℃、电池可逆放电 $2F$ 电荷量时的热 Q_r;

(3) 求 25 ℃时 AgCl 的活度积 K_{sp}。

解:(1) 反应中有难溶盐出现,所以需要用到第二类电极:

阳极 $\qquad\qquad Ag(s)+Cl^- \longrightarrow AgCl(s)+e^-$

阴极 $\qquad\qquad \frac{1}{2}Cl_2(g)+e^- \longrightarrow Cl^-$

电池表示为 $Ag \mid AgCl(s) \mid Cl^-[a(Cl^-)] \mid Cl_2(g,p^\ominus) \mid Pt$ $\qquad$ (1)

(2) 题给反应为 AgCl 的生成反应,所以有

$$\Delta_r H_m^\ominus = \Delta_f H_m^\ominus(AgCl,s), \quad \Delta_r G_m^\ominus = \Delta_f G_m^\ominus(AgCl,s)$$

反应 $z=1$。25 ℃、电池可逆放电 $2F$ 电荷量时 $\xi=2$,则

$$Q_r = \xi T\Delta_r S_m^\ominus = \xi(\Delta_r H_m^\ominus - \Delta_r G_m^\ominus)$$
$$= \{2\times[-127.07-(-109.79)]\}\ kJ = -34.56\ kJ$$

(3) 为求 AgCl 的活度积,需将反应 $AgCl(s) \Longrightarrow Ag^+ + Cl^-$ 设计成原电池。所设计电池为

阳极 $\qquad\qquad Ag(s) \longrightarrow Ag^+ + e^-$

阴极 $\qquad\qquad AgCl(s) + e^- \longrightarrow Ag(s) + Cl^-$

电池表示为 $Ag \mid Ag^+ \vdots Cl^- \mid AgCl(s) \mid Ag$ $\qquad$ (2)

计算 AgCl 的活度积 K_{sp},需要知道 $E^\ominus(Ag^+ \mid Ag)$ 和 $E^\ominus[Cl^- \mid AgCl(s) \mid Ag]$,

后者未知,需由题给反应进行计算。

反应 $Ag(s) + \dfrac{1}{2}Cl_2(g, p^{\ominus}) \Longrightarrow AgCl(s)$ 的 $\Delta_r G_m^{\ominus} = -109.79 \text{ kJ} \cdot \text{mol}^{-1}$,并由设计的电池,得

$$E^{\ominus}(1) = E^{\ominus}[Cl^- | Cl_2(g) | Pt] - E^{\ominus}[Cl^- | AgCl(s) | Ag] = -\dfrac{\Delta_r G_m^{\ominus}}{zF}$$

$$= \left(\dfrac{109.79 \times 10^3}{1 \times 96\,485}\right) \text{ V} = 1.137\ 9 \text{ V}$$

$$E^{\ominus}[Cl^- | AgCl(s) | Ag] = E^{\ominus}[Cl^- | Cl_2(g) | Pt] - E^{\ominus}(1)$$

$$= (1.357\ 9 - 1.137\ 9) \text{ V} = 0.220\ 0 \text{ V}$$

对于电池 $Ag | Ag^+ \; \vdots \; Cl^- | AgCl(s) | Ag$,有

$$E^{\ominus}(2) = E^{\ominus}[Cl^- | AgCl(s) | Ag] - E^{\ominus}(Ag^+ | Ag)$$

$$= (0.220\ 0 - 0.799\ 4) \text{ V} = -0.579\ 4 \text{ V}$$

电池(2)达到平衡时,$E^{\ominus}(2) = \dfrac{RT}{F}\ln K_{sp}$,故

$$K_{sp} = \exp\left[\dfrac{E^{\ominus}(2)F}{RT}\right] = \exp\left(-\dfrac{0.579\ 4 \times 96\,485}{8.314 \times 298.15}\right) = 1.605 \times 10^{-10}$$

7.21 已知铅酸蓄电池

$Pb | PbSO_4(s) | H_2SO_4(b = 1.00 \text{ mol} \cdot \text{kg}^{-1}), H_2O | PbSO_4(s), PbO_2(s) |$
Pb 在 25℃ 时的电动势 $E = 1.928\ 3 \text{ V}, E^{\ominus} = 2.050\ 1 \text{ V}$。该电池的电池反应为

$$Pb(s) + PbO_2(s) + 2SO_4^{2-} + 4H^+ \Longrightarrow 2PbSO_4(s) + 2H_2O$$

(1)请写出该电池的电极反应;

(2)计算该电池中硫酸的活度 a、平均离子活度 $a_{\pm}$ 及平均离子活度因子 $\gamma_{\pm}$;

(3)已知该电池的温度系数为 $5.664 \times 10^{-5} \text{ V} \cdot \text{K}^{-1}$,计算电池反应的 $\Delta_r G_m, \Delta_r S_m, \Delta_r H_m$ 及可逆热 $Q_{r,m}$。

解:(1)电极反应为

阳极 $Pb(s) + SO_4^{2-}(b) \longrightarrow PbSO_4(s) + 2e^-$

阴极 $PbO_2(s) + SO_4^{2-}(b) + 4H^+(2b) + 2e^- \longrightarrow PbSO_4(s) + 2H_2O$

(2)对于题给电池有

$$E = E^{\ominus} - \dfrac{RT}{zF}\ln \dfrac{1}{a^2(H_2SO_4)} = E^{\ominus} - \dfrac{RT}{2F}\ln \dfrac{1}{a^2(H_2SO_4)} = E^{\ominus} + \dfrac{RT}{F}\ln a(H_2SO_4)$$

代入数据 $1.928\ 3 = 2.050\ 1 + \dfrac{8.314 \times 298.15}{96\ 485} \ln a(H_2SO_4)$

解得 $a(H_2SO_4) = 8.731 \times 10^{-3}$

$$a_\pm = a^{1/3}(H_2SO_4) = (8.731 \times 10^{-3})^{1/3} = 0.205\ 9$$

又 $$a_\pm = \frac{\gamma_\pm b_\pm}{b^\ominus}$$

$$b_\pm = (b_+^{\nu_+} b_-^{\nu_-})^{1/\nu} = [(2b)^2 \cdot b]^{1/3} = 4^{1/3} b$$

因此, $$\gamma_\pm = \frac{a_\pm b^\ominus}{b_\pm} = \frac{0.205\ 9 \times b^\ominus}{4^{1/3} b} = 0.129\ 7$$

（3）当电池的温度系数为 $5.664 \times 10^{-5}\ V \cdot K^{-1}$ 时,电池反应的

$$\Delta_r G_m = -zFE = (-2 \times 964\ 85 \times 1.928\ 3)\ J \cdot mol^{-1} = -372.1\ kJ \cdot mol^{-1}$$

$$\Delta_r S_m = zF\left(\frac{\partial E}{\partial T}\right)_p = (2 \times 964\ 85 \times 5.664 \times 10^{-5})\ J \cdot K^{-1} \cdot mol^{-1} = 10.93\ J \cdot K^{-1} \cdot mol^{-1}$$

$$\Delta_r H_m = \Delta_r G_m + T\Delta_r S_m = -372.1\ kJ \cdot mol^{-1} + 298.15\ K \times 10.93\ J \cdot K^{-1} \cdot mol^{-1}$$
$$= -368.8\ kJ \cdot mol^{-1}$$

$$Q_{r,m} = T\Delta_r S_m = 298.15\ K \times 10.93\ J \cdot K^{-1} \cdot mol^{-1} = 3.259\ kJ \cdot mol^{-1}$$

7.22 （1）已知 25 ℃时,$H_2O(l)$ 的标准摩尔生成焓和标准摩尔生成吉布斯函数分别为 $-285.83\ kJ \cdot mol^{-1}$ 和 $-237.129\ kJ \cdot mol^{-1}$。计算在氢-氧燃料电池中进行下列反应时电池的电动势及其温度系数。

$$H_2(g,\ 100\ kPa) + \frac{1}{2}O_2(g,\ 100\ kPa) === H_2O(l)$$

（2）应用教材中表 7.7.1 的数据计算上述电池的电动势。

解:（1）根据定义,$H_2O(l)$ 的标准摩尔生成焓 $\Delta_f H_m^\ominus(H_2O, l)$ 和标准摩尔生成吉布斯函数 $\Delta_f G_m^\ominus(H_2O, l)$ 是下列反应的 $\Delta_r H_m^\ominus$ 和 $\Delta_r G_m^\ominus$:

$$H_2(g,\ 100\ kPa) + \frac{1}{2}O_2(g,\ 100\ kPa) === H_2O(l)$$

为求氢-氧燃料电池的电动势,需将反应设计成原电池:

阳极 $$H_2(g, p^\ominus) \longrightarrow 2H^+ + 2e^-$$

阴极 $$\frac{1}{2}O_2(g, p^\ominus) + 2H^+ + 2e^- \longrightarrow H_2O(l)$$

电池表示为　Pt｜H$_2$（g, 100 kPa）｜H$^+$［a（H$^+$）］, H$_2$O｜O$_2$（g, 100 kPa）｜Pt

根据能斯特方程　$E = E^{\ominus} - \dfrac{RT}{zF}\ln \dfrac{a(H_2O)}{[p(H_2)/p^{\ominus}][p(O_2)/p^{\ominus}]^{1/2}} = E^{\ominus}$

而电池反应的 $\Delta_r G_m^{\ominus} = -zFE^{\ominus}$，所以

$$E^{\ominus} = -\frac{\Delta_r G_m^{\ominus}}{zF} = -\frac{\Delta_f G_m^{\ominus}(H_2O, l)}{zF} = \left(-\frac{-237.129 \times 10^3}{2 \times 96\,485}\right) \text{ V} = 1.229 \text{ V}$$

电池反应 $\Delta_r S_m^{\ominus} = zF\left(\dfrac{\partial E}{\partial T}\right)_p$，所以

$$\left(\frac{\partial E}{\partial T}\right)_p = \frac{\Delta_r S_m^{\ominus}}{zF} = \frac{\Delta_r H_m^{\ominus} - \Delta_r G_m^{\ominus}}{zFT} = \frac{\Delta_f H_m^{\ominus}(H_2O, l) - \Delta_f G_m^{\ominus}(H_2O, l)}{zFT}$$

$$= \left\{\frac{[-285.83 - (-237.129)] \times 10^3}{2 \times 96\,485 \times 298.15}\right\} \text{ V} \cdot \text{K}^{-1}$$

$$= -8.46 \times 10^{-4} \text{ V} \cdot \text{K}^{-1}$$

（2）反应设计为电池：

Pt｜H$_2$（g, 100 kPa）｜H$^+$［a（H$^+$）］, H$_2$O｜O$_2$（g, 100 kPa）｜Pt

电池电动势 $E = E^{\ominus} = E_{阴}^{\ominus} - E_{阳}^{\ominus} = E^{\ominus}[H_2O, H^+ | O_2(g) | Pt] - E^{\ominus}[H^+ | H_2(g) | Pt]$

由教材中表 7.7.1 知 $E^{\ominus}[H_2O, H^+ | O_2(g) | Pt] = 1.229$ V，$E^{\ominus}[H^+ | H_2(g) | Pt] = 0$

所以　　　　　　　$E^{\ominus} = E_{阴}^{\ominus} - E_{阳}^{\ominus} = (1.229 - 0)$ V $= 1.229$ V

7.23　已知 25 ℃时 $E^{\ominus}(Fe^{3+} | Fe) = -0.036$ V，$E^{\ominus}(Fe^{3+}, Fe^{2+} | Pt) = 0.770$ V。试计算 25 ℃时电极 Fe^{2+}｜Fe 的标准电极电势 $E^{\ominus}(Fe^{2+} | Fe)$。

解： 上述各电极的电极反应分别为

$$Fe^{3+} + 3e^- \longrightarrow Fe \tag{1}$$

$$Fe^{3+} + e^- \longrightarrow Fe^{2+} \tag{2}$$

$$Fe^{2+} + 2e^- \longrightarrow Fe \tag{3}$$

分别与标准氢电极组成三个原电池：

Pt｜H$_2$（g, 100 kPa）｜H$^+$［a(H$^+$)=1］‖Fe^{3+}［a（Fe^{3+}）=1］｜Fe

Pt｜H$_2$（g, 100 kPa）｜H$^+$［a(H$^+$)=1］‖Fe^{3+}［a（Fe^{3+}）=1］, Fe^{2+}［a（Fe^{2+}）=1］｜Pt

Pt｜H$_2$（g, 100 kPa）｜H$^+$［a(H$^+$)=1］‖Fe^{2+}［a（Fe^{2+}）=1］｜Fe

电池反应分别为

$$\frac{3}{2}H_2(g, 100 \text{ kPa}) + Fe^{3+}[a(Fe^{3+}) = 1] \Longrightarrow Fe + 3H^+[a(H^+) = 1] \qquad (1)$$

$$\frac{1}{2}H_2(g, 100 \text{ kPa}) + Fe^{3+}[a(Fe^{3+}) = 1] \Longrightarrow Fe^{2+}[a(Fe^{2+}) = 1] + H^+[a(H^+) = 1]$$

$$(2)$$

$$H_2(g, 100 \text{ kPa}) + Fe^{2+}[a(Fe^{2+}) = 1] \Longrightarrow Fe + 2H^+[a(H^+) = 1] \qquad (3)$$

显然,(3) = (1) - (2),因此

$$\Delta_r G_m^\ominus(3) = \Delta_r G_m^\ominus(1) - \Delta_r G_m^\ominus(2)$$

而

$$\Delta_r G_m^\ominus(1) = -3FE^\ominus(Fe^{3+} \mid Fe)$$

$$\Delta_r G_m^\ominus(2) = -FE^\ominus(Fe^{3+}, Fe^{2+} \mid Pt)$$

$$\Delta_r G_m^\ominus(3) = -2FE^\ominus(Fe^{2+} \mid Fe)$$

所以 $-2FE^\ominus(Fe^{2+} \mid Fe) = -3FE^\ominus(Fe^{3+} \mid Fe) + FE^\ominus(Fe^{3+}, Fe^{2+} \mid Pt)$

$$E^\ominus(Fe^{2+} \mid Fe) = \frac{1}{2}[3E^\ominus(Fe^{3+} \mid Fe) - E^\ominus(Fe^{3+}, Fe^{2+} \mid Pt)]$$

$$= \left\{ \frac{1}{2} \times [3 \times (-0.036) - 0.770] \right\} V = -0.439 \text{ V}$$

7.24 已知 25 ℃ 时 AgBr 的活度积 $K_{sp} = 4.88 \times 10^{-13}$,$E^\ominus(Ag^+ \mid Ag) =$ 0.799 4 V,$E^\ominus[Br^- \mid Br_2(1) \mid Pt] = 1.066$ V。试计算 25 ℃ 时,

(1) 银-溴化银电极的标准电极电势 $E^\ominus[Br^- \mid AgBr(s) \mid Ag]$;

(2) AgBr(s)的标准摩尔生成吉布斯函数。

解:(1) 设计电池 $Ag \mid Ag^+ \parallel Br^- \mid AgBr(s) \mid Ag$,电池反应为

$$AgBr(s) \Longrightarrow Ag^+ + Br^- \qquad (1)$$

根据能斯特方程

$$E(1) = E^\ominus[Br^- \mid AgBr(s) \mid Ag] - E^\ominus(Ag^+ \mid Ag) - \frac{RT}{F}\ln K_{sp}(AgBr)$$

反应达平衡时 $E(1) = 0$,所以

$$E^\ominus[Br^- \mid AgBr(s) \mid Ag] = E(Ag^+ \mid Ag) + \frac{RT}{F}\ln K_{sp}(AgBr)$$

$$= 0.799\ 4 \text{ V} + \left[\frac{8.314 \times 298.15}{96\ 485} \times \ln\left(4.88 \times 10^{-13}\right) \right] V$$

$$= 0.071\ 1\ \text{V}$$

（2）AgBr(s)的标准摩尔生成吉布斯函数是以下反应的 $\Delta_r G_m^\ominus$。

$$\text{Ag(s)} + \frac{1}{2}\text{Br}_2(\text{l}) =\!\!=\!\!= \text{AgBr(s)} \qquad\qquad (2)$$

利用电动势测定的方法求反应的 $\Delta_r G_m^\ominus$，需将反应设计为原电池。此处反应产物为难溶盐，所以电极中必然包括第二类电极，则

阳极 $\qquad\qquad \text{Ag(s)} + \text{Br}^-[a(\text{Br}^-)] \longrightarrow \text{AgBr(s)} + \text{e}^-$

阴极 $\qquad\qquad \frac{1}{2}\text{Br}_2(\text{l}) + \text{e}^- \longrightarrow \text{Br}^-[a(\text{Br}^-)]$

所设计的电池为 $\quad \text{Ag} \mid \text{AgBr(s)} \mid \text{Br}^-[a(\text{Br}^-)] \mid \text{Br}_2(\text{l}) \mid \text{Pt}$

电池的标准电动势 $E^\ominus(2) = E^\ominus[\text{Br}^- \mid \text{Br}_2(\text{l}) \mid \text{Pt}] - E^\ominus[\text{Br}^- \mid \text{AgBr(s)} \mid \text{Ag}]$

于是

$$\Delta_r G_m^\ominus = \Delta_f G_m^\ominus(\text{AgBr,s}) = -zFE^\ominus(2)$$
$$= [-96\ 485 \times (1.066 - 0.071\ 1)]\ \text{J}\cdot\text{mol}^{-1} = -96.0\ \text{kJ}\cdot\text{mol}^{-1}$$

7.25 25 ℃时，用铂电极电解 $1\text{mol}\cdot\text{dm}^{-3}$ 的 H_2SO_4 水溶液。

（1）计算理论分解电压；

（2）若两电极面积均为 $1\ \text{cm}^2$，电解液电阻为 $100\ \Omega$，$\text{H}_2(\text{g})$ 和 $\text{O}_2(\text{g})$ 的超电势 η 与电流密度 J 的关系分别为

$$\eta[\text{H}_2(\text{g})]/\text{V} = 0.472 + 0.118\lg[J/(\text{A}\cdot\text{cm}^{-2})]$$
$$\eta[\text{O}_2(\text{g})]/\text{V} = 1.062 + 0.118\lg[J/(\text{A}\cdot\text{cm}^{-2})]$$

问当通过的电流为 $1\ \text{mA}$ 时，外加电压为多少？

解:（1）当外加电压比可逆原电池电动势大 $\text{d}E$ 时，原电池变为电解池，此时的外加电压称为理论分解电压。用铂电极电解 H_2SO_4 水溶液实际是电解水，电极反应为

阳极 $\qquad\qquad \text{H}_2\text{O(l)} \longrightarrow 2\text{H}^+ + \frac{1}{2}\text{O}_2(\text{g}, p^\ominus) + 2\text{e}^-$

阴极 $\qquad\qquad 2\text{H}^+ + 2\text{e}^- \longrightarrow \text{H}_2(\text{g}, p^\ominus)$

电解产物 $\text{H}_2(\text{g})$ 和 $\text{O}_2(\text{g})$ 可形成原电池 $\text{Pt} \mid \text{H}_2(\text{g}, p^\ominus) \mid \text{H}^+, \text{H}_2\text{O} \mid \text{O}_2(\text{g}, p^\ominus) \mid \text{Pt}$，该原电池的电动势等于其标准电动势，即 $E = E^\ominus$，理论分解电压为

$$E(\text{理论分解}) = E = E^\ominus$$

$$= E^\ominus \left[H_2O, H^+ \mid O_2(g) \mid Pt \right] - E^\ominus \left[H^+ \mid H_2(g) \mid Pt \right]$$

查教材表 7.7.1 得

$$E(\text{理论分解}) = (1.229 - 0) \ V = 1.229 \ V$$

（2）当通过电解池的电流不是无限小时，极化作用使外加电压要增大，而且电压与通过电极的电流密度 J 有关。由题给数据计算电流密度：

$$J = \frac{I}{A_s} = \left(\frac{1 \times 10^{-3}}{1} \right) \ A \cdot cm^{-2} = 0.001 \ A \cdot cm^{-2}$$

相应的 $H_2(g)$ 和 $O_2(g)$ 的超电势 η 分别为

$$\eta [H_2(g)] / V = 0.472 + 0.118 \ \lg [0.001 \ A \cdot cm^{-2} / (A \cdot cm^{-2})] = 0.118$$

$$\eta [O_2(g)] / V = 1.062 + 0.118 \ \lg [0.001 \ A \cdot cm^{-2} / (A \cdot cm^{-2})] = 0.708$$

因此，外加电压为

$$E(\text{外加}) = E(\text{理论分解}) + \eta [H_2(g)] + \eta [O_2(g)] + IR$$

$$= (1.229 + 0.118 + 0.708 + 100 \times 10^{-3}) \ V = 2.155 \ V$$

第八章 界面现象

第1节 概念、主要公式及其适用条件

1. 表面张力、表面功及表面吉布斯函数

表面张力 γ：引起液体（或固体）表面收缩的单位长度上的力，单位为 $N \cdot m^{-1}$。

表面功：$\delta W_r'/dA_s$，使系统增加单位表面积所需的可逆功，单位为 $J \cdot m^{-2}$。

表面吉布斯函数：$(\partial G/\partial A_s)_{T,p}$，恒温恒压下系统增加单位表面积时所增加的吉布斯函数，单位为 $J \cdot m^{-2}$。

表面张力是从力的角度描述系统表面的某强度性质，而表面功及表面吉布斯函数则是从能量角度和热力学角度描述系统表面的同一性质。三者虽为不同的物理量，但它们的数值及量纲是等同的。

2. 弯曲液面的附加压力、拉普拉斯方程及毛细现象

（1）附加压力 $\qquad\qquad \Delta p = p_内 - p_外$

拉普拉斯方程 $\qquad\qquad \Delta p = \dfrac{2\gamma}{r}$

式中，Δp 为弯曲液面内外的压力差；弯曲液面的凹面一侧压力为 $p_内$；凸面一侧压力为 $p_外$；γ 为表面张力；r 为弯曲液面的曲率半径，一律取正值。

对于在气相中悬浮的气泡，因液膜两侧有两个气液表面，所以泡内气体所承受附加压力为 $\Delta p = 4\gamma/r$。

（2）毛细现象

毛细管内液体上升或下降的高度

$$h = \frac{2\gamma\cos\theta}{\rho g r}$$

式中，γ 为液体表面张力；ρ 为液体密度；g 为重力加速度；θ 为接触角；r 为毛

细管半径。

3. 开尔文公式

凸液面的开尔文公式　　$RT\ln\dfrac{p_r}{p} = \dfrac{2\gamma M}{\rho r}$

凹液面的开尔文公式　　$RT\ln\dfrac{p_r}{p} = -\dfrac{2\gamma M}{\rho r}$

式中,r 为弯曲液面的曲率半径,无论凸液面还是凹液面,均取正值;p_r 为液滴(或气泡)的饱和蒸气压;p 为平液面的饱和蒸气压;ρ,M,γ 分别为液体的密度、摩尔质量和表面张力。

4. 亚稳状态及新相的生成

过饱和蒸气:按照相平衡条件应该凝结成液体而实际未凝结的蒸气。

过热液体:按照相平衡条件应当沸腾而实际不沸腾的液体。

过冷液体:按照相平衡条件应当凝固而实际未凝固的液体。

过饱和溶液:在一定温度下,溶液浓度已超过了饱和浓度,而仍未析出晶体的溶液。

亚稳状态是热力学不稳定状态,但有时这些状态却能维持相当长时间不变。亚稳状态的存在与新相种子难以生成有关,可以通过提供新相种子来破坏亚稳状态。

5. 朗缪尔吸附等温式

$$\theta = \dfrac{bp}{1+bp}$$

式中,θ 为覆盖率;b 为吸附平衡常数,又称吸附系数;p 为吸附平衡时的气相压力。实际计算时,朗缪尔吸附等温式还可写成

$$\dfrac{V^a}{V^a_m} = \dfrac{bp}{1+bp}$$

式中,V^a_m 表示吸附达饱和时的吸附量;V^a 则表示覆盖率为 θ 时的平衡吸附量。

朗缪尔吸附等温式只适用于单分子层吸附。

6. 吸附焓 $\Delta_{ads}H$ 的计算

$$\Delta_{ads}H = -\frac{RT_1T_2}{T_2-T_1}\ln\frac{p_2}{p_1}$$

式中，p_1 与 p_2 分别为温度 T_1 与 T_2 下，达到相同的平衡吸附量时对应的平衡压力。

7. 杨氏方程、润湿

（1）杨氏方程

$$\gamma^s = \gamma^{sl} + \gamma^l\cos\theta$$

式中，γ^s，γ^{sl}，γ^l 分别表示在一定温度下的固-气、固-液及气-液之间的表（界）面张力；θ 为接触角。

（2）润湿

沾湿 $\Delta G_a = \gamma^{sl}-\gamma^l-\gamma^s<0$ 或 $\theta \leqslant 180°$ 过程可自发进行

浸湿 $\Delta G_i = \gamma^{sl}-\gamma^s<0$ 或 $\theta \leqslant 90°$ 过程可自发进行

铺展 $\Delta G_s = \gamma^{sl}+\gamma^l-\gamma^s<0$ $\theta = 0°$或不存在   过程可自发进行

$S = -\Delta G_s = \gamma^s-\gamma^{sl}-\gamma^l$，$S \geqslant 0$。$S$ 为铺展系数，$S < 0$ 则不能铺展。

习惯上，$\theta<90°$ 称为润湿，$\theta>90°$ 称为不润湿，$\theta = 0°$ 或不存在时称为完全润湿，$\theta = 180°$ 时称为完全不润湿。

8. 吉布斯吸附等温式

$$\Gamma = -\frac{c}{RT}\frac{d\gamma}{dc}$$

式中，$d\gamma/dc$ 为浓度 c 时 γ 随 c 的变化率。此式适用于稀溶液中溶质在溶液表面层中吸附量 Γ（也称表面过剩）的计算。

第2节 概 念 题

8.2.1 填空题

1. 将洁净玻璃毛细管（能被水润湿）垂直插入水中时，水柱将在毛细管中(　　　),管中水的饱和蒸气压比相同温度下水的饱和蒸气压值更(　　　)。

2. 分散在大气中的小液滴和小气泡,以及毛细管中的凸液面和凹液面,所产生附加压力的方向均指向(　　　)。

3. 液滴自动呈球形的原因是(　　　　　　　　　　　　　　　　)。

4. 某肥皂泡的半径为 r,表面张力为 γ,则肥皂泡的附加压力为(　　　)。

5. 一定温度下,微小 NaCl 晶体在水中的溶解度(　　　)大颗粒 NaCl 晶体在水中的溶解度。

6. 一般情况下,当温度升高时,液体的表面张力(　　　),达到(　　　)温度时,液体的表面张力趋于零。

7. 在室温条件下,NaCl 水溶液的表面张力(　　　)纯水的表面张力,溶质 NaCl 在溶液表面产生(　　　)吸附。

8. 固体表面的吸附分为物理吸附和化学吸附,(　　　)吸附只能发生单分子层吸附,(　　　)吸附具有可逆性。

9. 在一定的 T,p 下,向纯水中加入少量表面活性剂。表面活性剂在溶液表面层中的浓度将(　　　)其在溶液本体中的浓度,此时溶液的表面张力(　　　)纯水的表面张力。

10. 20 ℃下,水–汞、乙醚–汞和乙醚–水三种界面的界面张力分别为 375 mN·m^{-1},379 mN·m^{-1} 和 10.7 mN·m^{-1},则水滴在乙醚–汞界面上的铺展系数 S =(　　　)N·m^{-1}。

试题分析

8.2.2　选择题

1. 一定温度下,液体的分子间作用力越大,其表面张力(　　　)。

(a) 越大;　　　　　　　　　　(b) 越小;

(c) 与分子间作用力无关;　　　(d) 可能大也可能小。

2. 关于表面张力,下列表述错误的是(　　　)。

(a) 表面吉布斯函数;　　　　　(b) 比表面吉布斯函数;

(c) 表面功;　　　　　　　　　(d) 比表面熵。

3. 水在玻璃毛细管内上升的高度与(　　　)成反比,与(　　　)成正比。

(a) 液体的表面张力;　　　　　(b) 毛细管半径;

(c) 饱和蒸气压;　　　　　　　(d) 液体折射率。

4. 一定温度下,分散在气体中的小液滴,半径越小则液体饱和蒸气压(　　　)。

(a) 越大;　　　　　　　　　　(b) 越小;

(c) 越接近于 100 kPa;　　　　(d) 不变化。

5. 一定温度下,液体形成不同的分散系统时将具有不同的饱和蒸气压。分别以 $p_平$,$p_凹$,$p_凸$ 表示形成平液面、凹液面和凸液面时液体的饱和蒸气压,则(   )。

(a) $p_平 > p_凹 > p_凸$;　　　　　　　(b) $p_凹 > p_平 > p_凸$;

(c) $p_凸 > p_平 > p_凹$;　　　　　　　(d) $p_凸 > p_凹 > p_平$。

6. 以下说法符合朗缪尔吸附理论基本假定的是(   )。

(a) 固体表面是均匀的,各吸附位置的吸附能力相同;

(b) 吸附分子层可以是单分子层或多分子层;

(c) 被吸附分子之间有相互作用,相互影响;

(d) 吸附热与吸附位置及固体表面覆盖度有关。

试题分析

7. 一定 T,p 下,气体在固体表面发生吸附,过程的熵变 ΔS(   )0,焓变 ΔH(   )0。

(a) > ;　　　　　　　　　　　　(b) = ;

(c) < ;　　　　　　　　　　　　(d) 无法判断。

8. 固体表面不能被液体润湿时,其相应的接触角(   )。

(a) $\theta = 0°$;　　　　　　　　　　(b) $\theta > 90°$;

(c) $\theta < 90°$;　　　　　　　　　　(d) 可为任意角。

9. 某物质 B 在溶液表面吸附达平衡,则 B 物质在表面的化学势与其在溶液内部的化学势相比,有(   )。

(a) $\mu_{B(表)} > \mu_{B(内)}$;　　　　　　(b) $\mu_{B(表)} < \mu_{B(内)}$;

(c) $\mu_{B(表)} = \mu_{B(内)}$;　　　　　　(d) 难以确定。

10. 向液体中加入表面活性物质后(   )。

(a) $d\gamma/dc < 0$,产生正吸附;　　　(b) $d\gamma/dc > 0$,产生负吸附;

(c) $d\gamma/dc > 0$,产生正吸附;　　　(d) $d\gamma/dc < 0$,产生负吸附。

概念题答案

8.2.1　填空题

1. 上升;低

水能润湿玻璃毛细管,所以管内液面为凹液面,附加压力方向指向上方,使得管内水面上升;根据开尔文公式,毛细管内凹液面的饱和蒸气压小于平液面的饱和蒸气压。

2. 弯曲液面曲率半径中心

3. 同样体积的水,以球形的表面积为最小,球形水滴的表面吉布斯函数相对最小

4. $\dfrac{4\gamma}{r}$

空气中的肥皂泡,有内、外两个气-液界面,故 $\Delta p = \dfrac{4\gamma}{r}$。

5. 大于

6. 减小;临界

温度升高时分子间距离增加,相互作用减弱,表面张力减小;临界温度下气-液界面消失,液体的表面张力趋于零。

7. 大于;负

NaCl 在水中解离为正、负离子,使溶液中分子间的相互作用增强,表面张力增大,发生负吸附。

8. 化学;物理

化学吸附的作用力是化学键,成键只发生在吸附剂分子和特定的吸附质分子之间,吸附只能是单分子层的;物理吸附的作用力是范德华力,作用力较弱,因而易于达到吸附平衡,吸附过程可逆。

9. 大于;小于

向纯水中加入少量表面活性剂,可使界面张力明显降低,这类物质在溶液表面产生正吸附,因此表面活性剂在表面层中的浓度大于其在溶液本体中的浓度。

10. -6.7×10^{-3}

水滴在乙醚-汞界面上的铺展系数为

$$S = \gamma_{乙醚-汞} - \gamma_{水-汞} - \gamma_{乙醚-水}$$
$$= (379 - 375 - 10.7) \text{ mN} \cdot \text{m}^{-1} = -6.7 \times 10^{-3} \text{ N} \cdot \text{m}^{-1}$$

8.2.2 选择题

1. (a)

液体的分子间作用力越大,其表面张力越大。

2. (d)

表面张力又称为比表面吉布斯函数,简称为表面吉布斯函数;表面张力还称为表面功,又称为比表面功。

3. (b);(a)

毛细管内液面上升的高度 $h = \dfrac{2\gamma\cos\theta}{\rho gr}$，其数值与液体表面张力成正比，与毛细管半径成反比。

4.（a）

小液滴为凸液面，由开尔文公式 $RT\ln\dfrac{p_r}{p} = \dfrac{2\gamma M}{\rho r}$ 可知，半径越小，饱和蒸气压越大。

5.（c）

凹液面和凸液面液体饱和蒸气压的开尔文公式分别为 $RT\ln\dfrac{p_r}{p} = -\dfrac{2\gamma M}{\rho r}$ 和 $RT\ln\dfrac{p_r}{p} = \dfrac{2\gamma M}{\rho r}$，根据公式右侧的正负号可知，$p_{凸} > p_{平} > p_{凹}$。

6.（a）

朗缪尔吸附理论的基本假设：固体表面是均匀的，各吸附位置的吸附能力相同，吸附热与吸附位置及固体表面覆盖度无关；固体表面发生单分子层吸附；被吸附分子之间无相互作用；吸附平衡是动态平衡。

7.（c）；（c）

气体吸附在固体表面上的过程中，气体分子从三维空间变化到二维空间，熵减小，所以 ΔS 一定小于零。吸附过程自动进行，$\Delta G < 0$，而 $\Delta H = \Delta G + T\Delta S$，故 ΔH 也一定小于零。

8.（b）

利用润湿角判断是否润湿时，$\theta > 90°$ 不润湿。

9.（c）

溶液处于吸附平衡时，溶质在溶液中的化学势处处相等，否则将有溶质的迁移，所以 $\mu_{B(表)} = \mu_{B(内)}$。

10.（a）

表面活性物质加入液体中可以降低界面张力，即 $\mathrm{d}\gamma/\mathrm{d}c < 0$，根据吉布斯吸附等温式 $\Gamma = -\dfrac{c}{RT}\dfrac{\mathrm{d}\gamma}{\mathrm{d}c}$ 可知，$\Gamma > 0$，产生正吸附。

第 3 节　习 题 解 答

8.1　请回答下列问题：

（1）常见的亚稳态有哪些？为什么会产生亚稳态？如何防止亚稳态的

产生？

（2）在一个封闭的钟罩内，有大小不等的两个球形液滴，问长时间放置后会出现什么现象？

（3）下雨时，液滴落在水面上形成一个大气泡，试说明气泡的形状和形成的理由。

（4）物理吸附与化学吸附最本质的区别是什么？

（5）在一定温度、压力下，为什么物理吸附都是放热过程？

解：（1）常见的亚稳态有过饱和蒸气、过热和过冷液体及过饱和溶液。亚稳态的产生是由于产生新相首先要形成新相的种子。由于新相种子的曲率半径很小，附加压力很大；形成凸液面（或固体表面）时，根据开尔文公式，其具有较高的饱和蒸气压，导致新相难以生成。在系统中加入新相的种子可以防止亚稳态的产生。

（2）根据开尔文公式，小液滴具有较大的饱和蒸气压，因而具有较大的化学势。因此，封闭钟罩内的大小不等的两个球形液滴，小液滴的物质将通过蒸发，并在大液滴表面冷凝而产生迁移。该过程一直持续到小液滴消失为止。

（3）气泡的形状近似为半球形（如不考虑重力的影响，则为半球形）。因为在这种情况下，气泡的气-液界面的面积最小。

（4）物理吸附与化学吸附最本质的区别在于吸附剂与吸附质间的相互作用力不同，前者是范德华力，而后者则为化学键力。

（5）恒温恒压下物理吸附是一个自发过程，$\Delta G < 0$；另外，气体被吸附后有序度增大，即吸附过程熵减小。由 $\Delta G = \Delta H - T\Delta S$ 得 $Q_p = \Delta H = \Delta G + T\Delta S$，$\Delta G < 0, \Delta S < 0$，故 $Q_p = \Delta H < 0$，即物理吸附都是放热过程。

8.2 在 293.15 K 及 101.325 kPa 下，把半径为 1×10^{-3} m 的汞滴分散成半径为 1×10^{-9} m 的小汞滴，试求此过程系统表面吉布斯函数变（ΔG）为多少？已知 293.15 K 时汞的表面张力为 0.486 5 N·m^{-1}。

解：设大汞滴和小汞滴的半径分别为 R 和 r，一个半径为 R 的大汞滴可分散为 n 个半径为 r 的小汞滴。只要求出汞滴的半径从 $R = 1 \times 10^{-3}$ m 变化到 $r = 1 \times 10^{-9}$ m 时，其表面积的变化值，便可求出该过程的表面吉布斯函数变 ΔG。汞滴分散前后的体积不变，即 $V_R = nV_r$，所以

$$\frac{4}{3}\pi R^3 = n \times \frac{4}{3}\pi r^3 \qquad n = \left(\frac{R}{r}\right)^3$$

分散前后表面积的变化 $\Delta A_s = n \times 4\pi r^2 - 4\pi R^2 = 4\pi(nr^2 - R^2)$
系统表面吉布斯函数变

$$\Delta G = 4\pi\gamma\left(\frac{R^3}{r} - R^2\right) = 4\pi\gamma R^2\left(\frac{R}{r} - 1\right)$$

$$= \left[4\pi \times 0.486\ 5 \times (1 \times 10^{-3})^2 \times \left(\frac{1 \times 10^{-3}}{1 \times 10^{-9}} - 1\right)\right] \text{J} = 6.114 \text{ J}$$

试题分析

8.3 计算 373.15 K 时,下列情况下弯曲液面承受的附加压力。已知 373.15 K 时水的表面张力为 58.91×10^{-3} N·m^{-1}。

（1）水中存在的半径为 0.1 μm 的小气泡；

（2）空气中存在的半径为 0.1 μm 的小液滴；

（3）空气中存在的半径为 0.1 μm 的小气泡。

解:（1）（2）两种情况下均只存在一个气-液界面,其附加压力相同。根据拉普拉斯方程,有

$$\Delta p = \frac{2\gamma}{r} = \left(\frac{2 \times 58.91 \times 10^{-3}}{0.1 \times 10^{-6}}\right) \text{Pa} = 1.178 \times 10^3 \text{ kPa}$$

（3）对于空气中存在的气泡,其液膜有内、外两个表面,故其承受的附加压力为

$$\Delta p = \frac{4\gamma}{r} = \left(\frac{4 \times 58.91 \times 10^{-3}}{0.1 \times 10^{-6}}\right) \text{Pa} = 2.356 \times 10^3 \text{ kPa}$$

试题分析

8.4 在 293.15 K 时,将直径为 0.1 mm 的玻璃毛细管插入乙醇中。问需要在管内加多大的压力才能阻止液面上升? 若不加任何压力,平衡后毛细管内液面的高度为多少? 已知该温度下乙醇的表面张力为 22.3×10^{-3} N·m^{-1},密度为 789.4 kg·m^{-3},重力加速度为 9.8 m·s^{-2}。设乙醇能很好地润湿玻璃。

解:为防止毛细管内液面上升,需抵抗掉附加压力 Δp 的作用,故需施加的压力的大小等于附加压力。

$$\Delta p = \frac{2\gamma}{r} = \left(\frac{2 \times 22.3 \times 10^{-3}}{0.05 \times 10^{-3}}\right) \text{Pa} = 892 \text{ Pa}$$

乙醇能很好地润湿玻璃,即 $\theta \approx 0°$,因此

$$h = \frac{2\gamma\cos\theta}{\rho g r} \approx \frac{2\gamma}{\rho g r} = \left(\frac{2\times22.3\times10^{-3}}{789.4\times9.8\times0.05\times10^{-3}}\right) \text{ m} = 0.115 \text{ m}$$

8.5 水蒸气迅速冷却至 298.15 K 时可达到过饱和状态。已知该温度下水的表面张力为 71.97×10^{-3} N·m^{-1},密度为 997.05 kg·m^{-3}。当过饱和水蒸气压力为平液面水的饱和蒸气压的 4 倍时,计算:

试题分析

(1) 开始形成水滴的半径;

(2) 每个水滴中所含水分子的个数。

解:(1) 过饱和蒸气开始形成水滴时 $\frac{p_r}{p}=4$。由开尔文公式

$$RT\ln\frac{p_r}{p} = \frac{2\gamma M}{\rho r}$$

得

$$r = \frac{2\gamma M}{\rho RT\ln(p_r/p)}$$

$$= \left(\frac{2\times71.97\times10^{-3}\times18.015\times10^{-3}}{997.05\times8.314\times298.15\times\ln 4}\right) \text{ m} = 7.568\times10^{-10} \text{ m}$$

(2) 每个水滴的体积:

$$V_{\text{水滴}} = \frac{4}{3}\pi r^3 = \left[\frac{4}{3}\times3.141\,6\times(7.568\times10^{-10})^3\right] \text{ m}^3 = 1.816\times10^{-27} \text{ m}^3$$

每个水分子的体积:

$$V_{\text{水分子}} = \frac{M}{\rho L} = \left(\frac{18.015\times10^{-3}}{997.05\times6.022\times10^{23}}\right) \text{ m}^3 = 3.000\times10^{-29} \text{ m}^3$$

每个水滴含水分子的个数:

$$N = \frac{V_{\text{水滴}}}{V_{\text{水分子}}} = \frac{1.816\times10^{-27}}{3.000\times10^{-29}} \approx 61$$

8.6 已知 $CaCO_3(s)$ 在 773.15 K 时的密度为 3 900 kg·m^{-3},表面张力为 1 210$\times10^{-3}$ N·m^{-1},分解压力为 101.325 Pa。若将 $CaCO_3(s)$ 研磨成半径为 30 nm(1 nm $=10^{-9}$ m)的粉末,求其在 773.15 K 时的分解压力。

解:开尔文公式也适用于固体微粒。设半径为 30 nm 的粉末的饱和蒸气压为 p_r,则

$$\ln\frac{p_r}{p} = \frac{2\gamma M}{\rho r RT} = \frac{2\times1\,210\times10^{-3}\times100.09\times10^{-3}}{3\,900\times30\times10^{-9}\times8.314\times773.15} = 0.322$$

$$p_r = 101.325\text{Pa} \times \exp(0.322) = 139.8 \text{ Pa}$$

8.7　一定温度下,在容器中加入适量的、完全不互溶的某油类和水,将一只半径为 r 的毛细管垂直地固定在油-水界面之间,如图 8.1(a)所示。已知水能浸润毛细管壁,油则不能。在与毛细管同样性质的玻璃板上,滴上一小滴水,再在水上覆盖油,这时水对玻璃的润湿角为 θ,如图 8.1(b)所示。油和水的密度分别用 ρ_o 和 ρ_w 表示,AA' 为油-水界面,油层的深度为 h'。请导出水在毛细管中上升的高度 h 与油-水界面张力 γ^{ow} 之间的定量关系。

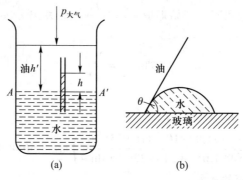

图 8.1　习题 8.7 附图 1

解:根据题给图 8.1(b)所示,润湿角 θ 为油-水界面张力(γ_1)与玻璃-水界面张力(γ_2)之间的夹角。当水面上是空气(即无油)时,毛细管内水面上升的高度基本是由弯曲液面下的附加压力引起的。但当空气被油置换后,如图 8.1(a)所示,计算毛细管内液面的高度 h,除了考虑附加压力的影响外,还要考虑毛细管外油层的影响,两者共同作用使管内液面上升。

将图 8.1(a)中毛细管局部放大如图 8.2 所示。设毛细管内液面的曲率半径为 R,则 $r = R\cos\theta$,有

$$\frac{2\gamma^{ow}}{R} + \rho_o gh = \rho_w gh$$

即

$$\frac{2\gamma^{ow}\cos\theta}{r} = (\rho_w - \rho_o)\, gh$$

所以

$$h = \frac{2\gamma^{ow}\cos\theta}{rg(\rho_w - \rho_o)}$$

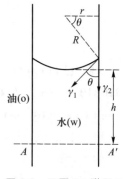

图 8.2　习题 8.7 附图 2

8.8 在 351.45 K 时,用焦炭吸附 NH_3 气测得如下数据,设 V^a - p 关系符合 $V^a = kp^n$ 方程。

p/kPa	0.722 4	1.307	1.723	2.898	3.931	7.528	10.102
$V^a/(\mathrm{dm^3 \cdot kg^{-1}})$	10.2	14.7	17.3	23.7	28.4	41.9	50.1

试求方程式 $V^a = kp^n$ 中的 k 及 n 的数值。

解: 对方程 $V^a = kp^n$ 求对数,得

$$\ln \frac{V^a}{\mathrm{dm^3 \cdot kg^{-1}}} = n\ln \frac{p}{\mathrm{kPa}} + \ln \frac{k}{[k]} \tag{1}$$

处理数据如下:

$\ln(p/\mathrm{kPa})$	−0.325 2	0.267 7	0.544 1	1.064 0	1.368 9	2.018 6	2.312 7
$\ln[V^a/(\mathrm{dm^3 \cdot kg^{-1}})]$	2.322 4	2.687 8	2.850 7	3.165 5	3.346 4	3.735 3	3.914 0

拟合数据,得到直线方程:

$$\ln [V^a/(\mathrm{dm^3 \cdot kg^{-1}})] = 0.602 \ln(p/\mathrm{kPa}) + 2.523 \tag{2}$$

对比式(1)和式(2),得

$$n = 0.602, k = [\exp(2.523)] \ \mathrm{dm^3 \cdot kg^{-1} \cdot (kPa)^{-0.602}} = 12.5 \ \mathrm{dm^3 \cdot kg^{-1} \cdot (kPa)^{-0.602}}$$

8.9 已知在 273.15 K 时,用活性炭吸附 $CHCl_3$,其饱和吸附量为 93.8 $\mathrm{dm^3 \cdot kg^{-1}}$,若 $CHCl_3$ 的分压为 13.375 kPa,其平衡吸附量为 82.5 $\mathrm{dm^3 \cdot kg^{-1}}$。试求:

试题分析

(1) 朗缪尔吸附等温式中的 b 值;

(2) $CHCl_3$ 的分压为 6.667 2 kPa 时,平衡吸附量为多少?

解: (1) 根据朗缪尔吸附等温式 $V^a = V_m^a \dfrac{bp}{1+bp}$,得

$$b = \frac{V^a}{p(V_m^a - V^a)} = \left[\frac{82.5}{13.375 \times (93.8 - 82.5)}\right] \ \mathrm{kPa^{-1}} = 0.545 \ 9 \ \mathrm{kPa^{-1}}$$

$$(2) \qquad V^a = V_m^a \frac{bp}{1+bp} = \left(93.8 \times \frac{0.545 \ 9 \times 6.667 \ 2}{1 + 0.545 \ 9 \times 6.667 \ 2}\right) \ \mathrm{dm^3 \cdot kg^{-1}}$$

$$= 73.58 \ \mathrm{dm^3 \cdot kg^{-1}}$$

8.10 473.15 K 时,测定氧气在某催化剂表面上的吸附作用,当平衡压

力分别为 101.325 kPa 及 1013.25 kPa 时,每千克催化剂的表面吸附氧气的体积分别为 $2.5\times10^{-3}\,m^3$ 及 $4.2\times10^{-3}\,m^3$(已换算为标准状况下的体积),假设该吸附作用服从朗缪尔吸附等温式。试计算当氧气的吸附量为饱和吸附量的一半时,氧气的平衡压力为多少。

解:由实验数据进行计算时,朗缪尔吸附等温式可采用以下形式:

$$\frac{1}{V^a} = \frac{1}{V_m^a b}\frac{1}{p} + \frac{1}{V_m^a}$$

根据题给数据可得

$$\frac{1}{2.5\times10^{-3}\,m^3} = \frac{1}{V_m^a b}\frac{1}{101.325\ kPa} + \frac{1}{V_m^a}$$

$$\frac{1}{4.2\times10^{-3}\,m^3} = \frac{1}{V_m^a b}\frac{1}{1\,013.25\ kPa} + \frac{1}{V_m^a}$$

联立求解两个方程式,得 $V_m^a = 4.543\times10^{-3}\,m^3$,$b = 1.208\times10^{-5}\,Pa^{-1}$。

有了 b 及 V_m^a 值后,当 $V^a = \frac{1}{2}V_m^a$ 时,所对应的氧气的平衡压力便可求。将朗缪尔吸附等温式写成如下形式:

$$\frac{1}{p} = V_m^a b\left(\frac{1}{V^a} - \frac{1}{V_m^a}\right)$$

当 $V^a = \frac{1}{2}V_m^a$ 时,有

$$\frac{1}{p} = b$$

所以

$$p = \frac{1}{b} = \left(\frac{1}{1.208\times10^{-5}}\right)\ Pa = 82.78\ kPa$$

8.11 在 291.15 K 的恒温条件下,用骨炭从醋酸的水溶液中吸附醋酸,在不同的平衡浓度下,每千克骨炭吸附醋酸的物质的量如下:

$c/(10^{-3}\ mol\cdot dm^{-3})$	2.02	2.46	3.05	4.10	5.81	12.8	100	200	500
$n^a/\ mol$	0.202	0.244	0.299	0.394	0.541	1.05	3.38	4.03	4.57

将上述数据关系用朗缪尔吸附等温式表示,并求出式中的常数 n_m^a 及 b。

解:朗缪尔吸附等温式亦能用于固体对溶液中溶质的吸附过程。根据题给的一系列数据分析,应该用线性回归进行数据拟合,或者应用作图方法求 n_m^a 及 b。将朗缪尔吸附等温式改写为

$$\frac{1}{n^a} = \frac{1}{bn_m^a}\frac{1}{c} + \frac{1}{n_m^a}$$

将题给数据处理如下：

$c^{-1}/(mol^{-1}\cdot dm^3)$	495.0	406.5	327.9	243.9	172.1	78.12	10.00	5.00	2.00
$(n^a)^{-1}/mol^{-1}$	4.950	4.098	3.344	2.538	1.848	0.952	0.296	0.248	0.219

将上述数据进行线性回归，得到拟合方程如下：

$$\frac{1}{n^a/mol} = \frac{0.009\,587}{c/(mol\cdot dm^{-3})} + 0.199\,7$$

与式（1）对比得

$$\frac{1}{n_m^a/mol} = 0.199\,7$$

所以

$$n_m^a = 5.008 \ mol$$

$$\frac{1}{b/(dm^3\cdot mol^{-1})} = 0.009\,587\times n_m^a/mol = 0.009\,587\times 5.008 = 0.048\,01$$

则

$$b = 20.83 \ dm^3\cdot mol^{-1}$$

8.12　在 1 373.15 K 时向某固体材料表面涂银。已知该温度下固体材料的表面张力 $\gamma^s = 965 \ mN\cdot m^{-1}$，Ag(l) 的表面张力 $\gamma^l = 878.5 \ mN\cdot m^{-1}$，固体材料与 Ag(l) 之间的界面张力 $\gamma^{sl} = 1\,364 \ mN\cdot m^{-1}$。计算接触角，并判断液态银能否润湿该材料表面。

试题分析

解：应用杨氏方程有

$$\cos\theta = \frac{\gamma^s - \gamma^{sl}}{\gamma^l} = \frac{965 - 1\,364}{878.5} = -0.454 \quad 则 \quad \theta = 117°$$

$\theta > 90°$，所以 Ag(l) 不能润湿该固体材料表面。

8.13　293.15 K 时，水的表面张力为 72.75 $mN\cdot m^{-1}$，汞的表面张力为 486.5 $mN\cdot m^{-1}$，汞和水之间的界面张力为 375 $mN\cdot m^{-1}$，试判断：

（1）水能否在汞的表面铺展开？

（2）汞能否在水的表面铺展开？

解：判断液体 B 在另一不互溶液体 A 上能否发生铺展，要计算铺展系数 $S_{B/A} = \gamma^A - \gamma^B - \gamma^{AB}$，若 $S_{B/A} > 0$，则能够发生铺展。

（1）水在汞的表面

$$S_{H_2O/Hg} = \gamma^{Hg} - \gamma^{H_2O} - \gamma^{H_2O-Hg}$$

$$= (486.5 - 72.75 - 375) \ mN\cdot m^{-1} = 38.75 \ mN\cdot m^{-1} > 0$$

所以能发生铺展。

（2）汞在水的表面

$$S_{Hg/H_2O} = \gamma^{H_2O} - \gamma^{Hg} - \gamma^{H_2O-Hg}$$

$$= (72.75 - 486.5 - 375)\ mN \cdot m^{-1} = -788.75\ mN \cdot m^{-1} < 0$$

所以不能铺展。

8.14　298.15 K 时，将少量的某表面活性物质溶解在水中，当溶液的表面吸附达到平衡后，实验测得该溶液的浓度为 0.20 mol·m^{-3}。用一很薄的刀片快速地刮去已知面积的该溶液的表面薄层，测得在表面薄层中活性物质的吸附量为 3×10^{-6} mol·m^{-2}。已知 298.15 K 时纯水的表面张力为 71.97 mN·m^{-1}。假设在很稀的浓度范围内，溶液的表面张力与溶液的浓度呈线性关系，试计算上述溶液的表面张力。

解： 解法一：本题讨论溶液表面吸附，需要利用吉布斯吸附等温式，即

$$\Gamma = -\frac{c}{RT}\frac{d\gamma}{dc} \tag{1}$$

但本题不是计算表面过剩 Γ，而是求某一浓度 c 时溶液的表面张力。

已知浓度 $c = 0.20$ mol·m^{-3}时，溶液表面过剩 $\Gamma = 3 \times 10^{-6}$ mol·m^{-2}。利用吉布斯吸附等温式可求出 $d\gamma/dc$。

$$\frac{d\gamma}{dc} = -\frac{RT\Gamma}{c} = \left(-\frac{8.314 \times 298.15 \times 3 \times 10^{-6}}{0.2}\right)\ J \cdot mol^{-1} \cdot m$$

$$= -0.037\ 18\ N \cdot m^{-1} \cdot mol^{-1} \cdot m^3$$

另从题意可知，溶液的表面张力 γ 与浓度 c 呈线性关系，且溶质为表面活性物质，在一定浓度范围内，随溶质浓度增大，溶液的表面张力下降。由此可得出

$$\gamma = \gamma_0 - bc \tag{2}$$

式中，γ_0 为纯水的表面张力，298.15 K 时，$\gamma_0 = 71.97$ mN·m^{-1}。则

$$\frac{d\gamma}{dc} = -b$$

联系前面的计算结果得　　　　$b = 0.037\ 18$ N·m^{-1}·mol^{-1}·m^3

于是，浓度 $c = 0.20$ mol·m^{-3}时，溶液表面张力为

$$\gamma = \gamma_0 - bc$$
$$= (71.97 - 0.037\ 18 \times 0.20 \times 10^3)\ mN \cdot m^{-1} = 64.53\ mN \cdot m^{-1}$$

解法二:由题给条件溶液的表面张力 γ 与浓度 c 呈线性关系,设 $\gamma = \gamma_0 + ac$,因此 $\dfrac{d\gamma}{dc} = a$,代入吉布斯吸附等温式得 $\Gamma = -\dfrac{ac}{RT}$。浓度 $c = 0.20\ mol \cdot m^{-3}$ 时,溶液表面过剩 $\Gamma = 3 \times 10^{-6}\ mol \cdot m^{-2}$,代入上式,有

$$3 \times 10^{-6}\ mol \cdot m^{-2} = -\frac{0.20\ mol \cdot m^{-3} \times a}{8.314\ J \cdot mol^{-1} \cdot K^{-1} \times 298.15\ K}$$

解得 $\qquad\qquad a = -37.182\ mN \cdot m^{-1} \cdot mol^{-1} \cdot m^3$

另外,纯水 $\gamma_0 = 71.97\ mN \cdot m^{-1}$,因此得到表面张力与浓度的表达式:

$$\gamma = [71.97 - 37.182\ c/(mol \cdot m^{-3})]\ mN \cdot m^{-1}$$

当 $c = 0.20\ mol \cdot m^{-3}$ 时,$\gamma = 64.53\ mN \cdot m^{-1}$。

8.15 292.15 K 时,丁酸水溶液的表面张力可以表示为 $\gamma = \gamma_0 - a\ln(1 + bc)$,式中 γ_0 为纯水的表面张力,a 和 b 皆为常数。

试题分析

(1) 试求该溶液中丁酸的表面吸附量 Γ 和浓度 c 的关系。

(2) 若已知 $a = 13.1\ mN \cdot m^{-1}$,$b = 19.62\ dm^3 \cdot mol^{-1}$,试计算当 $c = 0.200\ mol \cdot dm^{-3}$ 时的 Γ 为多少。

(3) 当丁酸的浓度足够大,达到 $bc \gg 1$ 时,饱和吸附量 Γ_m 为多少?设此时表面上丁酸呈单分子层吸附,计算在液面上每个丁酸分子所占的截面积为多少。

解: 此题属于溶液表面吸附问题,需利用吉布斯吸附等温式求解。

$$\Gamma = -\frac{c}{RT}\frac{d\gamma}{dc}$$

(1) 题给溶液的表面张力 γ 与浓度 c 的关系式为

$$\gamma = \gamma_0 - a\ln(1 + bc)$$

在一定温度下,将上式对 c 微分,得

$$\frac{d\gamma}{dc} = -a\frac{d\ln(1 + bc)}{dc} = -\frac{ab}{1 + bc}$$

代入吉布斯吸附等温式,得

$$\Gamma = -\frac{c}{RT}\frac{\mathrm{d}\gamma}{\mathrm{d}c} = \frac{abc}{RT(1+bc)}$$

（2）当 $c = 0.200\ \mathrm{mol\cdot dm^{-3}}$ 时，表面吸附量 Γ 为

$$\begin{aligned}
\Gamma &= \frac{abc}{RT(1+bc)} \\
&= \left[\frac{13.1\times10^{-3}\times19.62\times10^{-3}\times0.200\times10^{3}}{8.314\times292.15\times(1+19.62\times10^{-3}\times0.200\times10^{3})}\right]\ \mathrm{mol\cdot m^{-2}} \\
&= 4.298\times10^{-6}\ \mathrm{mol\cdot m^{-2}}
\end{aligned}$$

（3）丁酸浓度足够大，亦即溶质在溶液表面上的吸附达到饱和，则 $bc \gg 1$，此时，表面吸附量 Γ 为

$$\Gamma = \frac{abc}{RT(1+bc)} = \frac{a}{RT}$$

此时的表面吸附量 Γ 等于饱和吸附时的表面吸附量 Γ_{m}，即

$$\Gamma = \Gamma_{\mathrm{m}} = \frac{a}{RT} = \left(\frac{13.1\times10^{-3}}{8.314\times292.15}\right)\ \mathrm{mol\cdot m^{-2}} = 5.393\times10^{-6}\ \mathrm{mol\cdot m^{-2}}$$

每个丁酸分子在饱和吸附时所占的溶液表面积为

$$a_{\mathrm{m}} = \frac{1}{L\Gamma_{\mathrm{m}}} = \left(\frac{1}{6.022\times10^{23}\times5.393\times10^{-6}}\right)\ \mathrm{m^{2}} = 3.08\times10^{-19}\ \mathrm{m^{2}}$$

上式中的 $1/\Gamma_{\mathrm{m}}$ 表示在饱和吸附时，1 mol 丁酸分子所占的溶液表面积。

第九章　化学动力学

第1节　概念、主要公式及其适用条件

1. 化学反应速率

（1）对于非依时计量学反应，反应速率

$$v = \frac{1}{V} \frac{d\xi}{dt}$$

式中，v 为化学反应速率；V 为体积；ξ 为反应进度。

对于恒容反应，反应速率

$$v = \frac{1}{V} \frac{dn_B}{\nu_B dt} = \frac{dc_B}{\nu_B dt}$$

式中，ν_B 为 B 的化学计量数。ν 值与用来表示速率的物质 B 的选择无关，而与化学计量式的写法有关。

（2）反应物的消耗速率和产物的生成速率

恒容化学计量反应

$$-\nu_A A - \nu_B B - \cdots \longrightarrow \cdots + \nu_Y Y + \nu_Z Z$$

反应物 A 的消耗速率　　　$v_A = -(dc_A/dt)$

产物 Z 的生成速率　　　$v_Z = dc_Z/dt$

反应的速率与用不同物质表示的速率之间的关系

$$v = \frac{v_A}{-\nu_A} = \frac{v_B}{-\nu_B} = \cdots = \frac{v_Y}{\nu_Y} = \frac{v_Z}{\nu_Z}$$

即各不同物质的消耗速率或生成速率与各自的化学计量数的绝对值成正比。

2. 反应速率方程的一般形式、反应级数及速率常数

表示化学反应速率与物质浓度关系的方程(反应速率方程)一般形式为

$$v = k c_A^{n_A} c_B^{n_B} \cdots$$

式中,各浓度的方次 n_A 和 n_B 等分别称为反应组分 A 和 B 等的反应分级数,量纲为 1; k 为反应速率常数,是各有关浓度均为单位浓度时的反应速率。反应总级数(简称反应级数) n 为各组分反应分级数的代数和, $n = n_A + n_B + \cdots$。

对于恒温恒容的非依时计量学反应,以不同物质表示反应速率时,各反应速率常数间存在下列关系(例如,对化学反应 $-\nu_A A - \nu_B B - \cdots \longrightarrow \cdots + \nu_Y Y + \nu_Z Z$):

$$\frac{k_A}{|\nu_A|} = \frac{k_B}{|\nu_B|} = \cdots = \frac{k_Y}{|\nu_Y|} = \frac{k_Z}{|\nu_Z|} = k$$

3. 基元反应与质量作用定律

基元反应:反应物粒子(分子、原子、离子、自由基等)一步直接转化为产物的分子水平上的反应。若某反应是由两个或两个以上基元反应组成,则该反应称为非基元反应。

质量作用定律:基元反应的反应速率与各反应物浓度的幂乘积成正比,各浓度的方次为反应方程式中相应组分化学计量数的绝对值。

例如:有某基元反应 $A + 2B \longrightarrow D + E + \cdots$,则其速率方程为

$$-\frac{dc_A}{dt} = k_A c_A c_B^2$$

$$-\frac{dc_B}{dt} = k_B c_A c_B^2$$

$$\frac{dc_D}{dt} = k_D c_A c_B^2$$

$$\cdots\cdots$$

注意:对于非基元反应决不能使用质量作用定律,但可得出形式类似的经验速率方程。

4. 符合通式 $-\dfrac{dc_A}{dt}=k_A c_A^n$ 的各级反应的速率方程及特点

级数	微分式	积分式	半衰期	k_A 的单位
零级	$-\dfrac{dc_A}{dt}=k_A$	$c_{A,0}-c_A=k_A t$	$t_{1/2}=\dfrac{c_{A,0}}{2k_A}$	$[\text{浓度}]\cdot[\text{时间}]^{-1}$
一级	$-\dfrac{dc_A}{dt}=k_A c_A$	$\ln\dfrac{c_{A,0}}{c_A}=k_A t$	$t_{1/2}=\dfrac{\ln 2}{k_A}$	$[\text{时间}]^{-1}$
二级	$-\dfrac{dc_A}{dt}=k_A c_A^2$	$\dfrac{1}{c_A}-\dfrac{1}{c_{A,0}}=k_A t$	$t_{1/2}=\dfrac{1}{k_A c_{A,0}}$	$[\text{浓度}]^{-1}\cdot[\text{时间}]^{-1}$
n 级 $(n\neq 1)$	$-\dfrac{dc_A}{dt}=k_A c_A^n$	$\dfrac{1}{c_A^{n-1}}-\dfrac{1}{c_{A,0}^{n-1}}=(n-1)k_A t$	$t_{1/2}=\dfrac{2^{n-1}-1}{(n-1)k_A c_{A,0}^{n-1}}$	$[\text{浓度}]^{1-n}\cdot[\text{时间}]^{-1}$

注意:(1) 恒温恒容条件下,一级反应速率方程还可以表示为 $\ln\dfrac{1}{1-x_A}=k_A t$,式中 x_A 为反应物 A 的转化率;二级反应相应地有 $\dfrac{1}{c_{A,0}}\dfrac{x_A}{1-x_A}=k_A t$。

(2) 若速率方程形式为 $-\dfrac{dc_A}{dt}=k_A c_A c_B$,但在任何时刻均满足 $c_A/c_B=$ 定值,则速率方程的积分式可写为 $\dfrac{1}{c_A}-\dfrac{1}{c_{A,0}}=k_A t$,此处 k_A 值与 c_A/c_B 的数值大小有关。

5. k_p 与 k_c 的关系

恒温恒容理想气体反应,其速率方程用压力表示时写为

$$-\frac{dp_A}{dt}=k_{p,A}\,p_A^n$$

其反应速率常数 $k_{p,A}$ 与用浓度表示的反应速率常数 $k_{c,A}$(简写为 k_A)之间的关系(设反应为 n 级)为

$$k_{p,A}=k_A(RT)^{1-n}$$

由 $p_A=c_A RT$ 可知,此处 p_A 的单位为 Pa,c_A 的单位为 $\text{mol}\cdot\text{m}^{-3}$。

6. 反应速率与温度的关系——阿伦尼乌斯方程

指数式　　　　　　　　　 $k=A\exp\left(-\dfrac{E_a}{RT}\right)$

微分式
$$\frac{\mathrm{d}\ln k}{\mathrm{d}T} = \frac{E_a}{RT^2}$$

定积分式
$$\ln \frac{k_2}{k_1} = -\frac{E_a}{R}\left(\frac{1}{T_2} - \frac{1}{T_1}\right)$$

不定积分式
$$\ln k = -\frac{E_a}{RT} + \ln A$$

式中，k 为温度 T 时以浓度表示的速率常数；A 为指前因子；E_a 为反应的活化能，单位为 $\mathrm{J \cdot mol^{-1}}$。

该方程适用于所有基元反应、具有明确级数且 k 随温度升高而增大的非基元反应，甚至某些多相反应。

7. 速率方程的确定

（1）微分法

处理步骤：① $-\dfrac{\mathrm{d}c_A}{\mathrm{d}t} = k_A c_A^n$ 取对数得 $\ln\left(-\dfrac{\mathrm{d}c_A}{\mathrm{d}t}\right) = \ln k_A + n\ln c_A$；②拟和 c_A

$-t$ 数据得到曲线及方程，进而求某一浓度 c_A 时的 $-\dfrac{\mathrm{d}c_A}{\mathrm{d}t}$；③以 $\ln\left(-\dfrac{\mathrm{d}c_A}{\mathrm{d}t}\right)$ 对

$\ln c_A$ 作图应得一条直线，由直线斜率即可求出反应级数 n。

为避免逆向反应的干扰可采用初始浓度法。绘制不同初始浓度 $c_{A,0}$ 对应的 c_A-t 曲线，在每条曲线的 $c_{A,0}$ 处求出斜率 $\mathrm{d}c_{A,0}/\mathrm{d}t$，然后按上述方法求 n。

（2）尝试法（试差法，适用于具有简单级数的反应）

代入法：假设反应为 n 级，写出其积分形式的速率方程，将不同数据对 (c_A, t) 分别代入该方程中，计算 k_A 值。若所得 k_A 值一致，则确定反应级数为 n。

作图法：利用各级反应速率方程积分形式的线性关系来确定反应的级数。即利用数据分别作 $\ln c_A$-t 图，$1/c_A$-t 图，…，$1/c_A^{n-1}$-t 图。呈线性关系的图对应于正确的速率方程，根据直线满足的函数关系来反推反应级数。

（3）半衰期法

n 级反应半衰期 $t_{1/2} = \dfrac{2^{n-1}-1}{(n-1)k_A c_{A,0}^{n-1}}$，取对数有 $\ln t_{1/2} = C + (1-n)\ln c_{A,0}$，若

$\ln t_{1/2}$-$\ln c_{A,0}$ 为直线关系，则直线斜率为 $1-n$。

8. 典型复合反应

（1）对行反应（一级）

$$A \underset{k_{-1}}{\overset{k_1}{\rightleftharpoons}} B$$

速率方程微分式　　　$-\dfrac{\mathrm{d}(c_A - c_{A,e})}{\mathrm{d}t} = (k_1 + k_{-1})(c_A - c_{A,e})$

速率方程积分式　　　$\ln \dfrac{c_{A,0} - c_{A,e}}{c_A - c_{A,e}} = (k_1 + k_{-1})t$

式中，k_1，k_{-1} 分别为正、逆反应的速率常数；$c_{A,e}$ 为反应达平衡时 A 的浓度。此式适用于最初只有反应物 A 的对行反应。

特点：经足够长时间后，反应物与产物分别趋于各自的平衡浓度 $c_{A,e}$ 和 $c_{B,e}$，平衡时 $K_c = k_1/k_{-1} = (c_{A,0} - c_{A,e})/c_{A,e}$。

（2）平行反应（一级）

$$A \begin{cases} \overset{k_1}{\longrightarrow} B \\ \overset{k_2}{\longrightarrow} C \end{cases}$$

速率方程微分式　　　$-\dfrac{\mathrm{d}c_A}{\mathrm{d}t} = \dfrac{\mathrm{d}c_B}{\mathrm{d}t} + \dfrac{\mathrm{d}c_C}{\mathrm{d}t} = (k_1 + k_2)c_A$

速率方程积分式　　　$\ln \dfrac{c_{A,0}}{c_A} = (k_1 + k_2)t$

上述方程适用于最初只有反应物 A 的平行反应。

特点：级数相同的平行反应，其产物的浓度之比等于各反应速率常数之比，而与反应物的初始浓度及时间无关。如上所示两平行一级反应 $c_B/c_C = k_1/k_2$。

（3）连串反应（一级）

$$A \overset{k_1}{\longrightarrow} B \overset{k_2}{\longrightarrow} C$$

速率方程微分式　　　$\dfrac{\mathrm{d}c_A}{\mathrm{d}t} = -k_1 c_A$

$$\dfrac{\mathrm{d}c_B}{\mathrm{d}t} = k_1 c_A - k_2 c_B$$

$$\frac{\mathrm{d}c_\mathrm{C}}{\mathrm{d}t}=k_2 c_\mathrm{B}$$

速率方程积分式
$$c_\mathrm{A}=c_{\mathrm{A},0}\mathrm{e}^{-k_1 t}$$

$$c_\mathrm{B}=\frac{k_1 c_{\mathrm{A},0}}{k_2-k_1}(\mathrm{e}^{-k_1 t}-\mathrm{e}^{-k_2 t})$$

$$c_\mathrm{C}=c_{\mathrm{A},0}\left[1-\frac{1}{k_2-k_1}(k_2\mathrm{e}^{-k_1 t}-k_1\mathrm{e}^{-k_2 t})\right]$$

特点:当各反应速率常数相差不大(如 $k_1=2k_2$)时,反应中间产物 B 的 c_B-t 曲线有一极大值,中间产物 B 的最佳时间 $t_{\max}$ 与最大浓度 $c_{\mathrm{B},\max}$ 出现在曲线 $\frac{\mathrm{d}c_\mathrm{B}}{\mathrm{d}t}=0$ 处;当反应速率常数相差很大(如 $k_1\ll k_2$)时,中间产物浓度几乎不随时间而变化,即 $\frac{\mathrm{d}c_\mathrm{B}}{\mathrm{d}t}\approx0$。

9. 基元反应的速率理论

（1）气体反应的碰撞理论

反应速率方程　　$-\dfrac{\mathrm{d}C_\mathrm{A}}{\mathrm{d}t}=Z_{\mathrm{AB}}q=(r_\mathrm{A}+r_\mathrm{B})^2\left(\dfrac{8\pi k_\mathrm{B}T}{\mu}\right)^{1/2}\mathrm{e}^{-E_c/(RT)}C_\mathrm{A}C_\mathrm{B}$

式中,$Z_{\mathrm{AB}}=(r_\mathrm{A}+r_\mathrm{B})^2\left(\dfrac{8\pi k_\mathrm{B}T}{\mu}\right)^{1/2}C_\mathrm{A}C_\mathrm{B}$ 为碰撞数,表示单位时间、单位体积内分子 A 与 B 的碰撞次数;$q=\mathrm{e}^{-E_c/(RT)}$ 为活化碰撞分数;C_A,C_B 为分子浓度,$C_\mathrm{A}=Lc_\mathrm{A}$,$C_\mathrm{B}=Lc_\mathrm{B}$。

反应速率常数　　$k=L(r_\mathrm{A}+r_\mathrm{B})^2\left(\dfrac{8\pi k_\mathrm{B}T}{\mu}\right)^{1/2}\mathrm{e}^{-E_c/(RT)}$

式中,μ 为分子的折合质量,$\mu=\dfrac{m_\mathrm{A}m_\mathrm{B}}{m_\mathrm{A}+m_\mathrm{B}}$;$k_\mathrm{B}$ 为玻耳兹曼常数;E_c 为摩尔临界能,其与阿伦尼乌斯活化能 E_a 之间的关系为 $E_\mathrm{a}=E_c+\dfrac{RT}{2}$。

（2）过渡状态理论(活化络合物理论)

艾林方程　　$k=\dfrac{k_\mathrm{B}T}{h}\dfrac{q_{\neq}^{*'}}{q_\mathrm{A}^* q_\mathrm{B}^*}L\mathrm{e}^{-E_0/(RT)}$

或者简化为　　$k=\dfrac{k_\mathrm{B}T}{h}K_c^{\neq}$

式中，$K_c^{\neq} = \dfrac{q_{\neq}^{*'}}{q_A^* q_B^*} Le^{-E_0^{'}/(RT)}$；$E_0$ 为反应前后基态能量之差。

以热力学方法进行处理，得到双分子反应的艾林方程热力学表达式：

$$k = \frac{k_B T}{hc^{\ominus}} \exp\left(\frac{\Delta_r^{\neq} S_m^{\ominus}}{R}\right) \exp\left(-\frac{\Delta_r^{\neq} H_m^{\ominus}}{RT}\right)$$

式中，k_B 为玻耳兹曼常数；h 为普朗克常量；$\Delta_r^{\neq} S_m^{\ominus}$ 为标准摩尔活化熵；$\Delta_r^{\neq} H_m^{\ominus}$ 为标准摩尔活化焓。

10. 量子效率与量子产率

量子效率 $\quad \varphi = \dfrac{发生反应的分子数}{被吸收的光子数} = \dfrac{发生反应的物质的量}{被吸收光子的物质的量}$

量子产率 $\quad \varphi = \dfrac{生成产物 B 的分子数}{被吸收的光子数} = \dfrac{生成产物 B 的物质的量}{被吸收光子的物质的量}$

第2节 概 念 题

9.2.1 填空题

1. 反应 $2A \longrightarrow 3B$ 的速率方程既可表示为 $-\dfrac{dc_A}{dt} = k_A c_A^{3/2}$，也可表示为 $\dfrac{dc_B}{dt} = k_B c_A^{3/2}$，则 $-\dfrac{dc_A}{dt}$ 与 $\dfrac{dc_B}{dt}$ 之间的关系为（　　　）；反应速率常数 k_A 和 k_B 的比值为（　　　）。

试题分析

2. 反应 $2A \xrightarrow{k_A} B$ 为基元反应，k_A 是与 A 的消耗速率相对应的反应速率常数。若用 B 的生成速率和 k_A 表示反应速率，则其速率方程可表示为 $\dfrac{dc_B}{dt} = $（　　　）。

3. 某基元反应 $A(g) + 2B(g) \xrightarrow{k} 2C(g)$，$k$ 为反应速率常数，则 $-\dfrac{dc_B}{dt} = $（　　　）。（写出速率方程的表达式。）

4. 一定温度下的反应 $A \longrightarrow B + C$，反应物 A 反应掉其初始浓度 $c_{A,0}$ 的 87.5% 需时 3 min。在相同温度下由初始浓度 $c'_{A,0} = c_{A,0}/2$ 开始反应时，其半衰期 $t_{1/2}$ 为 1 min。则此反应级数为（　　　）。

5. 某反应的速率常数 $k_A = 2.31 \times 10^{-2}$ $mol^{-1} \cdot dm^3 \cdot s^{-1}$，已知 $c_{A,0} = 1.0 mol \cdot dm^{-3}$，则组分 A 的半衰期为（　　　）。

6. 在溶液中进行的反应，考虑溶剂对反应组分无明显相互作用的情况。若两个溶质分子扩散到同一个溶剂笼中相互接触，则称为（　　　）。两个溶质分子只有（　　　），才能反应。如果反应的活化能很小，反应速率很快，则为（　　　）控制的反应。

7. 在恒温恒容下的反应 $A(g) + B(s) \longrightarrow 2C(s)$，已知 $t = 0$ 时，$p_{A,0} = 800$ kPa；$t_1 = 30$ s 时，$p_{A,1} = 400$ kPa；$t_2 = 60$ s 时，$p_{A,2} = 200$ kPa；$t_3 = 90$ s 时，$p_{A,3} = 100$ kPa。则此反应的半衰期 $t_{1/2} = $（　　　）；反应级数 $n = $（　　　）；反应速率常数 $k = $（　　　）。

试题分析

8. 温度为 500 K 时，某理想气体恒容反应的速率常数 $k_c = 20$ $mol^{-1} \cdot dm^3 \cdot s^{-1}$，则此反应用压力表示的反应速率常数 $k_p = $（　　　）。

9. 已知反应（1）和反应（2）具有相同的指前因子，测得在相同温度下升高 20 K 时，反应（1）和反应（2）的反应速率分别提高 2 倍和 3 倍，说明反应（1）的活化能 $E_{a,1}$（　　　）反应（2）的活化能 $E_{a,2}$，而且在同一温度下，反应（1）的 k_1（　　　）反应（2）的 k_2。

10. $2B \xrightarrow{(1)} D$ 和 $2A \xrightarrow{(2)} C$ 两反应均为二级反应，而且 $k = A\exp[-E_a/(RT)]$ 公式中的指前因子 A 相同。已知在 100 ℃ 下反应（1）的 $k_1 = 0.10$ $dm^3 \cdot mol^{-1} \cdot s^{-1}$，而两反应的活化能之差 $E_{a,1} - E_{a,2} = 15$ $kJ \cdot mol^{-1}$，则反应（2）在该温度下的反应速率常数 $k_2 = $（　　　）。

11. 某复合反应的表观速率常数 k 与各基元反应的速率常数之间的关系为 $k = 2k_2 \left(\dfrac{k_1}{2k_3} \right)^{3/2}$，则表观活化能 E_a 与各基元反应活化能 $E_{a,1}$，$E_{a,2}$ 及 $E_{a,3}$ 之间的关系为（　　　）。

12. 恒温恒容条件下，某反应的机理为 $A + B \underset{k_{-1}}{\overset{k_1}{\rightleftharpoons}} C \xrightarrow{k_2} D$，反应开始时只有反应物 A，经过时间 t，A，B，C 及 D 物质的量浓度分别为 c_A，c_B，c_C 和 c_D，则此反应的速率方程 $-\dfrac{dc_A}{dt} = $（　　　）；$\dfrac{dc_C}{dt} = $（　　　）。

13. 已知 298.15 K 时 $\Delta_f G_m^\ominus(HCl, g) = -92.307$ $kJ \cdot mol^{-1}$。化学反应

$$H_2(g) + Cl_2(g) \xrightarrow{298.15 \text{ K}} 2HCl(g)$$

在催化剂的作用下反应速率大大加快时，反应的 $\Delta_r G_m^\ominus(298.15 \text{ K}) = $（　　　）。

14. 某对行一级反应 $A \underset{k_{-1}}{\overset{k_1}{\rightleftharpoons}} D$,当加入催化剂后其正、逆反应的速率常数分别从 k_1,k_{-1} 变为 k'_1 与 k'_{-1},测得 $k'_1 = 3k_1$,那么 $k'_{-1} = ($ $)k_{-1}$。

15. 催化剂参与化学反应,但反应终了时,其化学性质和数量均(   );催化剂只能缩短反应达平衡的(   ),而不能改变其平衡状态。

9.2.2 选择题

1. 反应 $A+B \longrightarrow C+D$ 的速率方程为 $v = kc_A c_B$,则该反应(   )。

(a) 是双分子反应;

(b) 是二级反应但不一定是双分子反应;

(c) 不是双分子反应;

(d) 是对反应物各为一级的双分子反应。

2. 下列哪一反应有可能是基元反应(   )。

(a) $A+(1/2)B \longrightarrow C+D$;

(b) $A+B \longrightarrow D$,其速率方程为 $-\dfrac{dc_A}{dt} = k_A c_A^{1/2} c_B$;

(c) $A+B \longrightarrow C+E$,其反应速率随温度升高而降低;

(d) $A+B \longrightarrow E$,其速率方程为 $-\dfrac{dc_A}{dt} = k_A c_A c_B$。

3. 在化学动力学中,质量作用定律只适用于(   )。

(a) 反应级数为正整数的反应;   (b) 恒温恒容反应;

(c) 基元反应;   (d) 理想气体反应。

4. 基元反应的分子数是一微观概念,其值(   )。

(a) 可为 0,1,2,3;   (b) 只能是 1,2,3 这三个整数;

(c) 可以是小于 1 的数值;   (d) 可正、可负、可为零。

5. 化学反应的反应级数是一宏观概念、实验的结果,其值(   )。

(a) 只能是正整数;   (b) 一定是大于 1 的正整数;

(c) 可以是任意值;   (d) 一定是负数。

6. 反应 $A \longrightarrow B$,且 $c_{B,0} = 0,c_{A,0} \neq 0$。若反应物 A 完全转化为 B 所需时间为 t,并测得 $t/t_{1/2} = 2$,则此反应的级数为(   )。

(a) 零级;   (b) 一级;   (c) 3/2 级;   (d) 二级。

7. 已知某气相反应 $2A \longrightarrow 2B+C$ 的反应速率常数 k 的单位为 $mol^{-1} \cdot dm^3 \cdot s^{-1}$。在一定温度下开始反应时,$c_{A,0} = 1\ mol \cdot dm^{-3}$。若 A 反应掉

$\dfrac{3c_{A,0}}{4}$ 所需时间 $t_{3/4}$ 与反应掉 $\dfrac{c_{A,0}}{2}$ 所需时间 $t_{1/2}$ 之差为 600 s,则 $t_{1/2}=(\quad)$。

　　(a) 300 s;　　　　(b) 600 s;　　　　(c) 900 s;　　　　(d) 无法确定。

试题分析

8. 某反应 A ⟶ C+D 的速率方程为 $-\dfrac{dc_A}{dt}=k_A c_A^n$,在 300 K 下开始反应时只有 A。实验过程中测得以下数据:

初始浓度 $c_{A,0}/(mol\cdot dm^{-3})$	0.05	0.10
初始反应速率 $v_{A,0}/(mol\cdot dm^{-3}\cdot s^{-1})$	0.001 85	0.003 70

则此反应的级数为(　　　)。

　　(a) 零级;　　　　(b) 一级;　　　　(c) 3/2 级;　　　　(d) 二级。

9. 在恒温恒容条件下某气相反应的机理为 $A+B\xrightleftharpoons[E_{a,-1}]{E_{a,1}}D$,反应的 $\Delta_r U_m=$ 60.0 kJ·mol^{-1},则上述正向反应的活化能 $E_{a,1}(\quad)$。

　　(a) 一定大于 60.0 kJ·mol^{-1};

　　(b) 一定等于 60.0 kJ·mol^{-1};

　　(c) 一定小于 60.0 kJ·mol^{-1};

　　(d) 既可能大于、也可能小于 60.0 kJ·mol^{-1}。

10. 放射性 ^{201}Pb 的半衰期为 8 h,1 g 放射性 ^{201}Pb 在 24 h 后还剩下(　　　)g。

　　(a) 1/2;　　　　(b) 1/3;　　　　(c) 1/4;　　　　(d) 1/8。

11. 某连串反应 A ⟶ B ⟶ C,实验测得 B 非常活泼。当反应稳定后,则(　　　)。

　　(a) B 的生成速率大于 B 的消耗速率;

　　(b) B 的生成速率小于 B 的消耗速率;

　　(c) B 的生成速率等于 B 的消耗速率;

　　(d) 无法确定。

12. 由于溶液中笼蔽效应的存在,在相同时间内,与气相中反应分子相比较,溶液中反应分子的(　　　)。

　　(a) 碰撞总数增多;　　　　　　　(b) 碰撞总数减少;

　　(c) 碰撞总数基本相同;　　　　　(d) 无法比较。

试题分析

13. 某恒容对行反应 $B(g)\xrightleftharpoons[k_{-1}]{k_1}C(g)+D(g)$,在 300 K 时 $k_1=10$ s^{-1},$k_{-1}=$ 100 Pa^{-1}·s^{-1}。当温度升高 10 ℃时 k_1 与 k_{-1} 均增大一倍,则正、逆反应的活化

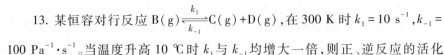

能 $E_{a,1}$, $E_{a,-1}$ 及反应的 $\Delta_r U_m$ 为(　　　)。

(a) $E_{a,1} > E_{a,-1}$, $\Delta_r U_m > 0$;　　　　　(b) $E_{a,1} > E_{a,-1}$, $\Delta_r U_m < 0$;

(c) $E_{a,1} = E_{a,-1}$, $\Delta_r U_m = 0$;　　　　　(d) $E_{a,1} < E_{a,-1}$, $\Delta_r U_m < 0$。

14. 在 25 ℃的水溶液中,分别发生下列反应:

试题分析

(1) A $\longrightarrow$ C+D,一级反应,半衰期为 $t_{1/2}(A)$;

(2) 2B $\longrightarrow$ L+M,二级反应,半衰期为 $t_{1/2}(B)$。

若 A 和 B 的初始浓度之比 $c_{A,0}/c_{B,0} = 2$,当反应(1)进行到 $t_1 = 2t_{1/2}(A)$, 反应(2)进行到 $t_2 = 2t_{1/2}(B)$ 时,c_A 与 c_B 之间的关系为(　　　)。

(a) $c_A = c_B$;　　　　　(b) $c_A = 2c_B$;

(c) $4c_A = 3c_B$;　　　　　(d) $c_A = 1.5c_B$。

15. 两个 H· 与 M 粒子同时相碰撞发生下列反应:H·+H·+M $\longrightarrow$ $H_2(g)$+M,则反应的活化能 E_a(　　　)。

(a) >0;　　　(b) = 0;　　　(c) <0;　　　(d) 无法确定。

16. HI 在光的作用下发生分解反应 2HI(g) $\longrightarrow$ $H_2(g)$ + $I_2(g)$。若光的波长为 2.5×10^{-7} m 时,1 个光子可引起 2 个 HI 分子分解。故 1 mol HI(g) 分解需要的光能为(　　　)。

(a) 239.2 kJ;　　　(b) 438.4 kJ;　　　(c) 119.6 kJ;　　　(d) 358.8 kJ。

17. 在光化学反应中,吸收的光子数(　　　)发生反应的分子(粒子)数。

(a) 等于;　　　(b) 大于;　　　(c) 小于;　　　(d) 均有可能。

18. 催化剂可以显著改变反应速率,下列说法错误的是(　　　)。

(a) 催化剂改变了反应历程;

(b) 催化剂对反应的加速作用具有选择性;

(c) 催化剂使反应物平衡转化率提高;

(d) 催化剂同时加快正、逆向反应。

概念题答案

9.2.1　填空题

1. $-\dfrac{dc_A}{2dt} = \dfrac{dc_B}{3dt}$; $\dfrac{2}{3}$

2. $\dfrac{k_A}{2} c_A^2$

因为 $-\dfrac{\mathrm{d}c_A}{\mathrm{d}t} = k_A c_A^2$，$\dfrac{\mathrm{d}c_B}{\mathrm{d}t} = \dfrac{1}{2}\left(-\dfrac{\mathrm{d}c_A}{\mathrm{d}t}\right)$，所以 $\dfrac{\mathrm{d}c_B}{\mathrm{d}t} = \dfrac{k_A}{2}c_A^2$。

3. $2kc_A c_B^2$

$-\dfrac{\mathrm{d}c_B}{\mathrm{d}t} = k_B c_A c_B^2$，因为 $k = \dfrac{k_B}{2}$，所以 $-\dfrac{\mathrm{d}c_B}{\mathrm{d}t} = k_B c_A c_B^2 = 2kc_A c_B^2$。

4. 一级

由初始浓度 $c_{A,0}$ 开始，反应掉87.5%的 $c_{A,0}$ 需时 3 min，由 $0.5\,c_{A,0}$ 反应掉 $0.25\,c_{A,0}$ 需时 1 min，说明由初始浓度 $c_{A,0}$ 反应掉 $0.5\,c_{A,0}$ 所需时间与由 $0.25\,c_{A,0}$ 反应掉 $0.125c_{A,0}$ 所需时间均为 1 min，说明半衰期与初始浓度无关，故为一级反应。

或使用尝试法，将有关数据代入一级反应的速率方程 $\ln\dfrac{c_{A,0}}{c_A} = k_A t$ 进行计算，得到的反应速率常数 k_A 为常数，故反应级数为一级。

5. 43.29 s

根据 k_A 的单位可知为二级反应，$t_{1/2} = \dfrac{1}{k_A c_{A,0}} = \left(\dfrac{1}{2.31\times10^{-2}\times1.0}\right)\text{s} = 43.29\ \text{s}$。

6. 遭遇；遭遇；扩散

7. 30 s；1；0.023 1 s^{-1}

由题给数据知，反应的半衰期 $t_{1/2} = 30$ s，它与初始压力的大小无关，应为一级反应。所以 $n = 1$，$k = \ln 2/t_{1/2} = (\ln 2/30)\,\text{s}^{-1} = 0.023\ 1\ \text{s}^{-1}$。

8. $4.81\times10^{-6}\ \text{Pa}^{-1}\cdot\text{s}^{-1}$

由 k_c 的单位知，此反应为二级反应，$n = 2$。

$$k_p = k_c(RT)^{1-n} = k_c(RT)^{1-2} = k_c(RT)^{-1}$$
$$= (20\times10^{-3}\ \text{mol}^{-1}\cdot\text{m}^3\cdot\text{s}^{-1})\times(8.314\ \text{J}\cdot\text{mol}^{-1}\cdot\text{K}^{-1}\times500\ \text{K})^{-1}$$
$$= 4.81\times10^{-6}\ \text{Pa}^{-1}\cdot\text{s}^{-1}$$

9. 小于；大于

由阿伦尼乌斯方程的微分式 $\dfrac{\mathrm{d}\ln k}{\mathrm{d}T} = \dfrac{E_a}{RT^2}$ 知，由相同的原始温度升高同样的温度时，活化能大的反应的 k 值增加得更多，故 $E_{a,1}$ 小于 $E_{a,2}$。由阿伦尼乌斯方程的指数式 $k = A\exp[-E_a/(RT)]$ 知，指前因子和温度相同的条件下，对两反应有 k_1 大于 k_2。

10. 12.58 $\text{dm}^3\cdot\text{mol}^{-1}\cdot\text{s}^{-1}$

将 $k_1 = A\exp[-E_{a,1}/(RT)]$ 和 $k_2 = A\exp[-E_{a,2}/(RT)]$ 两式相比得

$$k_1/k_2 = \exp\left[(-E_{a,1}+E_{a,2})/(RT)\right]$$

$$= \exp\left[-15\times10^3/(8.314\times373.15)\right] = 7.95\times10^{-3}$$

故 $k_2 = k_1/(7.95\times10^{-3}) = 0.10 \text{ dm}^3\cdot\text{mol}^{-1}\cdot\text{s}^{-1}/(7.95\times10^{-3})$

$$= 12.58 \text{ dm}^3\cdot\text{mol}^{-1}\cdot\text{s}^{-1}$$

11. $E_a = E_{a,2} + \dfrac{3}{2}E_{a,1} - \dfrac{3}{2}E_{a,3}$

对 $k = 2k_2\left(\dfrac{k_1}{2k_3}\right)^{3/2}$ 两边取对数得

$$\ln k = \ln 2 + \ln k_2 + \frac{3}{2}\ln k_1 - \frac{3}{2}\ln k_3 - \frac{3}{2}\ln 2,$$

再对 T 求导得 $\quad \mathrm{d}\ln k/\mathrm{d}T = \mathrm{d}\ln k_2/\mathrm{d}T + \dfrac{3}{2}(\mathrm{d}\ln k_1/\mathrm{d}T) - \dfrac{3}{2}(\mathrm{d}\ln k_3/\mathrm{d}T),$

所以 $\dfrac{E_a}{RT^2} = \dfrac{E_{a,2}}{RT^2} + \dfrac{3}{2}\dfrac{E_{a,1}}{RT^2} - \dfrac{3}{2}\dfrac{E_{a,3}}{RT^2}$, 整理得 $E_a = E_{a,2} + \dfrac{3}{2}E_{a,1} - \dfrac{3}{2}E_{a,3}$。

12. $-\dfrac{\mathrm{d}c_A}{\mathrm{d}t} = k_1 c_A c_B - k_{-1}c_C$

$\dfrac{\mathrm{d}c_C}{\mathrm{d}t} = k_1 c_A c_B - k_{-1}c_C - k_2 c_C$

13. $-184.614 \text{ kJ}\cdot\text{mol}^{-1}$

该反应可视为 HCl 的生成反应,故

$\Delta_r G_m^\ominus(298.15 \text{ K}) = 2\times\Delta_f G_m^\ominus(\text{HCl,g},298.15 \text{ K}) = \left[2\times(-92.307)\right] \text{ kJ}\cdot\text{mol}^{-1}$

$$= -184.614 \text{ kJ}\cdot\text{mol}^{-1}$$

14. 3

因为催化剂只能缩短达到平衡的时间而不能改变平衡的始、末状态,故催化剂加速正反应的同时对逆反应也加速相同的倍数。因为 $k_1' = 3k_1$,所以 $k_{-1}' = 3k_{-1}$。

15. 不变;时间

9.2.2 选择题

1. (b)

反应 A+B $\longrightarrow$ C+D 的速率方程为 $v = kc_A c_B$,反应的级数为 2,所以该反应一定是二级反应。但该反应不一定是基元反应,如果是基元反应,则其反应分子数为 2;如果不是基元反应,则不存在反应分子数的概念。因此该反应一定是二级反应但不一定是双分子反应。

2.（d）

由质量作用定律知,基元反应的速率一定与各反应物浓度的幂乘积成正比,其中各浓度的方次为反应方程式中相应组分的分子个数。而非基元反应也可能具有类似的表达形式。

3.（c）

质量作用定律只适用于基元反应。

4.（b）

基元反应的分子数只能是 1,2,3 这三个整数。

5.（c）

反应级数可正、可负、可为零,既可以是整数,也可以是分数,即反应级数可以是任意值。

6.（a）

当 $c_{A,0}$ 全部反应时所需时间 $t = c_{A,0}/k$,而反应一半所需时间 $t_{1/2} = c_{A,0}/(2k)$,则 $t/t_{1/2} = 2$,该反应的级数为零级。

7.（a）

由反应速率常数 k 的单位可知该反应为二级反应。二级反应半衰期 $t_{1/2} = \dfrac{1}{kc_{A,0}}$,A 反应掉起始浓度的 3/4 所需时间为两个半衰期,第一个半衰期 $t_{1/2} = \dfrac{1}{kc_{A,0}}$,第二个半衰期 $t'_{1/2} = \dfrac{2}{kc_{A,0}}$,所以 $t_{3/4} = t'_{1/2} + t_{1/2} = \dfrac{2}{kc_{A,0}} + \dfrac{1}{kc_{A,0}} = \dfrac{3}{kc_{A,0}}$。

因为 $t_{3/4} - t_{1/2} = \dfrac{3}{kc_{A,0}} - \dfrac{1}{kc_{A,0}} = \dfrac{2}{kc_{A,0}} = 600\ \text{s}$,所以 $t_{1/2} = \dfrac{1}{kc_{A,0}} = 300\ \text{s}$。

8.（b）

因 $v_A = -\dfrac{dc_A}{dt} = k_A c_A^n$,则 $\dfrac{v_{A,0}}{v'_{A,0}} = \dfrac{k_A \times 0.05^n}{k_A \times 0.10^n} = 2^{-n}$,又因为 $\dfrac{v_{A,0}}{v'_{A,0}} = \dfrac{0.001\,85}{0.003\,70} = 2^{-1}$,所以 $n = 1$。

9.（a）

对于一个正向、逆向均能进行的反应,$E_{a,1} - E_{a,-1} = \Delta_r U_m = 60.0\ \text{kJ}\cdot\text{mol}^{-1}$,又因为 $E_{a,1} > 0$,$E_{a,-1} > 0$,所以必有 $E_{a,1} > 60.0\ \text{kJ}\cdot\text{mol}^{-1}$。

10.（d）

放射性 ^{201}Pb 的半衰期为 8 h,1 g 放射性 ^{201}Pb 在 8 h 后剩下 1/2 g,16 h 后剩下 1/4 g,24 h 后剩下 1/8 g。

11. （c）

当连串反应稳定后,其活泼中间产物的浓度处于稳态(或定态),即其生成速率与消耗速率相等,此时其浓度不随时间变化。

12. （c）

笼蔽效应的总结果是对碰撞起到分批的作用,使溶质分子的碰撞一批一批地进行,而对碰撞总数影响不大。与气相中反应分子相比,液相中反应分子的碰撞总数基本保持不变。

13. （d）

正反应为一级反应,逆反应为二级反应,且 $k_c = k_p (RT)^{n-1}$,则

$$\ln \frac{k_1'}{k_1} = -\frac{E_{a,1}}{R} \left(\frac{1}{T_1 + 10 \text{ K}} - \frac{1}{T_1} \right) = \ln \frac{2k_1}{k_1} = \ln 2$$

$$\ln \frac{k_{c,-1}'}{k_{c,-1}} = \ln \frac{k_{-1}' \left[R(T_1 + 10 \text{ K}) \right]^{2-1}}{k_{-1} (RT_1)^{2-1}} = -\frac{E_{a,-1}}{R} \left(\frac{1}{T_1 + 10 \text{ K}} - \frac{1}{T_1} \right)$$

$$= \ln \frac{2k_{-1} \times 310}{k_{-1} \times 300} = 0.726$$

则 $E_{a,1} = 53.59 \text{ kJ} \cdot \text{mol}^{-1}, E_{a,-1} = 56.13 \text{ kJ} \cdot \text{mol}^{-1}$

$$\Delta_r U_m = E_{a,1} - E_{a,-1} = -2.54 \text{ kJ} \cdot \text{mol}^{-1} < 0$$

14. （d）

一级反应:$t_{1/2}(\text{A}) = \dfrac{\ln 2}{k_A}$,$\ln \dfrac{c_{A,0}}{c_A} = k_A \times 2 \times \dfrac{\ln 2}{k_A} = \ln 4$,整理得 $c_{A,0} = 4c_A$。二级反应:$t_{1/2}(\text{B}) = \dfrac{1}{k_B c_{B,0}}$,$\dfrac{1}{c_B} - \dfrac{1}{c_{B,0}} = k_B \times 2 \times \dfrac{1}{k_B c_{B,0}}$,整理得 $\dfrac{1}{c_B} = \dfrac{3}{c_{B,0}}$,即 $c_{B,0} = 3c_B$。因为 $c_{A,0}/c_{B,0} = 2$,所以 $4c_A/3c_B = 2$,即 $c_A = 1.5c_B$。

15. （b）

自由原子结合成稳定分子的反应不需要活化能,所以 $E_a = 0$。

16. （a）

1 个光子能引起 2 个 HI 分子分解,所以分解 1 mol HI(g)需 0.5 mol 光子,而 0.5 mol 光子的能量为

$$E = n(\text{光子}) \times \left(\frac{0.119 \, 6 \text{ m}}{\lambda} \right) \text{ J} \cdot \text{mol}^{-1} = \left(0.5 \times \frac{0.119 \, 6}{2.5 \times 10^{-7}} \right) \text{ J} = 239.2 \text{ kJ}$$

17. （d）

由光化学第二定律知,系统每吸收一个光子则活化一个分子或原子,但不等于使一个分子发生反应。该活化分子既可引发多分子反应,也可能失

活不发生反应。

18.（c）

催化剂只能缩短达到平衡的时间,而不能改变反应系统的平衡状态,不能使已达平衡的反应继续前行,不能改变平衡转化率。

第3节　习题解答

9.1　气相反应 $SO_2Cl_2(g) \longrightarrow SO_2(g) + Cl_2(g)$ 在 320 ℃时的速率常数 $k_A = 2.2 \times 10^{-5}\ s^{-1}$。则在 320 ℃加热 90 min 时 SO_2Cl_2 的分解分数 α 为多少?

解：根据 k_A 的单位知该反应为一级反应。由一级反应的速率方程

$$\ln \frac{c_{A,0}}{c_A} = k_A t$$

$$\alpha = 1 - \frac{c_A}{c_{A,0}} = 1 - \exp(-k_A t) = 1 - \exp(-2.2 \times 10^{-5} \times 5\ 400) = 0.112$$

试题分析

9.2　某一级反应 $A \longrightarrow B$ 的半衰期为 10 min。求 1 h 后剩余 A 的摩尔分数。

解：设剩余 A 的摩尔分数为 x_A,由一级反应速率方程 $c_A = c_{A,0} \exp(-k_A t)$ 及半衰期公式 $t_{1/2} = \frac{\ln 2}{k_A}$,得

$$x_A = \frac{c_A}{c_{A,0}} = \exp(-k_A t) = \exp\left(-\frac{\ln 2}{t_{1/2}} \times t\right) = \exp\left(-\frac{\ln 2}{60 \times 10} \times 3\ 600\right) = 0.015\ 6$$

9.3　某一级反应进行 10 min 后,反应物反应掉 30%。反应物反应掉 50% 需多少时间?

解：由一级反应速率方程 $\ln \frac{c_{A,0}}{c_A} = k_A t$,得

$$k_A = \frac{1}{t} \ln \frac{c_{A,0}}{c_A} = \frac{1}{10\ min} \times \ln \frac{c_{A,0}}{c_{A,0} - 0.3c_{A,0}} = \left(\frac{1}{10} \times \ln \frac{1}{1-0.3}\right)\ min^{-1} = 0.035\ 7\ min^{-1}$$

$$t_{1/2} = \frac{\ln 2}{k_A} = \left(\frac{\ln 2}{0.035\ 7}\right)\ min = 19.4\ min$$

9.4 对于一级反应,试证明转化率达到 87.5% 所需时间为转化率达到 50% 所需时间的 3 倍。对于二级反应又应为多少?

试题分析

解: 转化率 $\alpha = \dfrac{c_{A,0}-c_A}{c_{A,0}} = 1 - \dfrac{c_A}{c_{A,0}}$,设转化率达到 50% 所需时间为 t_1,转化率达到 87.5% 所需时间为 t_2。

对于一级反应,有 $k_A t = \ln \dfrac{c_{A,0}}{c_A} = \ln \dfrac{c_{A,0}}{c_{A,0}-c_{A,0}\alpha} = \ln \dfrac{1}{1-\alpha}$

得
$$t = -\dfrac{\ln(1-\alpha)}{k_A}$$

因此
$$\dfrac{t_2}{t_1} = \dfrac{\ln(1-\alpha_2)}{\ln(1-\alpha_1)} = \dfrac{\ln(1-0.875)}{\ln(1-0.5)} = 3$$

对于二级反应,有 $t = \dfrac{1}{k_A}\left(\dfrac{1}{c_A}-\dfrac{1}{c_{A,0}}\right) = \dfrac{1}{k_A}\left(\dfrac{c_{A,0}-c_A}{c_A c_{A,0}}\right) = \dfrac{1}{k_A}\dfrac{\alpha}{c_A} = \dfrac{\alpha}{k_A c_{A,0}(1-\alpha)}$

因此
$$\dfrac{t_2}{t_1} = \dfrac{\alpha_2(1-\alpha_1)}{\alpha_1(1-\alpha_2)} = \dfrac{0.875\times(1-0.5)}{0.5\times(1-0.875)} = 7$$

9.5 偶氮甲烷(CH_3NNCH_3)气体的分解反应

$$CH_3NNCH_3(g) \longrightarrow C_2H_6(g) + N_2(g)$$

试题分析

为一级反应。在 287 ℃ 的真空密闭恒容容器中充入初始压力为 21.332 kPa 的偶氮甲烷气体,反应进行 1 000 s 时测得系统的总压为 22.732 kPa,求反应速率常数 k 及半衰期 $t_{1/2}$。

解: 设 t 时刻 $CH_3NNCH_3(g)$ 的分压为 p,则

$$CH_3NNCH_3(g) \longrightarrow C_2H_6(g) + N_2(g)$$

$t = 0$ $p_0 = 21.332$ kPa 0 0

$t = 1\ 000$ s p p_0-p p_0-p

则 $t = 1\ 000$ s 时,$p_总 = p + 2(p_0-p) = 2p_0-p = 22.732$ kPa,而 $p_0 = 21.332$ kPa,所以 $p = 19.932$ kPa。

对于密闭容器中的气相反应使用分压形式的速率方程 $\ln \dfrac{p_0}{p} = kt$,于是

$$k = \dfrac{1}{t}\ln \dfrac{p_0}{p} = \left(\dfrac{1}{1\ 000}\times\ln \dfrac{21.332}{19.932}\right)\ \text{s}^{-1} = 6.79\times10^{-5}\ \text{s}^{-1}$$

$$t_{1/2} = \frac{\ln 2}{k} = \left(\frac{\ln 2}{6.79 \times 10^{-5}} \right) \text{ s} = 1.02 \times 10^4 \text{ s}$$

9.6 某一级反应 A $\longrightarrow$ 产物，初始反应速率为 1×10^{-3} mol·dm^{-3}·min^{-1}，1 h 后反应速率为 0.25×10^{-3} mol·dm^{-3}·min^{-1}。求 k_A, $t_{1/2}$ 和初始浓度 $c_{A,0}$。

解：根据一级反应的速率方程

$$v = -\left(\frac{dc_A}{dt} \right)_t = k_A c_A, \quad v_0 = -\left(\frac{dc_A}{dt} \right)_{t=0} = k_A c_{A,0}$$

得

$$\frac{v}{v_0} = \frac{k_A c_A}{k_A c_{A,0}} = \frac{c_A}{c_{A,0}}$$

代入一级反应速率方程积分式 $\ln \dfrac{c_{A,0}}{c_A} = k_A t$，得

$$k_A = \frac{1}{t} \ln \frac{c_{A,0}}{c_A} = \frac{1}{t} \ln \frac{v_0}{v} = \left(\frac{1}{60} \times \ln \frac{1 \times 10^{-3}}{0.25 \times 10^{-3}} \right) \text{ min}^{-1} = 0.023 \ 1 \text{ min}^{-1}$$

于是

$$t_{1/2} = \frac{\ln 2}{k_A} = \left(\frac{\ln 2}{0.023 \ 1} \right) \text{ min} = 30 \text{ min}$$

$$c_{A,0} = \frac{v_0}{k_A} = \left(\frac{1 \times 10^{-3}}{0.023 \ 1} \right) \text{ mol·dm}^{-3} = 0.043 \ 3 \text{ mol·dm}^{-3}$$

9.7 现在的天然铀矿中 $c(^{238}\text{U})/c(^{235}\text{U}) = 139.0/1$。已知 ^{238}U 的蜕变反应的速率常数为 1.520×10^{-10} a^{-1}，^{235}U 的蜕变反应的速率常数为 9.72×10^{-10} a^{-1}。问在 20 亿年（2×10^9 a）前，$c_0(^{238}\text{U})/c_0(^{235}\text{U})$ 等于多少？（a 是时间单位年的符号）。

解：根据速率常数的单位知 ^{235}U 和 ^{238}U 的蜕变反应为一级反应，根据 $c_{A,0} = c_A \exp(k_A t)$，则 20 亿年前的 ^{238}U 和 ^{235}U 浓度比为

$$\frac{c_0(^{238}\text{U})}{c_0(^{235}\text{U})} = \frac{c(^{238}\text{U}) \exp[k(^{238}\text{U})t]}{c(^{235}\text{U}) \exp[k(^{235}\text{U})t]} = \frac{c(^{238}\text{U})}{c(^{235}\text{U})} \exp\{[k(^{238}\text{U}) - k(^{235}\text{U})]t\}$$

$$= 139.0 \times \exp[(1.520 - 9.72) \times 10^{-10} \times 2 \times 10^9] = 26.96$$

9.8 某二级反应 A(g) + B(g) $\longrightarrow$ 2D(g) 在恒温恒容的条件下进行。当反应物的初始浓度为 $c_{A,0} = c_{B,0} = 0.2$ mol·dm^{-3} 时，反应的初始速率为

$$-\left(\frac{dc_A}{dt}\right)_{t=0} = 5\times10^{-2} \ mol\cdot dm^{-3}\cdot s^{-1}, \text{求速率常数} \ k_A \ \text{及} \ k_D\text{。}$$

解: 对于二级反应 $v_A = -\dfrac{dc_A}{dt} = k_A c_A c_B$，且题给二级反应的初始速率为

$$v_{A,0} = -\left(\frac{dc_A}{dt}\right)_{t=0} = 5\times10^{-2} \ mol\cdot dm^{-3}\cdot s^{-1} = k_A c_{A,0} c_{B,0} = k_A \ (0.2 \ mol\cdot dm^{-3})^2$$

则 $\qquad k_A = \dfrac{v_{A,0}}{c_{A,0} c_{B,0}} = \left(\dfrac{5\times10^{-2}}{0.2\times0.2}\right) \ mol^{-1}\cdot dm^3\cdot s^{-1} = 1.25 \ mol^{-1}\cdot dm^3\cdot s^{-1}$

由化学反应计量式可知 $\dfrac{k_A}{-\nu_A} = \dfrac{k_D}{\nu_D}$，即 $\dfrac{k_A}{1} = \dfrac{k_D}{2}$，于是，

$$k_D = 2k_A = (2\times1.25) \ mol^{-1}\cdot dm^3\cdot s^{-1} = 2.50 \ mol^{-1}\cdot dm^3\cdot s^{-1}$$

9.9 溶液反应 $S_2O_8^{2-} + 2Mo(CN)_8^{4-} \longrightarrow 2SO_4^{2-} + 2Mo(CN)_8^{3-}$ 的速率方程为

$$-\frac{d\,[Mo(CN)_8^{4-}]}{dt} = k[S_2O_8^{2-}][Mo(CN)_8^{4-}]$$

在 20 ℃下，若反应开始时只有两反应物，且其初始浓度分别为0.01 $mol\cdot dm^{-3}$，0.02 $mol\cdot dm^{-3}$，反应 26 h 后，测得 $[Mo(CN)_8^{4-}] = 0.015\,62 \ mol\cdot dm^{-3}$，求 k。

解: 设 $S_2O_8^{2-}$ 为 A，$Mo(CN)_8^{4-}$ 为 B。

$$S_2O_8^{2-} + 2Mo(CN)_8^{4-} \longrightarrow 2SO_4^{2-} + 2Mo(CN)_8^{3-}$$

$t=0$	$c_{A,0}$	$c_{B,0}$	0 0
$t=t$	c_A	c_B	$c_{A,0}-c_A$ $c_{B,0}-c_B$

根据题给数据，$c_{A,0} = 0.01 \ mol\cdot dm^{-3}$，$c_{B,0} = 0.02 \ mol\cdot dm^{-3}$。由反应方程式知，反应每消耗 1 mol $S_2O_8^{2-}$，同时消耗 2 mol $Mo(CN)_8^{4-}$，于是在整个反应过程中均维持这一比例，故在任意时刻 t 均满足 $c_A = c_B/2$。

根据题给速率方程，有

$$-\frac{dc_B}{dt} = k c_A c_B = k\frac{c_B}{2} c_B = \frac{k}{2} c_B^2$$

对上式积分得 $\qquad \dfrac{1}{c_B} - \dfrac{1}{c_{B,0}} = \dfrac{k}{2} t$

于是 $\qquad k = \dfrac{2}{t}\left(\dfrac{1}{c_B} - \dfrac{1}{c_{B,0}}\right) = \left[\dfrac{2}{26}\times\left(\dfrac{1}{0.015\,62} - \dfrac{1}{0.02}\right)\right] \ dm^3\cdot mol^{-1}\cdot h^{-1}$

$$= 1.078\,5 \ dm^3\cdot mol^{-1}\cdot h^{-1}$$

9.10 已知 NO 与 H_2 可进行如下化学反应:

$$2NO(g) + 2H_2(g) \longrightarrow N_2(g) + 2H_2O(g)。$$

在一定温度下,某密闭容器中等摩尔比的 NO 与 H_2 混合物在不同初始压力下的半衰期如下:

$p_总$/kPa	50.0	45.4	38.4	32.4	26.9
$t_{1/2}$/min	95	102	140	176	224

求反应的总级数 n。

解:设 NO 为 A,H_2 为 B。

$$2NO(g) + 2H_2(g) \longrightarrow N_2(g) + 2H_2O(g)$$

$$t = 0 \qquad p_{A,0} \qquad p_{B,0} \qquad\quad 0 \qquad\quad 0$$

$$t = t \qquad p_A \qquad p_B$$

由于 A 和 B 的化学计量数相同,且为等摩尔比混合,故

$$p_总 = p_{A,0} + p_{B,0} = 2p_{A,0},\ 即\ p_{A,0} = \frac{1}{2}p_总$$

在恒容条件下速率方程可写为 $-\dfrac{\mathrm{d}p_A}{\mathrm{d}t} = k_{p,A}p_A^n$,根据半衰期和初始压力间的关系有 $\ln\dfrac{t_{1/2}}{[t]} = (1-n)\ln\dfrac{p_{A,0}}{[p]} + \ln\dfrac{2^{n-1}-1}{(n-1)k_{p,A}/[k]}$。

处理数据如下:

$\ln(p_{A,0}/kPa)$	3.218 9	3.122 4	2.954 9	2.785 0	2.599 0
$\ln(t_{1/2}/min)$	4.553 9	4.625 0	4.941 6	5.170 5	5.411 6

将 $\ln\{t_{1/2}/[t]\}$ 对 $\ln\{p_{A,0}/[p]\}$ 进行一元线性回归,所拟合直线方程为

$$\ln\frac{t_{1/2}}{\min} = -1.438\ln\frac{p_{A,0}}{kPa} + 9.162$$

由直线斜率知 $\quad 1-n = -1.438$,即 $n = 2.438 \approx 2.5$

即反应总级数为 2.5 级。

9.11 在 500 ℃ 及初压 101.325 kPa 下,某碳氢化合物发生气相分解反应的半衰期为 2 s。若初压降为 10.133 kPa,则半衰期增加为 20 s。求反应速率常数 k。

解:用压力表示的半衰期的通式:$t_{1/2} = \dfrac{2^{n-1}-1}{(n-1)k_{p,A}} p_{A,0}^{1-n}$,式中,$\dfrac{2^{n-1}-1}{(n-1)k_{p,A}}$ 对于具体反应为定值,故可定义常数 B,令 $\dfrac{2^{n-1}-1}{(n-1)k_{p,A}} = B$,则半衰期的通式可简化为 $t_{1/2} = B p_{A,0}^{1-n}$。

由题中数据可知,反应的半衰期与初压成反比,由上式可知该反应为二级反应。则反应速率常数为

$$k_{p,A} = \frac{1}{t_{1/2} p_{A,0}} = \left(\frac{1}{2 \times 101.325}\right) \text{ kPa}^{-1} \cdot \text{s}^{-1} = 4.93 \times 10^{-3} \text{ kPa}^{-1} \cdot \text{s}^{-1}$$
$$= 4.93 \times 10^{-6} \text{ Pa}^{-1} \cdot \text{s}^{-1}$$

9.12 恒温恒容条件下发生某化学反应 $2AB(g) \longrightarrow A_2(g) + B_2(g)$。当 $AB(g)$ 的初始浓度分别为 0.02 mol·dm^{-3} 和 0.2 mol·dm^{-3} 时,反应的半衰期分别为 125.5 s 和 12.55 s。求该反应的级数 n 及速率常数 k_{AB}。

试题分析

解:符合 $-\dfrac{dc_A}{dt} = k_A c_A^n$ 的化学反应,其半衰期与初始浓度间关系为

$$t_{1/2} = \frac{2^{n-1}-1}{(n-1)k_A c_{A,0}^{n-1}}$$

利用两组 $t_{1/2}$ 和 $c_{A,0}$ 数据可导出

$$n = 1 + \frac{\ln(t_{1/2}/t_{1/2}')}{\ln(c_{A,0}'/c_{A,0})}$$

将题给数据代入上式得

$$n = 1 + \frac{\ln(125.5/12.55)}{\ln(0.2/0.02)} = 2$$

或由题中数据可知,此反应的半衰期与初始浓度成反比,故为二级反应。

$$k_{AB} = \frac{1}{t_{1/2} c_{A,0}} = \left(\frac{1}{125.5 \times 0.02}\right) \text{ dm}^3 \cdot \text{mol}^{-1} \cdot \text{s}^{-1} = 0.398\,4 \text{ dm}^3 \cdot \text{mol}^{-1} \cdot \text{s}^{-1}$$

试题分析

9.13 某溶液中反应 $A + B \longrightarrow C$。开始时反应物 A 与 B 的物质的量相

等,没有产物 C。1 h 后 A 的转化率为 75%,则 2 h 后 A 尚有多少未反应? 假设:

（1）反应对 A 为一级,对 B 为零级;

（2）反应对 A,B 皆为一级。

解：用 α 表示 A 的转化率,t_1,t_2 时刻的转化率分别为 α_1,α_2。

（1）当反应对 A 为一级,对 B 为零级时,反应速率方程为

$$-\frac{dc_A}{dt}=k_A c_A,\text{积分形式为 } \ln\frac{c_{A,0}}{c_A}=k_A t$$

因为

$$\ln\frac{c_{A,0}}{c_A}=\ln\frac{c_{A,0}}{c_{A,0}(1-\alpha)}=-\ln(1-\alpha)=k_A t$$

所以

$$\frac{t_2}{t_1}=\frac{\ln(1-\alpha_2)}{\ln(1-\alpha_1)}$$

故

$$1-\alpha_2=(1-\alpha_1)^{t_2/t_1}=(1-0.75)^2=0.062\,5=6.25\%$$

（2）当反应对 A,B 均为一级,且 A 与 B 的初始浓度相同时,速率方程为

$$-\frac{dc_A}{dt}=k_A c_A c_B=k_A c_A^2,\text{积分形式为 } \frac{1}{c_A}-\frac{1}{c_{A,0}}=k_A t$$

因为

$$\frac{1}{c_A}-\frac{1}{c_{A,0}}=\frac{1}{c_{A,0}(1-\alpha)}-\frac{1}{c_{A,0}}=\frac{\alpha}{c_{A,0}(1-\alpha)}=k_A t$$

所以

$$\frac{\alpha_2}{t_2(1-\alpha_2)}=\frac{\alpha_1}{t_1(1-\alpha_1)}$$

上式变形为

$$\frac{\alpha_2}{1-\alpha_2}=\frac{\alpha_1}{1-\alpha_1}\frac{t_2}{t_1}=\frac{0.75}{1-0.75}\times2=6$$

故

$$\alpha_2=\frac{6}{7},\ 1-\alpha_2=\frac{1}{7}=0.143=14.3\%$$

9.14 反应 $A+2B\longrightarrow D$ 的速率方程为 $-\dfrac{dc_A}{dt}=kc_A c_B$,25 ℃ 时 $k=2\times10^{-4}\,\text{dm}^3\cdot\text{mol}^{-1}\cdot\text{s}^{-1}$。

（1）若初始浓度 $c_{A,0}=0.02\ \text{mol}\cdot\text{dm}^{-3}$,$c_{B,0}=0.04\ \text{mol}\cdot\text{dm}^{-3}$,求 $t_{1/2}$。

（2）若将过量的挥发性固体反应物 A 与 B 装入 5 dm³ 密闭容器中,则 25 ℃ 时 0.5 mol A 转化为产物需多长时间? 已知 25 ℃ 时 A 和 B 的饱和蒸气压分别为 10 kPa 和 2 kPa。

解：（1）

$$
\begin{array}{ccccc}
& A & + & 2B & \longrightarrow & D \\
\end{array}
$$

$t = 0$ $c_{A,0}$ $c_{B,0}$ 0

$t = t$ c_A c_B $c_D = c_{A,0} - c_A$

因为
$$\frac{c_{A,0}}{c_{B,0}} = \frac{0.02}{0.04} = \frac{1}{2} = \frac{\nu_A}{\nu_B}$$

所以任意时刻均有
$$2c_A = c_B$$

则速率方程为
$$-\frac{dc_A}{dt} = kc_A c_B = 2kc_A^2$$

所以
$$t_{1/2} = \frac{1}{2kc_{A,0}} = \left[\frac{1}{2 \times (2 \times 10^{-4}) \times 0.02}\right] \text{ s} = 1.25 \times 10^5 \text{ s}$$

（2）

$$
\begin{array}{ccccc}
& A & + & 2B & \longrightarrow & D \\
\end{array}
$$

$t = 0$ p_A^* p_B^* 0

$t = t$ p_A^* p_B^* $n_D = 0.5 \text{ mol}$

在 25 ℃时，因 A(s) 和 B(s) 过剩，则在反应过程中气相中 A 和 B 的饱和蒸气压不变。设蒸气为理想气体，则

$$c_A = \frac{n_A}{V} = \frac{p_A^*}{RT}, \quad c_B = \frac{n_B}{V} = \frac{p_B^*}{RT}$$

因而速率方程 $-\dfrac{dc_A}{dt} = kc_A c_B$ 可变形为

$$-\frac{dn_A}{Vdt} = k\frac{p_A^* p_B^*}{(RT)^2} \quad (\text{常数})$$

积分可得

$$\frac{-\Delta n_A}{Vt} = \frac{kp_A^* p_B^*}{(RT)^2}$$

所以 0.5 mol 的 A 转化为产物 D 所需时间 t 为

$$t = \frac{(-\Delta n_A)(RT)^2}{kp_A^* p_B^* V}$$

$$= \left[\frac{0.5 \times (8.314 \times 298.15)^2}{2 \times 10^{-4} \times 10^{-3} \times 10 \times 10^3 \times 2 \times 10^3 \times 5 \times 10^{-3}}\right] \text{ s}$$

$$= 1.54 \times 10^8 \text{ s}$$

9.15 65 ℃时 N_2O_5 气相分解的反应速率常数为 $k_1 = 0.292 \text{ min}^{-1}$，活化能为 103.3 kJ·mol^{-1}，求 80 ℃时的 k_2 及 $t_{1/2}$。

解：根据阿伦尼乌斯方程的定积分形式 $\ln \dfrac{k_2}{k_1} = -\dfrac{E_a}{R}\left(\dfrac{1}{T_2} - \dfrac{1}{T_1}\right)$，得

$$k_2 = k_1 \exp\left[-\frac{E_a}{R}\left(\frac{1}{T_2} - \frac{1}{T_1}\right)\right]$$

$$= \left\{0.292 \times \exp\left[-\frac{103.3 \times 10^3}{8.314} \times \left(\frac{1}{353.15} - \frac{1}{338.15}\right)\right]\right\} \text{ min}^{-1}$$

$$= 1.39 \text{ min}^{-1}$$

根据 k_2 的单位知该反应为一级反应，所以

$$t_{1/2} = \frac{\ln 2}{k_2} = \left(\frac{\ln 2}{1.39}\right) \text{ min} = 0.499 \text{ min}$$

试题分析

9.16 双光气分解反应 $ClCOOCCl_3(g) \longrightarrow 2COCl_2(g)$ 为一级反应。将一定量双光气迅速引入一个 280 ℃的容器中，751 s 后测得系统的压力为 2.710 kPa；经过很长时间反应完了后，系统压力为 4.008 kPa。在 305 ℃时重复上述实验，经 320 s 系统压力为 2.838 kPa；反应完了后系统压力为 3.554 kPa。求活化能（假设活化能不随温度变化）。

解：用 A 表示 $ClCOOCCl_3$。

$$ClCOOCCl_3(g) \longrightarrow 2COCl_2(g)$$

$t = 0$	$p_{A,0}$	0
$t = t$	p_A	$2(p_{A,0} - p_A)$
$t = \infty$	0	$p_\infty = 2p_{A,0}$

总压 $p = p_A + 2(p_{A,0} - p_A)$，得 $p_A = 2p_{A,0} - p$，且 $p_{A,0} = p_\infty/2$。
根据一级反应的速率方程

$$k_p = \frac{1}{t}\ln\frac{p_{A,0}}{p_A} = \frac{1}{t}\ln\frac{p_{A,0}}{2p_{A,0} - p} = \frac{1}{t}\ln\frac{p_\infty/2}{p_\infty - p}$$

得

$$k_{p,1} = \left(\frac{1}{751} \times \ln\frac{4.008/2}{4.008 - 2.710}\right) \text{s}^{-1} = 5.78 \times 10^{-4} \text{ s}^{-1}$$

$$k_{p,2} = \left(\frac{1}{320} \times \ln\frac{3.554/2}{3.554 - 2.838}\right) \text{s}^{-1} = 2.84 \times 10^{-3} \text{ s}^{-1}$$

对该一级反应, $n = 1$, k_p 与 k_c 的关系为

$$k_c = k_p (RT)^{n-1} = k_p (RT)^{1-1} = k_p$$

则以浓度表示的不同温度下反应速率常数分别为

$$k_1 = 5.78 \times 10^{-4}\ \text{s}^{-1}, \quad k_2 = 2.84 \times 10^{-3}\ \text{s}^{-1}$$

设活化能不随温度变化,则

$$E_a = R \ln \frac{k_2}{k_1} \bigg/ \left(\frac{1}{T_1} - \frac{1}{T_2} \right)$$

$$= \left[8.314 \times \ln \frac{2.84 \times 10^{-3}}{5.78 \times 10^{-4}} \bigg/ \left(\frac{1}{553.15} - \frac{1}{578.15} \right) \right]\ \text{J} \cdot \text{mol}^{-1} = 169.31\ \text{kJ} \cdot \text{mol}^{-1}$$

9.17　反应 $A(g) \underset{k_{-1}}{\overset{k_1}{\rightleftharpoons}} B(g) + C(g)$ 中, k_1 和 k_{-1} 在 25 ℃ 时分别为 0.20 s^{-1} 和 3.947 7×10^{-3} MPa$^{-1} \cdot$ s^{-1}, 在 35 ℃ 时二者皆增为 2 倍。试求:

(1) 25 ℃ 时的反应平衡常数 $K^{\ominus}$;

(2) 正、逆反应的活化能及 25 ℃ 时的摩尔恒容反应热 $Q_{V,m}$;

(3) 若上述反应在 25 ℃ 的恒容条件下进行, 且 A 的起始压力为 100 kPa。若要使总压达到 152 kPa, 需要反应多长时间?

解:(1) 对行反应有

$$K_p = \frac{k_1}{k_{-1}} = \frac{0.20\ \text{s}^{-1}}{3.947\ 7 \times 10^{-3}\ \text{MPa}^{-1} \cdot \text{s}^{-1}} = 50.66\ \text{MPa}$$

$$K^{\ominus} = K_p (p^{\ominus})^{-\sum\limits_B \nu_B} = 50.66\ \text{MPa} \times (100\ \text{kPa})^{-(1+1-1)} = 506.6$$

(2) 当温度升高时, 正、逆反应的速率常数均增加为 2 倍, 即 $k_1' = 2k_1$; $k_{-1}' = 2k_{-1}$, 而 $k_c = k_p (RT)^{n-1}$, 正反应为一级反应, 逆反应为二级反应, 所以

$$E_{a,1} = -\frac{R \ln \dfrac{k_{c,1}'}{k_{c,1}}}{\dfrac{1}{T_2} - \dfrac{1}{T_1}} = -\frac{R \ln \dfrac{k_{p,1}'}{k_{p,1}}}{\dfrac{1}{T_2} - \dfrac{1}{T_1}} = \left(-\frac{8.314 \times \ln 2}{\dfrac{1}{308.15} - \dfrac{1}{298.15}} \right)\ \text{J} \cdot \text{mol}^{-1}$$

$$= 52.95\ \text{kJ} \cdot \text{mol}^{-1}$$

$$E_{a,-1} = -\frac{R\ln\dfrac{k'_{c,-1}}{k_{c,-1}}}{\dfrac{1}{T_2}-\dfrac{1}{T_1}} = -\frac{R\ln\dfrac{k'_{p,-1}T_2}{k_{p,-1}T_1}}{\dfrac{1}{T_2}-\dfrac{1}{T_1}}$$

$$= \left[-\frac{8.314\times\ln\left(2\times\dfrac{308.15}{298.15}\right)}{\dfrac{1}{308.15}-\dfrac{1}{298.15}}\right]\ \text{J}\cdot\text{mol}^{-1} = 55.47\ \text{kJ}\cdot\text{mol}^{-1}$$

$$Q_{V,m} = E_{a,1}-E_{a,-1} = (52.95-55.47)\ \text{kJ}\cdot\text{mol}^{-1} = -2.52\ \text{kJ}\cdot\text{mol}^{-1}$$

（3）

$$\text{A(g)} \underset{k_{-1}}{\overset{k_1}{\rightleftharpoons}} \text{B(g)} + \text{C(g)}$$

$t=0$ 100 kPa   0   0

$t=t$ 100 kPa$-p$ p p

由 $p_{总} = 100\ \text{kPa}-p+p+p = 100\ \text{kPa}+p = 152\ \text{kPa}$，解得 $p = 52\ \text{kPa}$。

因为 $\dfrac{\mathrm{d}p}{\mathrm{d}t} = k_1 p_A - k_{-1} p_B p_C = k_1(100\ \text{kPa}-p) - k_{-1}p^2$，$p$ 的数值变化不大，且

$k_1/[k_1] \gg k_{-1}/[k_{-1}]$，所以 $k_1(100\ \text{kPa}-p) \gg k_{-1}p^2$，$\dfrac{\mathrm{d}p}{\mathrm{d}t} \approx k_1(100\ \text{kPa}-p)$，将上

式移项并两边积分

$$\int_0^p \frac{\mathrm{d}p}{100\ \text{kPa}-p} = \int_0^t k_1 \mathrm{d}t$$

得

$$\ln\frac{100\ \text{kPa}}{100\ \text{kPa}-p} = k_1 t$$

所以

$$t = \frac{1}{k_1}\ln\frac{100\ \text{kPa}}{100\ \text{kPa}-p} = \left(\frac{1}{0.20}\times\ln\frac{100}{100-52}\right)\text{s} = 3.67\ \text{s}$$

9.18 在 80% 的乙醇溶液中，1-氯-1-甲基环庚烷的水解为一级反应。测得不同温度 t 下的 k 值列于下表，求活化能 E_a 和指前因子 A。

t /℃	0	25	35	45
k/s^{-1}	1.06×10^{-5}	3.19×10^{-4}	9.86×10^{-4}	2.92×10^{-3}

解：将原始数据处理如下：

$\dfrac{10^3}{T}/\text{K}^{-1}$	3.661 0	3.354 0	3.245 2	3.143 2
$\ln(k/\text{s}^{-1})$	−11.454 7	−8.050 3	−6.921 9	−5.836 2

根据阿伦尼乌斯方程 $\ln k = -\dfrac{E_a}{RT} + \ln A$ 知，将 $\ln(k/\text{s}^{-1})$ 对 K/T 进行一元线性回归，所得直线方程为

$$\ln \frac{k}{\text{s}^{-1}} = -10\,863.98\,\frac{\text{K}}{T} + 28.337\,8$$

直线斜率为
$$m = \frac{-E_a/R}{\text{K}} = -10\,863.98$$

因此，$E_a = 10\,863.98\ \text{K} \times R = 10\,863.98\ \text{K} \times 8.314\ \text{J}\cdot\text{mol}^{-1}\cdot\text{K}^{-1} = 90.32\ \text{kJ}\cdot\text{mol}^{-1}$

$$A = \exp 28.337\,8 = 2.03 \times 10^{12}$$

9.19 在气相中，异丙烯基烯丙基醚（A）异构化为烯丙基丙酮（B）是一级反应。其速率常数 k 与热力学温度 T 的关系为

$$k = 5.4 \times 10^{11}\ \text{s}^{-1}\exp\left[-122.5\ \text{kJ}\cdot\text{mol}^{-1}/(RT)\right]$$

150 ℃ 时，由 101.325 kPa 的 A 开始，需多长时间 B 的分压可达到 40.023 kPa？

解：

$$\text{A(g)} \underset{k_{-1}}{\overset{k_1}{\rightleftharpoons}} \text{B(g)}$$

$t=0$ 时　　$p_{A,0}$　　　　0

$t=t$ 时　　p_A　　　　$p_B = p_{A,0} - p_A$

当 $p_B = 40.023$ kPa 时，　$p_A = p_{A,0} - p_B = 61.302$ kPa

在 $T = (273.15+150)\ \text{K} = 423.15\ \text{K}$ 时，速率常数为

$$k = \{5.4 \times 10^{11}\exp[-122\,500/(423.15 \times 8.314)]\}\ \text{s}^{-1} = 4.075 \times 10^{-4}\ \text{s}^{-1}$$

由一级反应速率方程 $\ln \dfrac{p_{A,0}}{p_A} = kt$，得

$$t = \frac{1}{k}\ln\frac{p_{A,0}}{p_A} = \left(\frac{1}{4.075 \times 10^{-4}} \times \ln\frac{101.325}{61.302}\right)\ \text{s} = 1\,233.2\ \text{s}$$

9.20　某药物分解反应的速率常数与温度的关系为

$$\ln \frac{k}{h^{-1}} = \frac{-8\ 938}{T/K} + 20.40$$

（1）在 30 ℃时，药物每小时的分解率是多少？

（2）若此药物分解 30% 时即认为失效，那么药物在 30 ℃下保存的有效期为多长时间？

（3）欲使有效期延长到 2 年以上，则保存温度不能超过多少摄氏度？

解：（1）当 $T = (273.15 + 30)$ K $= 303.15$ K 时，有

$$\ln \frac{k}{h^{-1}} = \frac{-8\ 938}{303.15} + 20.40 = -9.084，则\ k = 1.135 \times 10^{-4}\ h^{-1}$$

由 k 的单位可知反应级数 $n = 1$。则由一级反应的速率方程 $\ln \dfrac{1}{1-x} = kt$，得 $t_1 = 1$ h 时，分解率为

$$x_1 = 1 - e^{-kt_1} = 1 - e^{-(1.135 \times 10^{-4}) \times 1} = 1.135 \times 10^{-4}$$

（2）当 $T = 303.15$ K，$x_2 = 0.30$ 时，由一级反应速率方程得

$$t_2 = \frac{1}{k} \ln \frac{1}{1-x_2} = \left(\frac{1}{1.135 \times 10^{-4}} \times \ln \frac{1}{1-0.30} \right)\ h = 3.143 \times 10^3\ h$$

（3）设保存温度不能超过 T_3，则

保存时间 $t_3 = (2 \times 365 \times 24)$ h $= 17\ 520$ h，由 $k_T = \dfrac{1}{t_3} \ln \dfrac{1}{1-x_2}$ 得

$$k_T = \left(\frac{1}{17\ 520} \times \ln \frac{1}{1-0.3} \right)\ h^{-1} = 2.036 \times 10^{-5} h^{-1}$$

进一步由 $\ln \dfrac{k_T}{h^{-1}} = \dfrac{-8\ 938}{T/K} + 20.40$ 得

$$\ln (2.036 \times 10^{-5}) = \frac{-8\ 938}{T_3/K} + 20.40$$

所以　　　　$T_3 = 286.46$ K $= (286.46 - 273.15)$ ℃ $= 13.31$ ℃

即保存温度不能超过 13.31 ℃。

9.21 某一级对行反应 $A(g) \underset{k_{-1}}{\overset{k_1}{\rightleftharpoons}} B(g)$ 的速率常数、平衡常数与温度的

关系式分别为 $\ln \dfrac{k_1}{s^{-1}} = \dfrac{-4\,605}{T/K} + 9.210$，$\ln K = \dfrac{4\,605}{T/K} - 9.210$，$K = k_1/k_{-1}$，且 $c_{A,0} =$

0.5 mol·dm^{-3}，$c_{B,0} = 0.05 \text{ mol·dm}^{-3}$。试计算：

（1）逆反应的活化能；

（2）400 K 下，反应 10 s 时 A，B 的浓度 c_A，c_B；

（3）400 K 下，反应达平衡时 A，B 的浓度 $c_{A,e}$，$c_{B,e}$。

解：（1）因为 $K = k_1 / k_{-1}$，所以

$$\ln \frac{k_{-1}}{s^{-1}} = \ln \frac{k_1}{s^{-1}} - \ln K = \frac{-4\,605}{T/K} + 9.210 - \left(\frac{4\,605}{T/K} - 9.210 \right)$$

$$= \frac{-9\,210}{T/K} + 18.420$$

将上式与阿伦尼乌斯方程 $\ln \dfrac{k}{[k]} = \dfrac{-E_a}{RT} + \ln A$ 对比，得 $\dfrac{E_{a,-1}}{R} = 9\,210 \text{ K}$。

所以 $E_{a,-1} = 9\,210 \text{ K} \times R = 9\,210 \text{ K} \times 8.314 \text{ J·mol}^{-1}\text{·K}^{-1} = 76.57 \text{ kJ·mol}^{-1}$

（2）当 $T = 400$ K 时，

由 $\ln \dfrac{k_1}{s^{-1}} = \dfrac{-4\,605}{T/K} + 9.210$ 得 $k_1 = 0.1 \text{ s}^{-1}$

由 $\ln \dfrac{k_{-1}}{s^{-1}} = \dfrac{-9\,210}{T/K} + 18.420$ 得 $k_{-1} = 0.01 \text{ s}^{-1}$

以 Δc 表示反应掉的反应物浓度，则

$$A(g) \quad \underset{k_{-1}}{\overset{k_1}{\rightleftharpoons}} \quad B(g)$$

$t = 0$ $c_{A,0}$ $c_{B,0}$

$t = t$ $c_A = c_{A,0} - \Delta c$ $c_B = c_{B,0} + \Delta c$

因为 $-\dfrac{dc_A}{dt} = -\dfrac{d(c_{A,0} - \Delta c)}{dt} = \dfrac{d\Delta c}{dt}$，且 $-\dfrac{dc_A}{dt} = k_1 c_A - k_{-1} c_B$，所以

$$\frac{d\Delta c}{dt} = k_1 c_A - k_{-1} c_B = k_1 (c_{A,0} - \Delta c) - k_{-1} (c_{B,0} + \Delta c)$$

$$= k_1 (0.5 \text{ mol·dm}^{-3} - \Delta c) - k_{-1} (0.05 \text{ mol·dm}^{-3} + \Delta c)$$

$$= 0.049\,5 \text{ mol·dm}^{-3}\text{·s}^{-1} - 0.11 \text{ s}^{-1} \Delta c$$

则
$$\frac{\mathrm{d}\Delta c}{0.049\ 5\ \mathrm{mol\cdot dm^{-3}\cdot s^{-1}}-0.11\ \mathrm{s^{-1}}\Delta c}=\mathrm{d}t$$

两边积分,得
$$\ln\frac{0.049\ 5\ \mathrm{mol\cdot dm^{-3}\cdot s^{-1}}}{0.049\ 5\ \mathrm{mol\cdot dm^{-3}\cdot s^{-1}}-0.11\ \mathrm{s^{-1}}\Delta c}=0.11\ \mathrm{s^{-1}}t$$

当 $t=10$ s 时,$\Delta c=0.3$ mol·dm^{-3},则

$$c_A=c_{A,0}-\Delta c=(0.5-0.3)\ \mathrm{mol\cdot dm^{-3}}=0.2\ \mathrm{mol\cdot dm^{-3}}$$

$$c_B=c_{B,0}+\Delta c=(0.05+0.3)\ \mathrm{mol\cdot dm^{-3}}=0.35\ \mathrm{mol\cdot dm^{-3}}$$

(3)在 400K 下,反应达平衡时,有

$$\frac{\mathrm{d}\Delta c}{\mathrm{d}t}=k_1c_{A,e}-k_{-1}c_{B,e}=k_1(0.5\ \mathrm{mol\cdot dm^{-3}}-\Delta c_e)$$

$$-k_{-1}(0.05\ \mathrm{mol\cdot dm^{-3}}+\Delta c_e)=0$$

得 $$\Delta c_e=0.45\ \mathrm{mol\cdot dm^{-3}}$$

此时 $$c_{A,e}=c_{A,0}-\Delta c_e=(0.5-0.45)\ \mathrm{mol\cdot dm^{-3}}=0.05\ \mathrm{mol\cdot dm^{-3}}$$

$$c_{B,e}=c_{B,0}+\Delta c_e=(0.05+0.45)\ \mathrm{mol\cdot dm^{-3}}=0.5\ \mathrm{mol\cdot dm^{-3}}$$

9.22 某反应由相同初始浓度开始到转化率达 20% 所需时间,在 40 ℃时为 15 min,60 ℃时为 3 min。试计算此反应的活化能。

解:对于反应级数为 n 的化学反应,其速率方程为 $\frac{1}{n-1}\left(\frac{1}{c_A^{n-1}}-\frac{1}{c_{A,0}^{n-1}}\right)=k_A t$,当初始浓度 $c_{A,0}$ 相同,达到相同转化率时,c_A 必相同。且对于同一反应,反应级数 n 为常数,于是必满足 $k_{A,1}t_1=k_{A,2}t_2$。式中,$k_{A,1}$,t_1 表示在 T_1 温度下的反应速率常数及达到指定转化率所需的时间;同理,$k_{A,2}$,t_2 表示在 T_2 温度下的相应数据。因此有

$$\frac{k_{A,2}}{k_{A,1}}=\frac{t_1}{t_2}=\frac{15}{3}=5$$

根据阿伦尼乌斯方程 $\ln\dfrac{k_{A,2}}{k_{A,1}}=-\dfrac{E_a}{R}\left(\dfrac{1}{T_2}-\dfrac{1}{T_1}\right)$

得 $E_a=-R\ln\dfrac{k_{A,2}}{k_{A,1}}\Big/\left(\dfrac{1}{T_2}-\dfrac{1}{T_1}\right)$

$$=\left[-8.314\times\ln 5\Big/\left(\frac{1}{333.15}-\frac{1}{313.15}\right)\right]\ \mathrm{J\cdot mol^{-1}}=69.80\ \mathrm{kJ\cdot mol^{-1}}$$

9.23 溶液中某光化学活性卤代物的消旋作用如下：

$$R_1R_2R_3CX(右旋) \rightleftharpoons R_1R_2R_3CX(左旋)$$

在正、逆方向上皆为一级反应，且半衰期相等。若原始反应物为纯右旋物质，反应速率常数为 $1.9 \times 10^{-6}\ \text{s}^{-1}$，试求：

（1）右旋物质转化 10% 所需时间；

（2）24 h 后右旋物质的转化率。

解：（1）用 D 表示右旋物质，用 L 表示左旋物质，设 t 时刻 D 的转化率为 x_D，则

$$R_1R_2R_3CX(D) \underset{k_{-1}}{\overset{k_1}{\rightleftharpoons}} R_1R_2R_3CX(L)$$

$$
\begin{array}{lll}
t=0 & c_{D,0} & 0 \\
t=t & c_D=(1-x_D)c_{D,0} & c_L=c_{D,0}-c_D
\end{array}
$$

由正、逆反应的半衰期相等得

$$k_1 = k_{-1} = k = 1.9 \times 10^{-6}\ \text{s}^{-1}$$

一级对行反应的速率方程为

$$\ln \frac{c_{D,0}-c_{D,e}}{c_D - c_{D,e}} = (k_1 + k_{-1})t$$

因为 $c_{D,e} + c_{L,e} = c_{D,0} + c_{L,0} = c_{D,0}$，且 $\dfrac{c_{L,e}}{c_{D,e}} = \dfrac{k_1}{k_{-1}}$

则

$$c_{D,e} = c_{L,e} = \frac{c_{D,0}}{2}$$

代入一级对行反应的速率方程得

$$\ln \frac{c_{D,0}-0.5c_{D,0}}{c_D - 0.5c_{D,0}} = (k_1 + k_{-1})t$$

右旋物质转化 10% 时，$c_D = (1-0.1)c_{D,0} = 0.9c_{D,0}$，代入上式，得

$$\ln \frac{c_{D,0}-0.5c_{D,0}}{0.9c_{D,0} - 0.5c_{D,0}} = \ln \frac{0.5c_{D,0}}{0.4c_{D,0}} = (k_1 + k_{-1})t = 2k_1 t$$

$$t = \frac{\ln(0.5c_{D,0}/0.4c_{D,0})}{2k_1} = \left(\frac{\ln 1.25}{2 \times 1.9 \times 10^{-6}}\right)\text{s} = 5.872 \times 10^4\ \text{s}$$

$$= 978.7 \text{ min}$$

（2）当 $t = 24 \text{ h} = 86\,400 \text{ s}$ 时，

$$\ln \frac{c_{D,0} - 0.5 c_{D,0}}{c_D - 0.5 c_{D,0}} = (k_1 + k_{-1}) t = 2 k_1 t = 2 \times 1.9 \times 10^{-6} \times 86\,400 = 0.328$$

$$\frac{c_{D,0} - 0.5 c_{D,0}}{c_D - 0.5 c_{D,0}} = \exp(0.328) = 1.388$$

解得
$$c_D = 0.860 c_{D,0}$$

24 h 后右旋物质的转化率为

$$x_D = 1 - \frac{c_D}{c_{D,0}} = 1 - \frac{0.86 c_{D,0}}{c_{D,0}} = 1 - 0.86 = 0.14 = 14\%$$

9.24　一级对行反应为 $A(g) \underset{k_{-1}}{\overset{k_1}{\rightleftharpoons}} B(g)$。

（1）达到 $c_A = \dfrac{c_{A,0} + c_{A,e}}{2}$ 所需时间为半衰期 $t_{1/2}$，试证 $t_{1/2} = \dfrac{\ln 2}{k_1 + k_{-1}}$；

（2）若初始速率为每分钟消耗 A 0.2%，平衡时有 80% 的 A 转化为 B，求 $t_{1/2}$。

证：（1）一级对行反应速率方程的积分形式为

$$\ln \frac{c_{A,0} - c_{A,e}}{c_A - c_{A,e}} = (k_1 + k_{-1}) t$$

将 $c_A = \dfrac{c_{A,0} + c_{A,e}}{2}$ 代入上式得一级对行反应的半衰期为

$$t_{1/2} = \frac{1}{k_1 + k_{-1}} \ln \frac{c_{A,0} - c_{A,e}}{\dfrac{c_{A,0} + c_{A,e}}{2} - c_{A,e}} = \frac{\ln 2}{k_1 + k_{-1}}$$

（2）初始速率指反应开始瞬间的反应速率，此时 B 尚未生成，因此初始速率即正反应的反应速率 $-\left(\dfrac{dc_A}{dt} \right)_{t=0}$。初始速率 $v_0 = -\left(\dfrac{dc_A}{dt} \right)_{t=0} = k_1 c_{A,0}$，且

$$v_0 = \frac{0.002 c_{A,0}}{\min}$$

所以
$$k_1 = \frac{v_0}{c_{A,0}} = 0.002 \ \mathrm{min^{-1}}$$

$$\mathrm{A(g)} \qquad\qquad \underset{k_{-1}}{\overset{k_1}{\rightleftharpoons}} \qquad\qquad \mathrm{B(g)}$$

$t = 0$	$c_{A,0}$	0
$t = t$	c_A	$c_B = c_{A,0} - c_A$
$t = \infty$	$c_{A,e} = c_{A,0} - 0.8c_{A,0} = 0.2c_{A,0}$	$c_{B,e} = c_{A,0} - c_{A,e} = 0.8c_{A,0}$

该反应达平衡时有

$$K_c = \frac{k_1}{k_{-1}} = \frac{c_{B,e}}{c_{A,e}} = \frac{0.8c_{A,0}}{0.2c_{A,0}} = 4$$

所以
$$k_{-1} = \frac{k_1}{K_c} = \left(\frac{0.002}{4}\right) \ \mathrm{min^{-1}} = 5 \times 10^{-4} \ \mathrm{min^{-1}}$$

$$t_{1/2} = \frac{\ln 2}{k_1 + k_{-1}} = \left(\frac{\ln 2}{0.002 + 5 \times 10^{-4}}\right) \ \mathrm{min} = 277.3 \ \mathrm{min}$$

9.25 高温下乙酸分解反应如下：

$$\mathrm{CH_3COOH(A)} \left\{ \begin{array}{l} \xrightarrow{k_1} \mathrm{CH_4(B) + CO_2} \\ \xrightarrow{k_2} \mathrm{CH_2{=}CO(C) + H_2O} \end{array} \right.$$

试题分析

在 1 089 K 时，$k_1 = 3.74 \ \mathrm{s^{-1}}$，$k_2 = 4.65 \ \mathrm{s^{-1}}$。

（1）试计算乙酸反应掉 99% 所需的时间；

（2）当乙酸全部分解时，在给定温度下能够获得乙烯酮的最大产量是多少？

解：（1）根据 k_1 和 k_2 的单位可知，该反应为一级平行反应，其速率方程为

$$\ln \frac{c_{A,0}}{c_A} = (k_1 + k_2)t$$

得
$$t = \frac{1}{k_1 + k_2} \ln \frac{c_{A,0}}{c_A} = \left[\frac{1}{3.74 + 4.65} \times \ln \frac{c_{A,0}}{(1-0.99)c_{A,0}}\right] \ \mathrm{s} = 0.55 \ \mathrm{s}$$

（2）若乙酸全部分解，则

$$\begin{cases} c_B + c_C = c_{A,0} \\ c_B/c_C = k_1/k_2 \end{cases}$$

联立两式解得　　$c_C = \dfrac{k_2}{k_1+k_2}c_{A,0} = \dfrac{4.65}{3.74+4.65}c_{A,0} = 0.554c_{A,0}$

即在给定温度下能够获得乙烯酮的最大产量是 $0.554c_{A,0}$。

9.26　对于平行反应：

$$A \begin{array}{c} \xrightarrow{k_1} B \quad E_{a,1} \\ \xrightarrow{k_2} C \quad E_{a,2} \end{array}$$

若总反应的活化能为 E_a，试证明：

$$E_a = \frac{k_1 E_{a,1} + k_2 E_{a,2}}{k_1 + k_2}$$

证：设两反应均为 n 级反应且指前因子相同，则反应速率方程为

$$-\frac{dc_A}{dt} = (k_1+k_2)c_A^n = kc_A^n$$

由 $k = k_1 + k_2$，两边对 T 取微分，得

$$\frac{dk}{dT} = \frac{dk_1}{dT} + \frac{dk_2}{dT} \tag{1}$$

将阿伦尼乌斯方程 $\dfrac{d\ln k}{dT} = \dfrac{E_a}{RT^2}$ 变形为 $\dfrac{dk}{kdT} = \dfrac{E_a}{RT^2}$，代入式（1），得

$$\frac{kE_a}{RT^2} = \frac{k_1 E_{a,1}}{RT^2} + \frac{k_2 E_{a,2}}{RT^2}$$

于是 $E_a = \dfrac{k_1 E_{a,1} + k_2 E_{a,2}}{k} = \dfrac{k_1 E_{a,1} + k_2 E_{a,2}}{k_1 + k_2}$，得证。

9.27　气相反应 $I_2(g) + H_2(g) \xrightarrow{k} 2HI(g)$ 是二级反应。现在一个含有过量固体碘的反应器中充入 50.663 kPa 的 $H_2(g)$。已知 673.2 K 时该反应的速率常数 $k = 9.869\times10^{-9}$ kPa$^{-1}\cdot$s^{-1}，固体碘的饱和蒸气压为 121.59 kPa

（假设固体碘与碘蒸气处于快速平衡），且没有逆反应。

（1）计算所加入的 $H_2(g)$ 反应掉一半所需要的时间；

（2）验证下述机理符合二级反应速率方程。

$$I_2(g) \underset{k_{-1}}{\overset{k_1}{\rightleftharpoons}} 2I\cdot \qquad\qquad 快速平衡,K=k_1/k_{-1}$$

$$H_2(g)+2I\cdot \overset{k_2}{\longrightarrow} 2HI(g) \qquad\qquad 慢步骤$$

解：（1）此二级反应的速率方程为 $v=kp(I_2)p(H_2)$。固体碘过量，所以碘的蒸气压保持不变，则

$$k'=kp(I_2)=(9.869\times10^{-9}\times121.59)\ s^{-1}=1.2\times10^{-6}\ s^{-1}$$

题给反应为假一级反应，速率方程为 $v=k'p(H_2)$，则

$$t_{1/2}=\frac{\ln2}{k'}=\left(\frac{\ln2}{1.2\times10^{-6}}\right)\ s=5.776\times10^5\ s$$

（2）第一步反应处于快速平衡，即 $K=\dfrac{k_1}{k_{-1}}=\dfrac{p^2(I\cdot)}{p(I_2)}$，于是 $p^2(I\cdot)=Kp(I_2)$。

第二步反应为慢步骤，为控制步骤，所以

$$v=k_2p(H_2)p^2(I\cdot)=k_2p(H_2)[Kp(I_2)]=(k_2K)p(H_2)p(I_2)=kp(H_2)p(I_2)$$

式中，$k=k_2K$。

由该机理推出的速率方程与题意相符，故该机理可能是正确的。

9.28 若反应 $A_2+B_2\longrightarrow 2AB$ 有如下机理，求各机理以 v_{AB} 表示的速率方程。

试题分析

（1）$A_2\overset{k_1}{\longrightarrow}2A(慢),B_2\underset{}{\overset{K_2}{\rightleftharpoons}}2B(快速平衡,K_2\ 很小)$

　　$A+B\overset{k_3}{\longrightarrow}AB(快)$（$k_1$ 是以 c_A 变化表示的速率常数）

（2）$A_2\overset{K_1}{\rightleftharpoons}2A,B_2\overset{K_2}{\rightleftharpoons}2B(皆为快速平衡,K_1,K_2\ 很小)$

　　$A+B\overset{k_3}{\longrightarrow}AB(慢)$

（3）$A_2+B_2\overset{k_1}{\longrightarrow}A_2B_2(慢),A_2B_2\overset{k_2}{\longrightarrow}2AB(快)$

解：（1）以产物 AB 表示的速率方程为

$$v_{AB}=\frac{dc_{AB}}{dt}=k_3c_Ac_B$$

中间产物 A 与 B 的浓度 c_A，c_B 需转换为反应物 A_2，B_2 的浓度 c_{A_2} 与 c_{B_2}。由于反应物 A 的生成很慢，而消耗却很快，故可以认为 A 很活泼，反应过程中其浓度很小且不变。B 在反应过程中始终与 B_2 保持平衡，即消耗的 B 可随时得到 B_2 的补充。因此本题采用稳态近似法处理。

中间产物 A 的净生成速率方程为 $\dfrac{dc_A}{dt} = k_1 c_{A_2} - k_3 c_A c_B = 0$，则 $c_A = \dfrac{k_1 c_{A_2}}{k_3 c_B}$，将此式代入以产物表示的速率方程中，得

$$v_{AB} = \frac{dc_{AB}}{dt} = k_3 \frac{k_1 c_{A_2}}{k_3 c_B} c_B = k_1 c_{A_2}$$

（2）本题前两步均处于快速平衡，而第三步最慢，属于典型的适用平衡态近似法处理的反应机理。整个反应的反应速率取决于最慢步骤，故

$$v_{AB} = \frac{dc_{AB}}{dt} = k_3 c_A c_B$$

前两步均为快速平衡反应，采用平衡态近似法处理，可得

$$K_1 = \frac{c_A^2}{c_{A_2}}，即 \quad c_A = (K_1 c_{A_2})^{1/2}$$

$$K_2 = \frac{c_B^2}{c_{B_2}}，即 \quad c_B = (K_2 c_{B_2})^{1/2}$$

将 c_A，c_B 代入反应速率方程中，得

$$v_{AB} = k_3 (K_1 c_{A_2})^{1/2} (K_2 c_{B_2})^{1/2} = k_3 K_1^{1/2} K_2^{1/2} c_{A_2}^{1/2} c_{B_2}^{1/2} = k c_{A_2}^{1/2} c_{B_2}^{1/2}$$

式中，$k = k_3 K_1^{1/2} K_2^{1/2}$。

（3）中间产物 A_2B_2 的生成速率慢而消耗速率快，是活泼的中间产物，故采用稳态近似法处理。

k_2 是基元反应的速率常数，也等于以 $c_{A_2B_2}$ 变化表示的速率常数 $k_{A_2B_2}$，则

$$v_{AB} = \frac{dc_{AB}}{dt} = 2k_2 c_{A_2B_2}$$

而 $\dfrac{dc_{A_2B_2}}{dt} = k_1 c_{A_2} c_{B_2} - k_2 c_{A_2B_2} = 0$，解得 $c_{A_2B_2} = \dfrac{k_1}{k_2} c_{A_2} c_{B_2}$。

代入原速率方程中，得

$$v_{AB} = \frac{dc_{AB}}{dt} = 2k_2 c_{A_2B_2} = 2k_2 \frac{k_1}{k_2} c_{A_2} c_{B_2} = 2k_1 c_{A_2} c_{B_2}$$

9.29　气相反应 $H_2+Cl_2 \longrightarrow 2HCl$ 的机理为

$$Cl_2+M \xrightarrow{k_1} 2Cl\cdot+M$$

$$Cl\cdot+H_2 \xrightarrow{k_2} HCl+H\cdot$$

$$H\cdot+Cl_2 \xrightarrow{k_3} HCl+Cl\cdot$$

$$2Cl\cdot+M \xrightarrow{k_4} Cl_2+M$$

试证：

$$\frac{d[HCl]}{dt}=2k_2\left(\frac{k_1}{k_4}\right)^{1/2}[H_2][Cl_2]^{1/2}$$

证：写出以产物 HCl 的生成速率表示的速率方程，并应用稳态近似法可得

$$\frac{d[HCl]}{dt}=k_2[Cl\cdot][H_2]+k_3[H\cdot][Cl_2]$$

$$\frac{d[Cl\cdot]}{dt}=2k_1[Cl_2][M]-k_2[Cl\cdot][H_2]+k_3[H\cdot][Cl_2]-2k_4[Cl\cdot]^2[M]=0$$

$$\frac{d[H\cdot]}{dt}=k_2[Cl\cdot][H_2]-k_3[H\cdot][Cl_2]=0$$

解得

$$[Cl\cdot]=\left(\frac{k_1}{k_4}\right)^{1/2}[Cl_2]^{1/2}$$

$$[H\cdot]=\frac{k_2}{k_3}\frac{[Cl\cdot][H_2]}{[Cl_2]}=\frac{k_2}{k_3}\left(\frac{k_1}{k_4}\right)^{1/2}[H_2][Cl_2]^{-1/2}$$

所以

$$\frac{d[HCl]}{dt}=k_2\left(\frac{k_1}{k_4}\right)^{1/2}[Cl_2]^{1/2}[H_2]+k_3\frac{k_2}{k_3}\left(\frac{k_1}{k_4}\right)^{1/2}[H_2][Cl_2]^{-1/2}[Cl_2]$$

$$=2k_2\left(\frac{k_1}{k_4}\right)^{1/2}[H_2][Cl_2]^{1/2}$$

9.30　臭氧分解反应可表示为 $2O_3 \longrightarrow 3O_2$，有氧存在时，臭氧的分解机理为

$$O_3 \underset{k_{-1}}{\overset{k_1}{\rightleftharpoons}} O_2+\overset{\bullet}{\underset{\bullet}{O}} \quad (快速平衡)$$

$$\overset{\bullet}{\underset{\bullet}{O}}+O_3 \xrightarrow[E_{a,2}]{k_2} 2O_2 \quad (慢)$$

其中，$k_{-1} \gg k_2$。

（1）分别导出用 O_3 分解速率和 O_2 生成速率所表示的速率方程，并指出二者关系；

（2）已知 25 ℃时臭氧分解反应的表观活化能为 119.2 kJ·mol^{-1}，O_3 和 $\dot{O}$ 的标准摩尔生成焓分别为142.7 kJ·mol^{-1} 和 249.17 kJ·mol^{-1}，求上述第二步反应的活化能 $E_{a,2}$。

解：（1）O_3 分解速率和 O_2 生成速率所表示的速率方程分别为

$$-\frac{d[O_3]}{dt} = k_1[O_3] - k_{-1}[O_2][\dot{O}] + k_2[\dot{O}][O_3] \tag{1}$$

$$\frac{d[O_2]}{dt} = k_1[O_3] - k_{-1}[O_2][\dot{O}] + 2k_2[O_3][\dot{O}] \tag{2}$$

对活泼中间产物 $\dot{O}$ 采用稳态近似法处理，则

$$\frac{d[\dot{O}]}{dt} = k_1[O_3] - k_{-1}[O_2][\dot{O}] - k_2[O_3][\dot{O}] = 0$$

解得
$$[\dot{O}] = \frac{k_1[O_3]}{k_{-1}[O_2] + k_2[O_3]} \tag{3}$$

将式（3）分别代入式（1）和式（2）中，得

$$-\frac{d[O_3]}{dt} = \frac{2k_1k_2[O_3]^2}{k_{-1}[O_2] + k_2[O_3]}, \quad \frac{d[O_2]}{dt} = \frac{3k_1k_2[O_3]^2}{k_{-1}[O_2] + k_2[O_3]}$$

对比此二式可得
$$-\frac{d[O_3]}{dt} = \frac{2}{3}\frac{d[O_2]}{dt}$$

（2）反应速率

$$v = \frac{1}{3}\frac{d[O_2]}{dt} = -\frac{1}{2}\frac{d[O_3]}{dt} = \frac{k_1k_2[O_3]^2}{k_{-1}[O_2] + k_2[O_3]}$$

因为 $k_{-1} \gg k_2$，则 $k_{-1}[O_2] \gg k_2[O_3]$，故 $k_{-1}[O_2] + k_2[O_3] \approx k_{-1}[O_2]$，上式简化为

$$v = \frac{k_1k_2[O_3]^2}{k_{-1}[O_2]} = k_{表观}\frac{[O_3]^2}{[O_2]}, \quad 即\ k_{表观} = \frac{k_2k_1}{k_{-1}}$$

所以　　　　　　　$E_{表观} = E_{a,1} - E_{a,-1} + E_{a,2} = 119.2 \text{ kJ·mol}^{-1}$

对于快速平衡反应,当压力不大时,有

$$E_{a,1} - E_{a,-1} = \Delta_r U_m = \Delta_r H_m - \sum_B \nu_B(g)RT = \sum_B \nu_B \Delta_f H_m^{\ominus}(B,\beta) - \sum_B \nu_B(g)RT$$

$$= \Delta_f H_m^{\ominus}(O_2,g) + \Delta_f H_m^{\ominus}(\overset{\cdot}{O},g) - \Delta_f H_m^{\ominus}(O_3,g) - RT$$

$$= (0 + 249.17 - 142.7 - 8.314 \times 298.15 \times 10^{-3}) \text{ kJ·mol}^{-1}$$

$$= 103.99 \text{ kJ·mol}^{-1}$$

于是　　$E_{a,2} = E_{表现} - (E_{a,1} - E_{a,-1}) = (119.2 - 103.99)\text{kJ·mol}^{-1} = 15.21 \text{ kJ·mol}^{-1}$

9.31　乙醛气相热分解为二级反应,活化能为 190.4 kJ·mol^{-1},乙醛分子的直径为 5×10^{-10} m。

（1）试计算 101.325 kPa,800 K 下的分子碰撞数;

（2）计算 800 K 时以乙醛浓度变化表示的速率常数 k。

解：用 A 表示乙醛分子,$M_A = 44.053 \times 10^{-3}$ kg·mol^{-1}。

（1）将理想气体状态方程变形为 $p = (n/V)RT = c_A RT$,则

$$C_A = Lc_A = Lp/(RT)$$

$$= [6.022 \times 10^{23} \times 101\ 325/(8.314 \times 800)] \text{ m}^{-3} = 9.174 \times 10^{24} \text{ m}^{-3}$$

$$Z_{AA} = 8r_A^2 \left(\frac{\pi k_B T}{m_A}\right)^{1/2} C_A^2 = 8\left(\frac{d_A}{2}\right)^2 \left(\frac{\pi k_B T}{M_A/L}\right)^{1/2} C_A^2$$

$$= \left\{ 8 \times \left(\frac{5 \times 10^{-10}}{2}\right)^2 \times \left[\frac{3.141\ 6 \times 1.381 \times 10^{-23} \times 800}{44.053 \times 10^{-3}/(6.022 \times 10^{23})}\right]^{1/2} \times (9.174 \times 10^{24})^2 \right\} \text{ m}^{-3} \cdot \text{s}^{-1}$$

$$= 2.899 \times 10^{34} \text{ m}^{-3} \cdot \text{s}^{-1}$$

（2）乙醛气相分解反应为二级反应（同类双分子反应:2A ⟶ 产物）,则

$$-\frac{dC_A}{dt} = 16r_A^2 \left(\frac{\pi k_B T}{m_A}\right)^{1/2} \exp\left(-\frac{E_c}{RT}\right) C_A^2 \quad 及 \quad C_A = Lc_A$$

得　　　　$$-\frac{dc_A}{dt} = 16r_A^2 \left(\frac{\pi k_B T}{m_A}\right)^{1/2} L\exp\left(-\frac{E_c}{RT}\right) c_A^2 = kc_A^2$$

故　$$k = 16r_A^2 \left(\frac{\pi k_B T}{m_A}\right)^{1/2} L\exp\left(-\frac{E_c}{RT}\right) = 16\left(\frac{d_A}{2}\right)^2 \left(\frac{\pi k_B T}{M_A/L}\right)^{1/2} L\exp\left(-\frac{E_c}{RT}\right)$$

$$= 16\left(\frac{d_A}{2}\right)^2 \left(\frac{\pi k_B T}{M_A}\right)^{1/2} L^{3/2} \exp\left(-\frac{E_c}{RT}\right)$$

$$= \left[16 \times \left(\frac{5 \times 10^{-10}}{2} \right)^2 \times \left(\frac{3.141\ 6 \times 1.381 \times 10^{-23} \times 800}{44.053 \times 10^{-3}} \right)^{1/2} \right.$$

$$\left. \times (6.022 \times 10^{23})^{3/2} \exp \left(-\frac{190.4 \times 10^3}{800 \times 8.314} \right) \right] \ m^3 \cdot mol^{-1} \cdot s^{-1}$$

$$= 1.533 \times 10^{-4} \ m^3 \cdot mol^{-1} \cdot s^{-1} = 0.153\ 3 \ dm^3 \cdot mol^{-1} \cdot s^{-1}$$

9.32 计算每摩尔波长为 85 nm 的光子所具有的能量。

解：$L = 6.022 \times 10^{23} \ mol^{-1}, h = 6.626\ 1 \times 10^{-34} \ J \cdot s, c = 299\ 792\ 458 \ m \cdot s^{-1},$ $\lambda = 85 \times 10^{-9} \ m$，所以

$$E = Lh\nu = \frac{Lhc}{\lambda} = \left(\frac{6.022 \times 10^{23} \times 6.626\ 1 \times 10^{-34} \times 299\ 792\ 458}{85 \times 10^{-9}} \right) \ J \cdot mol^{-1}$$

$$= 1.41 \times 10^6 \ J \cdot mol^{-1}$$

9.33 在波长为 214 nm 的光照射下，发生下列反应：

$$HN_3 + H_2O \xrightarrow{h\nu} N_2 + NH_2OH$$

当吸收光的强度 $I_a = 0.055\ 9 \ J \cdot dm^{-3} \cdot s^{-1}$ 时，照射 39.38 min 后，测得 $c(N_2) = c(NH_2OH) = 24.1 \times 10^{-5} \ mol \cdot dm^{-3}$。求量子效率。

解：由反应方程式可知，NH_2OH 生成的物质的量等于 HN_3 反应掉的物质的量。

$$量子效率 \ \varphi = \frac{发生反应的物质的量}{所吸收光子的物质的量}$$

1 mol 光子的能量为

$$E = \frac{Lhc}{\lambda} = \left(\frac{6.022 \times 10^{23} \times 6.626\ 1 \times 10^{-34} \times 299\ 792\ 458}{214 \times 10^{-9}} \right) \ J \cdot mol^{-1} = 5.59 \times 10^5 \ J \cdot mol^{-1}$$

1 dm³ 溶液中，39.38 min 内所吸收的光子的物质的量为

$$c(光子) = \frac{I_a t}{E} = \left[\frac{0.055\ 9 \times 1 \times (39.38 \times 60)}{5.59 \times 10^5} \right] \ mol \cdot dm^{-3} = 23.63 \times 10^{-5} \ mol \cdot dm^{-3}$$

所以

$$\varphi = \frac{c(NH_2OH)}{c(光子)} = \frac{24.1 \times 10^{-5}}{23.63 \times 10^{-5}} = 1.02$$

第十章　胶体化学

第 1 节　概念、主要公式及其适用条件

1. 胶体系统的光学性质

（1）丁铎尔效应

在暗室中,将一束经聚集的光线投射在胶体系统上,在与入射光垂直的方向上,可观察到一个发亮的光锥,此现象称为丁铎尔效应,又称为乳光效应,其实质为胶体粒子对光的散射。

（2）瑞利公式

$$I = \frac{9\pi^2 V^2 C}{2\lambda^4 l^2} \left(\frac{n^2 - n_0^2}{n^2 + 2n_0^2} \right)^2 (1 + \cos^2\alpha) \, I_0$$

式中,I 和 I_0 分别为散射光强度和入射光强度;V 为单个分散相粒子的体积;C 为单位体积中的粒子数;n 和 n_0 分别为分散相和分散介质的折射率;α 为散射角,即观察的方向与入射光方向间的夹角;l 为观测距离。

2. 胶体系统的动力学性质

（1）布朗运动

胶体粒子在分散介质中呈现无规则的热运动,称为布朗运动。

爱因斯坦-布朗平均位移公式

$$\bar{x} = \left(\frac{RTt}{3L\pi r\eta} \right)^{1/2}$$

式中,$\bar{x}$ 为在时间 t 间隔内粒子的平均位移;r 为粒子的半径;η 为分散介质的黏度;T 为热力学温度;R 为摩尔气体常数;L 为阿伏伽德罗常数。

（2）扩散

在有浓度梯度存在时,物质粒子因热运动而发生宏观上的定向迁移现象,称为扩散。

菲克第一定律：

$$\frac{\mathrm{d}n}{\mathrm{d}t} = -DA_s\frac{\mathrm{d}c}{\mathrm{d}x}$$

式中，$\mathrm{d}n/\mathrm{d}t$ 为单位时间通过某一截面的物质的量；$\mathrm{d}c/\mathrm{d}x$ 为该截面处的浓度梯度；A_s 为截面面积；D 为扩散系数。

对于球形粒子，D 可由爱因斯坦-斯托克斯方程计算：

$$D = \frac{RT}{6L\pi r\eta}$$

（3）沉降与沉降平衡

多相分散系统中的粒子，因受重力作用而下沉的过程，称为沉降；当粒子的大小适当，在重力作用和扩散作用相近时，达到沉降平衡。

贝林公式 $\qquad \ln\frac{C_2}{C_1} = -\frac{Mg}{RT}\left(1-\frac{\rho_0}{\rho}\right)(h_2-h_1)$

式中，C_1，C_2 分别为高度 h_1 和 h_2 处粒子的数密度；M 为粒子的摩尔质量；g 为重力加速度；ρ，ρ_0 分别为粒子及介质的密度。贝林公式给出了平衡时粒子数密度随高度的分布规律，适用于粒子大小相等的体系。

3. 胶体系统的电学性质

（1）双电层模型及 ζ 电势

平板电容器模型：正、负离子整齐地排列在界面层的两侧。

扩散双电层模型：靠近粒子表面的反离子呈扩散状态分散在介质中，而不是整齐地排列在一个平面上。

斯特恩双电层模型：靠近粒子表面 1~2 个分子厚度的区域内，反离子牢固地结合在表面上，形成紧密吸附层（斯特恩层），其余反离子扩散地分布在溶液中，形成双电层的扩散部分。

ζ 电势：当固、液两相发生相对移动时，滑动面与溶液本体之间的电势差，称为 ζ 电势。ζ 电势的大小反映了胶体粒子带电荷的程度。

（2）溶胶的电动现象

① 电泳：在外电场作用下，胶体粒子在分散介质中定向移动的现象，称为电泳。由电泳速度可计算胶体粒子的 ζ 电势。

斯莫鲁科夫斯基公式（粒子半径较大，双电层厚度较小）：

$$u = \frac{v}{E} = \frac{\varepsilon\zeta}{\eta}$$

式中,v 为电泳速率,$m \cdot s^{-1}$;E 为电场强度,$V \cdot m^{-1}$;u 为胶核的电迁移率,$m^2 \cdot V^{-1} \cdot s^{-1}$;$\varepsilon$ 为介电常数,$F \cdot m^{-1}$,$\varepsilon = \varepsilon_r \varepsilon_0$,$\varepsilon_r$ 为相对介电常数,ε_0 为真空介电常数;η 为介质黏度,$Pa \cdot s$。斯莫鲁科夫斯基公式一般适用于描述水溶液中粒子的电泳规律。

休克尔公式(粒子半径较小,双电层厚度较大):

$$u = \frac{v}{E} = \frac{\varepsilon \zeta}{1.5 \eta}$$

休克尔公式适用于非水溶液中的电泳情况。

② 电渗:在外电场作用下,若胶体粒子不动,而液体介质发生定向流动,这种现象称为电渗。

③ 流动电势:外力作用迫使液体通过多孔膜产生定向流动,在多孔膜两端所产生的电势差,称为流动电势。

④ 沉降电势:分散相粒子在重力场或离心力场的作用下迅速移动时,在移动方向的两端产生的电势差,称为沉降电势。

(3)胶团结构

以过量的 $AgNO_3$ 与 KI 作用生成的 AgI 正溶胶为例,胶团结构式为

$$\underbrace{\{\underbrace{[AgI]_m nAg^+}_{\text{胶核}} \cdot (n-x)NO_3^-\}^{x+} \vdots xNO_3^-}_{\text{胶团}}$$

(胶体粒子 / 可滑动面)

4. 溶胶的稳定与聚沉

(1)胶体稳定的重要原因

① 分散相粒子带电荷

② 溶剂化作用

③ 布朗运动。

(2)溶胶的聚沉

(电解质的)聚沉值:使溶胶发生明显聚沉所需电解质的最小浓度。

聚沉能力:聚沉值的倒数定义为聚沉能力。

舒尔策-哈迪价数规则:来自电解质的、与胶体粒子带相反电荷的离子(反离子)能使溶胶发生聚沉,反离子价数越高,聚沉能力越强。粗略估计,聚沉能力与反离子价数的 6 次方成正比。

感胶离子序:

正离子　$H^+>Cs^+>Rb^+>NH_4^+>K^+>Na^+>Li^+$

负离子　$F^->Cl^->Br^->NO_3^->I^->SCN^->OH^-$

高分子化合物的聚沉作用:搭桥效应、脱水效应、电中和效应。

5. 乳状液

分类:水包油型(O/W)、油包水型(W/O)。

鉴别方法:染色法、稀释法、导电法。

乳状液的稳定:降低界面张力、形成定向楔的界面、形成扩散双电层、界面膜的稳定作用、固体粉末的稳定作用。

去乳化方法:破坏乳化剂、加热、离心分离、电泳破乳等。

第2节　概　念　题

10.2.1　填空题

相关资料

1. 胶体系统的主要特征是(　　　　)。

2. 雾属于胶体分散系统,根据物质的聚集状态,其分散相是(　　　　),分散介质是(　　　　)。

3. 根据瑞利公式,分散相与分散介质的折射率相差越大,散射光越(　　　　)。据此可区分高分子溶液与溶胶。

4. 胶体粒子扩散的主要原因是(　　　　),沉降的动力是(　　　　),当扩散作用和沉降作用相近时,构成(　　　　)。

5. 在外电场的作用下,胶体粒子在分散介质中定向移动的现象称为(　　　　);若胶体粒子不动,而液体介质做定向移动,这种现象称为(　　　　)。

6. 憎液溶胶在热力学上是不稳定的,它能够相对稳定存在的三个重要原因是(　　　　)。

7. 对某 $Al(OH)_3$ 溶胶,KCl 和 $K_2C_2O_4$(草酸钾)的聚沉值分别为 8.0×10^{-2} $mol\cdot dm^{-3}$ 和 4.0×10^{-4} $mol\cdot dm^{-3}$,若用 $CaCl_2$ 进行聚沉,聚沉值为(　　　　)$mol\cdot dm^{-3}$。

8. 高分子化合物可以通过(　　　　)、(　　　　)、(　　　　)三个效应使溶胶聚沉。

相关资料

9. 在某乳状液中加入少量油溶性的蓝色染料,振荡后取样观察发现,分散相被染成蓝色,则该乳状液为(　　　　)型;取少量乳状液滴入油中,若其在油中能稀释,则该乳状液为(　　　　)型;一般来说,(　　　　)型乳状液导电性能好;固体粉末做乳化剂时,若水对它的润湿能力强,则形成(　　　)型乳状液;当用钙肥皂做乳化剂时,会形成(　　　)型乳状液。

10. 常用的破乳化方法有(　　　)(举出三种)。

10.2.2　选择题

1. 胶体系统是指分散相粒子直径 d 在(　　　) nm 的分散系统。

(a) 0~1;　　　　　　　　　　　　(b) 1~50;

(c) 1~1 000;　　　　　　　　　　(d) 1 000~10 000。

2. 胶体系统产生丁铎尔效应的实质是胶体粒子对光的(　　　)。

(a) 反射;　　　(b) 透射;　　　(c) 散射;　　　(d) 衍射。

3. 布朗运动属于胶体系统的(　　　)性质。

(a) 光学;　　　(b) 动力学;　　　(c) 电学;　　　(d) 聚沉。

4. 根据斯特恩模型,ζ 电势是指当分散相与分散介质发生相对移动时,(　　　)。

(a) 固体表面与溶液本体之间的电势差;

(b) 滑动面与溶液本体之间的电势差;

(c) 扩散层与溶液本体之间的电势差;

(d) 固体表面与斯特恩层之间的电势差。

5. 当溶胶达到等电态时,溶胶粒子(　　　)。

(a) 带电荷,不易聚沉;　　　　　　(b) 不带电荷,不易聚沉;

(c) 带电荷,易聚沉;　　　　　　　(d) 不带电荷,易聚沉。

6. 若分散相固体微小粒子表面吸附负离子,则该胶体粒子的 ζ 电势(　　　)。

(a) 大于零;　　　　　　　　　　　(b) 小于零;

(c) 等于零;　　　　　　　　　　　(d) 等于外加电势差。

7. 在 $Fe(OH)_3$ 溶胶(以 $FeCl_3$ 为稳定剂)、As_2S_3 溶胶(以 H_2S 为稳定剂)、$Al(OH)_3$ 溶胶(以 $AlCl_3$ 为稳定剂)和 AgI 溶胶(以 $AgNO_3$ 为稳定剂)中,有一种溶胶不能与其他溶胶混合,否则会发生聚沉,该溶胶是(　　　)。

(a) $Fe(OH)_3$ 溶胶;　　　　　　　(b) As_2S_3 溶胶;

(c) $Al(OH)_3$ 溶胶;　　　　　　　(d) AgI 溶胶。

8. 对有过量 KI 存在的 AgI 溶胶,下列电解质中聚沉能力最强的是(　　　)。

(a) $AlCl_3$;　　　(b) $MgSO_4$;　　　(c) KCl;　　　(d) NaCl。

9. 作为乳化剂的表面活性剂分子大的一端亲水,小的一端亲油,则此乳化剂有利于形成(　　　)型乳状液。

相关资料

(a) O/W;　　　　(b) W/O;　　　　(c) W/W;　　　　(d) O/O。

10. 使用明矾 $KAl(SO_4)_2 \cdot 12H_2O$ 来净水,主要是利用(　　　)。

(a) 胶体粒子的特性吸附;　　　　(b) 电解质的聚沉作用;

(c) 溶胶之间的相互作用;　　　　(d) 高分子的絮凝作用。

11. 制备 O/W 型乳状液,一般选 HLB 值在(　　　)的表面活性剂做乳化剂;制备 W/O 型乳状液,一般选 HLB 值在(　　　)的表面活性剂做乳化剂。

(a) 0～2;　　　　(b) 2～6;　　　　(c) 8～10;　　　　(d) 12～18。

概念题答案

10.2.1　填空题

1. 高度分散、多相和热力学不稳定性
2. 液体;气体
3. 强
4. 存在浓度梯度;重力作用;沉降平衡
5. 电泳;电渗
6. 胶体粒子带电荷,布朗运动,溶剂化作用
7. 4.0×10^{-2}

题给数据显示,$K_2C_2O_4$ 的聚沉值为 KCl 的 1/200,说明 $Al(OH)_3$ 溶胶带正电荷。同时,使溶胶聚沉的 Cl^- 的浓度为 8.0×10^{-2} $mol \cdot dm^{-3}$,所以 $CaCl_2$ 的浓度为 4.0×10^{-2} $mol \cdot dm^{-3}$ 即可,即 $CaCl_2$ 的聚沉值为 4.0×10^{-2} $mol \cdot dm^{-3}$。

8. 搭桥效应;脱水效应;电中和效应
9. O/W;　W/O;　O/W;　O/W;　W/O

分散相被油溶性染料染色,说明分散相为油相,则分散介质为水相,乳状液为 O/W 型。

在油中能稀释,说明分散介质是油相,分散相为水相,该乳状液是 W/O 型。

一般来说,水导电性强,油导电性差,因此 O/W 型乳状液导电性能好。

固体粉末做乳化剂时,若水能润湿固体,大部分固体粒子浸入水中,油-水界面向油相弯曲,形成 O/W 型乳状液。

乳化剂在油-水界面定向排列,形成"大头"朝外、"小头"向里的定向楔的界面。钙等二价金属皂类,含金属离子的极性基团是"小头",作为乳化剂会形成 W/O 型乳状液。

10. 加入某些能与乳化剂发生作用的物质（以消除乳化剂的作用）、加热、离心分离、电泳破乳等。

10.2.2　选择题

1. （c）

2. （c）

当胶体粒子直径小于可见光的波长时产生丁铎尔现象，其实质是胶体粒子对光的散射。

3. （b）

布朗运动属于胶体系统的动力学性质。

4. （b）

根据斯特恩模型，当固、液两相发生相对移动时，滑动面与溶液本体之间的电势差称为 ζ 电势。

5. （d）

溶胶处于等电态时 ζ 电势为零，此时溶胶粒子不带电荷，易聚沉。

6. （b）

胶体粒子表面吸附负离子，则带负电荷，此时 ζ 电势小于零。

7. （b）

As_2S_3 溶胶粒子带负电荷，其他溶胶粒子都带正电荷。

8. （a）

KI 过量时胶核优先吸附 I^-，胶体粒子带负电荷，起聚沉作用的是电解质的阳离子，根据价数规则，Al^{3+} 聚沉作用最强。

9. （a）

乳化剂在油-水界面定向排列，形成"大头"朝外、"小头"向里的定向楔的界面。分子大的一端亲水，伸向外部水环境，故形成 O/W 型乳状液。

10. （c）

混浊的水中主要含有 SiO_2 溶胶和一些固体杂质，SiO_2 溶胶一般带负电荷。明矾在水中可以水解形成带正电荷的 $Al(OH)_3$ 溶胶。这样，两种带不同电荷的胶体粒子相互作用，发生聚沉，产生的絮状聚沉物可以将固体杂质裹住而一起下沉。

11. （d）;（b）

表面活性剂的 HLB 值可决定形成乳状液的类型，一般 HLB 值在 2~6 的亲油性的乳化剂可形成 W/O 型乳状液，HLB 值在 12~18 的亲水性的乳化剂可形成 O/W 型乳状液。

第3节 习题解答

10.1 如何定义胶体系统？总结胶体系统的主要特征。

解：胶体化学中将粒子直径 d 至少在某个方向上为 $1\sim1\,000$ nm 的分散系统定义为胶体系统。

胶体系统是高度分散的多相系统。高度分散的多相性和热力学不稳定性是胶体系统的主要特征。

10.2 丁铎尔效应的实质及产生条件是什么？

解：在暗室中，将一束经过聚集的光线投射到胶体系统上，在与入射光垂直的方向上，可观察到一个发亮的光锥，此即丁铎尔效应。丁铎尔效应的实质是胶体粒子对光的散射。

可见光的波长在 $400\sim760$ nm 的范围内，而一般胶体粒子的尺寸为 $1\sim1\,000$ nm。当可见光投射到胶体系统时，如胶体粒子的直径小于可见光波长，则发生光的散射现象，产生丁铎尔效应。

10.3 简述斯特恩双电层模型的要点，指出热力学电势、斯特恩电势和 ζ 电势的区别。

解：斯特恩双电层模型是在对古依-查普曼的扩散双电层模型进行修正的基础上提出的。该模型认为，在靠近粒子表面 $1\sim2$ 个分子厚的区域内，反离子因静电和范德华吸引作用而被牢固地结合在粒子表面，形成一个紧密的吸附层（固定吸附层或斯特恩层）；其余反离子扩散地分布在溶液中，构成双电层的扩散部分（见教材图 10.4.7）。

热力学电势是指粒子表面的电势（溶液本体电势为零），记为 φ_0，斯特恩电势是斯特恩面（反离子的电性中心所形成的假想面）的电势，记为 φ_δ，ζ 电势则是固、液两相发生相对移动时，滑动面与溶液本体之间的电势差。注意只有在固、液两相发生相对移动时，才能呈现出 ζ 电势。

10.4 溶胶能够在一定的时间内稳定存在的主要原因是什么？

解：胶体粒子带电荷、溶剂化作用和布朗运动是溶胶稳定存在的三个重要原因。

胶体粒子表面通过以下两种方式而带电荷：(1) 固体表面从溶液中有选择性地吸附某种离子而带电荷；(2) 固体表面上的某些分子、原子在溶液中发生解离,使固体表面带电荷。各胶体粒子带同种电荷,彼此之间相互排斥,有利于溶胶稳定存在。

溶剂化作用也是使溶胶稳定的重要原因。对于水为分散介质的胶体系统,胶体粒子周围存在一个弹性的水化外壳,增加了溶胶聚合的机械阻力,有利于溶胶稳定。

胶体粒子的布朗运动足够强时,能够克服重力场的影响而不下沉,这种性质称为溶胶的动力学稳定性。布朗运动是溶胶稳定的原因之一。

10.5 破坏溶胶最有效的方法是什么?说明原因。

解:胶体粒子带电荷、溶剂化作用及布朗运动是溶胶稳定的三个重要原因。中和胶体粒子所带的电荷,降低溶剂化作用皆可使溶胶聚沉。其中,加入过量的电解质(尤其是含高价反离子的电解质)是最有效的方法。这是因为,增加电解质的浓度和价数,可以使扩散层变薄,斥力势能下降。随电解质浓度的增加,使溶胶发生聚沉的势垒的高度相应降低。当引力势能占优势时,胶体粒子一旦相碰即可聚沉。

10.6 K,Na 等碱金属的皂类作为乳化剂时,易于形成 O/W 型的乳状液;Zn,Mg 等二价金属的皂类作为乳化剂时,则易于形成 W/O 型的乳状液,试说明原因。

解:乳化剂是一类包含亲水基和憎水基的表面活性剂,当其被吸附在乳状液的界面层时,常呈现"大头"向外、"小头"向里的几何构形。这样,"小头"是亲水基还是憎水基就决定了乳状液是 W/O 型还是 O/W 型。

一价碱金属的皂类可表示为—o,"小头"是憎水基,根据几何构形,被憎水基楔入的油滴就成了分散相粒子,形成水包油(O/W)型乳状液;而二价金属的皂类可表示为—o,"小头"是亲水基,根据几何构形,被亲水基楔入的水滴就成了分散相粒子,于是形成油包水(W/O)型乳状液。

10.7 某溶胶中粒子平均直径为 4.2×10^{-9} m,设 25 ℃时其黏度 $\eta = 1.0 \times 10^{-3}$ Pa·s。计算:

(1) 25 ℃时,胶体粒子因布朗运动在 1 s 内沿 x 轴方向的平均位移;

(2) 胶体粒子的扩散系数。

解：（1）由爱因斯坦-布朗平均位移公式可知

$$\bar{x} = \left(\frac{RTt}{3L\pi r\eta} \right)^{1/2}$$

$$= \left(\frac{8.314 \times 298.15 \times 1}{3 \times 6.022 \times 10^{23} \times 3.141\,6 \times 2.1 \times 10^{-9} \times 0.001} \right)^{1/2} \text{m}$$

$$= 1.44 \times 10^{-5} \text{ m}$$

（2）对于由单级分散的球形粒子组成的稀溶胶，其胶体粒子的扩散系数

$$D = \frac{RT}{6L\pi r\eta} = \frac{\bar{x}^2}{2t} = \left[\frac{(1.44 \times 10^{-5})^2}{2 \times 1} \right] \text{ m}^2 \cdot \text{s}^{-1} = 1.04 \times 10^{-10} \text{ m}^2 \cdot \text{s}^{-1}$$

10.8　某金溶胶粒子半径为 30 nm。25 ℃时，于重力场中达到沉降平衡后，在高度相距 0.1 mm 的某指定体积内粒子数分别为 277 个和 166 个，已知金与分散介质的密度分别为 19.3×10^3 kg·m^{-3} 及 1.00×10^3 kg·m^{-3}。试计算阿伏伽德罗常数。

解：胶体粒子在重力场中达沉降平衡时，因胶体粒子大小不同而按高度分布，利用沉降平衡时粒子数密度随高度分布的公式，便可计算出阿伏伽德罗常数。

$$\ln \frac{C_2}{C_1} = -\frac{Mg}{RT} \left(1 - \frac{\rho_0}{\rho} \right) (h_2 - h_1)$$

或者

$$M = RT\ln \frac{C_2}{C_1} \bigg/ \left[g \left(1 - \frac{\rho_0}{\rho} \right) (h_2 - h_1) \right]$$

而在 h_2—h_1 范围内的球形粒子平均摩尔质量 M 又可由下式算出：

$$M = V_{粒}\, \rho_{粒}\, L = \frac{4}{3}\pi r_{粒}^3\, \rho_{粒}\, L$$

联立两式，得

$$L = RT\ln \frac{C_2}{C_1} \bigg/ \left[\frac{4}{3}\pi r_{粒}^3\, \rho_{粒}\, g \left(\frac{\rho_0}{\rho_{粒}} - 1 \right) (h_2 - h_1) \right]$$

$$= \left[\frac{8.314 \times 298.15 \times \ln \dfrac{166}{277}}{\dfrac{4}{3} \times 3.141\,6 \times (3.0 \times 10^{-8})^3 \times 19.3 \times 10^3 \times 9.8 \times \left(\dfrac{1.00 \times 10^3}{19.3 \times 10^3} - 1 \right) \times 1.0 \times 10^{-4}} \right] \text{mol}^{-1}$$

$$= 6.26 \times 10^{23} \text{ mol}^{-1}$$

10.9 通过电泳实验测定 $BaSO_4$ 溶胶的 ζ 电势。实验中,两极之间电势差为 150 V,距离为 30 cm,通电 30 min,溶胶界面移动 25.5 mm,求该溶胶的 ζ 电势。已知分散介质的相对介电常数 $\varepsilon_r = 81.1$,黏度 $\eta = 1.03 \times 10^{-3}$ Pa·s,相对介电常数 ε_r、介电常数 ε 及真空介电常数 ε_0 间有如下关系:

$$\varepsilon_r = \varepsilon/\varepsilon_0 \qquad \varepsilon_0 = 8.854 \times 10^{-12} \ \text{F·m}^{-1} \qquad 1 \ \text{F} = 1 \ \text{C·V}^{-1}$$

解: 此题是利用电泳实验求取 ζ 电势的问题,计算式为

$$\zeta = \frac{\eta v}{\varepsilon E}$$

式中,$\varepsilon_r = \varepsilon/\varepsilon_0$,电势梯度 $E = V/l$,胶体粒子电泳速度 $v = l_{界面}/t$,因此

$$\zeta = \frac{\eta v}{\varepsilon E} = \left\{ \frac{1.03 \times 10^{-3} \times [\, 25.5 \times 10^{-3}/(30 \times 60)\,]}{81.1 \times 8.854 \times 10^{-12} \times [\, 150/(30 \times 10^{-2})\,]} \right\} \ \text{V}$$

$$= 40.6 \times 10^{-3} \ \text{V}$$

10.10 在 NaOH 溶液中用 HCHO 还原 $HAuCl_4$ 可制得金溶胶:

$$HAuCl_4 + 5NaOH \longrightarrow NaAuO_2 + 4NaCl + 3H_2O$$

$$2NaAuO_2 + 3HCHO + NaOH \longrightarrow 2Au(s) + 3HCOONa + 2H_2O$$

$NaAuO_2$ 是上述方法制得金溶胶的稳定剂,写出该金溶胶胶团结构的表示式。

解: 根据胶团书写规则,先确定固相胶核为 Au_m,该胶核优先吸附与胶核晶体的组成离子形成不溶物的离子而带电荷,本题的稳定剂为 $NaAuO_2$,所以胶核吸附的离子为 AuO_2^-,于是金溶胶的胶团结构式为

$$\underbrace{\{\underbrace{(Au)_m n AuO_2^- \cdot (n-x) Na^+\}^{x-}}_{\text{胶核}} \ \vdots \ x Na^+}_{\text{胶团}}$$

胶体粒子

可滑动面

10.11 在 $Ba(NO_3)_2$ 溶液中滴加 Na_2SO_4 溶液可制备 $BaSO_4$ 溶胶。分别写出 (1) $Ba(NO_3)_2$ 溶液过量;(2) Na_2SO_4 溶液过量时的胶团结构表示式。

解: 过量物质即为稳定剂。

(1) $Ba(NO_3)_2$ 溶液过量时,$Ba(NO_3)_2$ 为稳定剂,溶胶选择性吸附 Ba^{2+} 而带正电荷,胶团结构式为

相关资料

$$\underset{\text{胶团}}{\underbrace{\{\underset{\text{胶核}}{\underbrace{(BaSO_4)_m nBa^{2+}}} \cdot (2n-x)NO_3^-\}^{x+}} \vdots \underset{\text{可滑动面}}{xNO_3^-}}$$

$$\overset{\text{胶体粒子}}{\overbrace{}}$$

也可以写为

$$\underset{\text{胶团}}{\underbrace{\{\underset{\text{胶核}}{\underbrace{(BaSO_4)_m nBa^{2+}}} \cdot 2(n-x)NO_3^-\}^{2x+}} \vdots \underset{\text{可滑动面}}{2xNO_3^-}}$$

（2）Na_2SO_4 溶液过量时,溶胶选择性吸附 SO_4^{2-} 而带负电荷,胶团结构式为

$$\underset{\text{胶团}}{\underbrace{\{\underset{\text{胶核}}{\underbrace{(BaSO_4)_m nSO_4^{2-}}} \cdot (2n-x)Na^+\}^{x-}} \vdots \underset{\text{可滑动面}}{xNa^+}}$$

或者写为

$$\underset{\text{胶团}}{\underbrace{\{\underset{\text{胶核}}{\underbrace{(BaSO_4)_m nSO_4^{2-}}} \cdot 2(n-x)Na^+\}^{2x-}} \vdots \underset{\text{可滑动面}}{2xNa^+}}$$

10.12　在 H_3AsO_3 的稀溶液中通入 H_2S 气体,生成 As_2S_3 溶胶。已知 H_2S 能解离成 H^+ 和 HS^-。试写出 As_2S_3 胶团的结构,比较电解质 $AlCl_3$, $MgSO_4$ 和 KCl 对该溶胶聚沉能力大小。

解：此题给出 H_2S 能解离成 H^+ 和 HS^- 两种离子,目的是说明 H_2S 为稳定剂。As_2S_3 选择性吸附 HS^-,胶团结构式为

$$\underset{\text{胶团}}{\underbrace{\{\underset{\text{胶核}}{\underbrace{(As_2S_3)_m nHS^-}} \cdot (n-x)H^+\}^{x-}} \vdots \underset{\text{可滑动面}}{xH^+}}$$

As_2S_3 胶体粒子带负电荷,所以对其起聚沉作用的是外加电解质的正离

子。根据舒尔策-哈迪价数规则,反粒子价数越高,聚沉能力越强,所以 $AlCl_3$,$MgSO_4$ 和 KCl 三种电解质对 As_2S_3 溶胶的聚沉能力的顺序是 $AlCl_3$ > $MgSO_4$ > KCl。

10.13 以等体积的 0.08 mol·dm^{-3}AgNO$_3$溶液和 0.1 mol·dm^{-3}KCl 溶液制备 AgCl 溶胶。

（1）写出胶团结构式,指出电场中胶体粒子的移动方向;

（2）加入电解质 $MgSO_4$,$AlCl_3$ 和 Na_3PO_4 使上述溶胶发生聚沉,则电解质聚沉能力大小顺序是什么?

解：（1）先判断哪种物质是稳定剂。

相同体积的两种溶液,KCl 溶液的浓度大于 AgNO$_3$ 溶液,故 KCl 过量,为稳定剂,所以胶团结构式为

$$\underbrace{\underbrace{\{(AgCl)_m\,nCl^- \cdot (n-x)K^+\}^{x-}}_{\substack{\text{胶核} \\ \text{胶体粒子}}} \;\vdots\; xK^+}_{\text{胶团}}$$

胶体粒子
胶核   可滑动面

AgCl 胶体粒子带负电荷,电泳时向正极移动。

（2）对上述溶胶起聚沉作用的是正离子,根据价数规则,三种电解质的聚沉能力大小顺序为 $AlCl_3$ > $MgSO_4$ > Na_3PO_4。

10.14 某正溶胶,KNO_3作为沉淀剂时,聚沉值为 50×10^{-3} mol·dm^{-3},若用 K_2SO_4作为沉淀剂,其聚沉值大约为多少?

解：对正溶胶起聚沉作用的是负离子,因此沉淀剂 KNO_3 和 K_2SO_4 中起聚沉作用的分别是NO_3^- 和SO_4^{2-};聚沉值是聚沉能力的倒数。设 K_2SO_4 的聚沉值为 x,根据舒尔策-哈迪价数规则,有

$$\frac{x}{50 \times 10^{-3}\ \text{mol·dm}^{-3}} = \left[\frac{z(NO_3^-)}{z(SO_4^{2-})}\right]^6 = \left(\frac{1}{2}\right)^6$$

$$x = 0.78 \times 10^{-3}\ \text{mol·dm}^{-3}$$

10.15 在三个烧瓶中均盛有 0.020 dm^{3}的 Fe(OH)$_3$溶胶,分别加入 NaCl 溶液,Na_2SO_4 溶液及 Na_3PO_4 溶液使溶胶发生聚沉,最少需要加入:1.00 mol·dm^{-3}的 NaCl 溶液 0.021 dm^3;5.0×10^{-3} mol·dm^{-3} 的 Na_2SO_4 溶液 0.125 dm^3;3.333×10^{-3} mol·dm^{-3} 的 Na_3PO_4 溶液 0.007 4 dm^3。试计算各电解

质的聚沉值、聚沉能力之比,并指出胶体粒子的带电荷符号。

解:聚沉值指使溶胶发生明显聚沉所需电解质的最小浓度,计算时需要考虑溶胶对所加入电解质溶液的稀释作用。题中各电解质的聚沉值计算式为

$$聚沉值 = \frac{加入溶胶中的电解质的物质的量}{溶胶的体积\ V(胶) + 电解质溶液的体积\ V(液)}$$

NaCl 的聚沉值为

$$\frac{V(液)c(液)}{V(胶)+V(液)} = \left(\frac{1.00\times0.021}{0.020+0.021}\right)\ mol\cdot dm^{-3} = 512\times10^{-3}\ mol\cdot dm^{-3}$$

Na_2SO_4 的聚沉值为

$$\frac{V(液)c(液)}{V(胶)+V(液)} = \left(\frac{5.0\times10^{-3}\times0.125}{0.020+0.125}\right)\ mol\cdot dm^{-3} = 4.31\times10^{-3}\ mol\cdot dm^{-3}$$

Na_3PO_4 的聚沉值为

$$\frac{V(液)c(液)}{V(胶)+V(液)} = \left(\frac{3.333\times10^{-3}\times0.007\ 4}{0.020+0.007\ 4}\right)\ mol\cdot dm^{-3} = 0.90\times10^{-3}\ mol\cdot dm^{-3}$$

所以,NaCl,Na_2SO_4,Na_3PO_4 三种电解质的聚沉值之比为 512∶4.31∶0.90。

因聚沉能力为聚沉值的倒数,故 NaCl,Na_2SO_4,Na_3PO_4 三种电解质的聚沉能力之比为

$$\frac{1}{512} : \frac{1}{4.31} : \frac{1}{0.90} = 0.001\ 95 : 0.232 : 1.11 = 1 : 119 : 569$$

胶体粒子带正电荷。

参 考 书 目

[1] 天津大学物理化学教研室.物理化学(简明版).2 版.北京:高等教育出版社,2018.

[2] 冯霞,陈丽,朱荣娇.物理化学解题指南.3 版.北京:高等教育出版社,2018.

[3] 肖衍繁,李文斌,李志伟.物理化学解题指南.北京:高等教育出版社,2003.

[4] 范崇正,杭瑚,蒋淮渭.物理化学:概念辨析·解题方法·应用实例.合肥:中国科学技术大学出版社,2006.

[5] 朱艳.物理化学常见题型解析及模拟题.西安:西北工业大学出版社,2002.

[6] 李文斌.物理化学习题解析.天津:天津大学出版社,2004.

[7] 陈平初,詹正坤,万洪文.物理化学解题指南.北京:高等教育出版社,2002.

[8] 北京化工大学.物理化学例题与习题.2 版.北京:化学工业出版社,2006.

[9] 牛家治.物理化学精讲与考研真题详解.北京:中国石化出版社,2006.

[10] Atkins P, de Paula J. Atkins' Physical Chemistry. 7th ed. Oxford: Oxford University Press, 2002.

[11] 李德忠,向建敏,何明中.物理化学题解.武汉:华中科技大学出版社,2001.

[12] 玉占君,孙琪,王长生.物理化学选择题精解.北京:化学工业出版社,2014.

郑重声明